HBase 与 Hive 数据仓库应用开发

唐美霞　许建豪　贾瑞民　主　编
苏叶健　张良均　周　津　副主编

電子工業出版社.
Publishing House of Electronics Industry
北京·BEIJING

内 容 简 介

本书以项目任务为导向，介绍了 HBase 分布式数据库和 Hive 分布式数据仓库的相关知识。本书共有 9 个项目，包括认识数据库与数据仓库、安装与部署 HBase、使用 HBase Shell 构建博客数据库系统、使用 HBase Java API 开发博客数据库系统、安装与配置 Hive 结构化数据仓库、使用 Hive 定义优惠券数据、使用 Hive Shell 实现优惠券消费数据的分析及处理、使用 Hive Java API 开发优惠券消费数据分析应用、基于 HBase 和 Hive 的电信运营商用户数据分析实战。本书设置了任务实训及课后习题，帮助读者通过练习和实践巩固所学内容，快速掌握 HBase 与 Hive 存储工具的操作方法。

本书可以作为高等院校大数据技术相关专业的教材，也可以作为大数据技术或数据库爱好者的自学用书。通过学习本书，读者在提升大数据存储技术的同时，能够养成自主学习的意识，提高发现问题、分析问题、解决问题的能力，具备良好的独立思考能力，养成敬业、精益、专注的工匠精神。

图书在版编目（CIP）数据

HBase 与 Hive 数据仓库应用开发 / 唐美霞，许建豪，贾瑞民主编. —北京：电子工业出版社，2023.8
ISBN 978-7-121-46102-6

Ⅰ. ①H… Ⅱ. ①唐… ②许… ③贾… Ⅲ. ①计算机网络－信息存贮－高等学校－教材 Ⅳ. ①TP393

中国国家版本馆 CIP 数据核字（2023）第 153065 号

责任编辑：康　静
印　　刷：河北鑫兆源印刷有限公司
装　　订：河北鑫兆源印刷有限公司
出版发行：电子工业出版社
　　　　　北京市海淀区万寿路 173 信箱　邮编 100036
开　　本：787×1092　1/16　印张：16.75　字数：428.8 千字
版　　次：2023 年 8 月第 1 版
印　　次：2024 年 7 月第 2 次印刷
定　　价：49.00 元

前　　言

随着 5G、AI、云计算、区块链等新一代信息技术的蓬勃发展，大数据技术处于融合发展的关键阶段。随着大数据时代的到来，数据规模呈爆炸性增长，数据类型愈发丰富，数据应用快速深化，各行各业都积累了大量的数据。目前，数据要素市场化配置上升为国家战略，数据正式成为企业、产业乃至国家的战略性资源，得到了广泛关注。管理和分析数据是人类进入信息时代后推动社会进步的关键环节，数据的存储和分析在大数据技术领域占有越来越重要的地位。

大数据存储技术的迅猛发展带动着相关产业的快速发展，各高校对大数据技术相关专业的建设也十分重视。从企业人才需求的角度来看，具备扎实的理论基础又有业务实践经验的大数据人才缺口较大。大数据人才首先应具备存储和处理大数据的能力，能够根据实际业务需求利用各种工具对海量数据进行存储和处理，为后续相关操作做好数据准备。大数据存储是生产环境中必要的过程和阶段，如何掌握并运用大数据存储技术解决实际业务问题是本书的核心要义。本书是 HBase 和 Hive 两大存储工具的基础使用与应用开发实践教程，通过理论结合案例的方式带领读者快速提升 HBase 与 Hive 的基础操作能力和综合运用能力。

本书特色如下。

1. 以项目任务为导向，实现启发式教学。本书注重特色与创新，全书内容紧扣项目需求并拆分成多个任务。每个任务包括任务描述、任务要求、相关知识等内容，根据任务要求讲解知识点，着重启发思路和提供解决方案，让读者对实际项目的流程有初步认识。本书内容由浅入深，使读者明确如何利用所学知识解决问题，实现海量数据的存储和分析。

2. 体现思政育人。党的二十大报告指出，青年强，则国家强。本书的项目中融入了知识目标、技能目标、素养目标，让读者对该项目有初步了解，并帮助读者在学习过程中树立正确的观念，提升多方面的素养和能力；帮助读者提高认识问题、分析问题、解决问题的能力，引导读者在学习过程中培养大数据思维，树立正确的人生观和职业道德观，养成求真务实的科学精神和追求突破的工匠精神，加快推进党的二十大精神进教材、进课堂、进头脑。

3. 基于企业的真实场景和应用，实现理论与实践相结合。本书在介绍了 HBase 与 Hive 的相关知识后，结合具体项目讲解了综合实战案例。本书的案例来自企业真实场景，对读者有一定的实践指导作用，能帮助读者提高大数据存储与分析的基本能力，同时培养良好的案例分析能力及思考能力。

本书设置了对应的任务实训及课后习题，帮助读者巩固、理解并应用所学知识。

本书适用对象如下。

1. 开设大数据存储相关课程的高校教师和学生。

2. 具有海量数据存储需求的技术人员。

3. 基于数据库或数据仓库应用的开发人员。

4. 进行大数据存储应用研究的科研人员。

本书由南宁职业技术学院唐美霞、许建豪、贾瑞民主编。唐美霞负责统稿、编写大纲、拟定体例以及定稿；许建豪负责设计本书框架、把关项目内容；贾瑞民负责整理实战案例。具体分工如下。

南宁职业技术学院苏叶健：项目 1、项目 2；

广东泰迪智能科技股份有限公司张良均：项目 3；

广东泰迪智能科技股份有限公司周津：项目 4；

南宁职业技术学院黄伟：项目 5；

南宁职业技术学院梁凡：项目 6；

南宁职业技术学院唐美霞：项目 7、项目 8、项目 9。

本书提供教案、教学课件、课后习题及答案、配套视频、实训指导、案例源代码等资源，请有需要的教师和学生登录华信教育资源网（https://www.hxedu.com.cn/）下载。

本书编写人员包括高校教师、行业专家、企业人员。在编写的过程中，本书参考了实践中的诸多规律和经验总结，在此谨向这些活跃在大数据技术教学与企业一线的同仁们致以最诚挚的谢意！

编　者

2023 年 3 月

目　　录

项目 1   认识数据库与数据仓库

教学目标

1. 知识目标

（1）了解大数据的概念、特点、行业应用。

（2）了解大数据的技术体系。

（3）了解大数据存储技术。

（4）熟悉文件系统、数据库与数据仓库的数据存储方式。

（5）了解数据库与数据仓库的区别。

2. 素养目标

（1）培养大数据思维和辨别数据类型的能力。

（2）具备探索精神，积极探索事物的应用价值。

（3）合理使用大数据存储工具，提高数据存储的安全意识，遵纪守法。

背景描述

随着大数据热潮不断升温，大数据被提及的频率不断增加，已成为社会生活不可分割的一部分。大数据时代的来临带来了无数机遇和挑战，各行各业都存在着大数据的身影。目前，数据的规模更加庞大，数据的种类不再单一，快速查询、处理数据的要求越来越高，数据存储的方式也发生了巨大变化。作为企业的重要资产，数据背后隐藏着巨大的价值，数据的存储方式、存储安全及隐私保护是企业的战略动因，也是服务商坚守的商业伦理。

未来，商业、经济及其他领域所提出的方法或决策将基于数据和分析，并非只凭直觉和经验。在投资市场中，企业将根据产品历年的发展数据、交易数据、日变化数据等分析并预测产品的发展趋势，使企业的决策方案更加安全、可靠。对于个人来说，只有具备大数据思维，才能认识到现实生活中蕴含着的大量数据信息，面对实际问题时才能运用大数据技术寻求解决策略。

本项目首先介绍大数据的概念、数据类型、特点、行业应用与技术体系，重点介绍大数据技术体系中的大数据存储技术，让读者对大数据技术体系及大数据存储技术有一定的了解，对基于文件系统、数据库与数据仓库的数据存储方式有更深刻的认识，奠定架构设计的基础。

任务 1　了解大数据

任务描述

初步进入大数据领域，读者需要了解大数据的概念、数据类型、特点、行业应用与技术体系，这是理解大数据存储技术的前提和基础。

任务要求

1. 了解大数据的概念。
2. 了解大数据的数据类型。
3. 了解大数据的特点。
4. 了解大数据的行业应用。
5. 了解大数据的技术体系。

相关知识

1.1.1　大数据的概念及发展历程

大数据是指传统方法难以处理或不可能处理的庞大、快速或复杂的数据。大数据的发展十分迅速，主要依赖于互联网的快速发展。1990 年，英国计算机科学家蒂姆·伯纳斯·李和比利时计算机科学家罗伯特·卡里奥在工作时发明了万维网，并开发了 HTML、URL 和 HTTP，自此开始了互联网时代。由于互联网的出现，计算机开始以指数级别的速度共享信息。

随着互联网不断完善和发展，在 21 世纪，大数据时代来临了。2001 年，美国 Gartner Group 公司的道格·拉尼初步提出了大数据的三个特征，即数量、类型和速度，定义了大数据的维度和属性。

大数据发展至今，已经初步形成了体系，大数据相关技术已应用在各行各业，其应用性和包容性很强，在人工智能、商务处理、科学教育等领域都发挥着重大作用。

1.1.2　大数据的数据类型

随着科技水平不断发展，数据的类型也在不断增多，大数据主要分为三类，即结构化数据、非结构化数据和半结构化数据。

1. 结构化数据

结构化数据是高度格式化的数据，一般存放在二维表格中，即二维行列式存储。

结构化数据也称为定量数据，是能用数据或统一的结构表示的信息。结构化数据一般使用关系型数据库进行管理，例如 MySQL、Oracle 等。

例如，在关系型数据库 MySQL 中存在 student 表，如图 1-1 所示。数据以行为单位，且每一行数据的字段属性是相同的，即 student 表中的每一行都包含 id、name、gender 和 age 字段，且每个字段中的数据类型是一致的，这样的二维行列式存储数据就是结构化数据。

id	name	gender	age
1	Zhangsan	M	19
2	Limei	F	19

图 1-1　student 表

结构化数据具有明确的关系，使用数据库进行数据查询和使用时较为方便，但数据的可挖掘价值较低。

2．非结构化数据

非结构化数据是数据结构不规则或不完整、没有预定义的数据模型、不方便用二维逻辑表来表现的数据。非结构化数据的形式更加灵活，通常包含视频、音频、图片等内容。非结构化数据难以被计算机理解，不容易被收集、存储与管理，也无法采用传统方法直接进行分析。因此，新型数据库技术应运而生，NoSQL 数据库技术（例如 MongoDB、Redis、HBase 等）的出现在一定程度上满足了海量数据的存储需求和高效利用需求，使原本很难收集和使用的数据开始容易被利用，并在各行各业中为人类创造更多价值。

3．半结构化数据

半结构化数据介于结构化数据和非结构化数据之间，是不符合数学模型但具有一定结构的数据。半结构化数据包含标签和元数据，标签和元数据用于对数据进行分组并描述数据的存储方式。常见的半结构化数据有 JSON 数据、日志、电子邮件、XML 和 HTML 等。如图 1-2 所示，XML 文件可以使用字段存储数据内容，例如使用 name 字段存储数据内容"cxf"；但每条数据的字段个数是不固定的，例如 name 字段为"ylf"的数据就缺少了 age 字段。因此，XML 文件可以弹性地存放多种字段格式的数据。

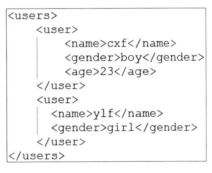

```
<users>
    <user>
        <name>cxf</name>
        <gender>boy</gender>
        <age>23</age>
    </user>
    <user>
        <name>ylf</name>
        <gender>girl</gender>
    </user>
</users>
```

图 1-2　XML 文件

1.1.3　大数据的特点

与传统数据不同的是，大数据不仅具有巨大的数据量，而且数据来源和数据结构更为复杂，需要处理的数据大部分是非结构化的数据。学术界的相关研究人员总结了大数据的"5V"特征，介绍如下。

（1）容量（Volume）。在日常生产和生活中，许多数据是从传感器、照相机、物联网、金融交易、科学实验等百万台设备和应用中生成的，因此数据量巨大。当前典型的 PC 机硬盘容量为 TB 量级，而 YB 量级才是大数据的临界点。国际数据公司（IDC）发布的《数据时代 2025》白皮书预测：在 2025 年，全球数据量将达到史无前例的 163ZB。

（2）多样性（Variety）。随着各种信息技术的普及，大数据不再仅仅是传统的结构化数据，还包含了日志、图片、网络文本等更复杂的非结构化数据和半结构化数据。在丰富数据类型的同时，数据来源的多样性也导致了数据的结构差异和语义冲突。

（3）速率（Velocity）。数据移动不仅意味着数据的快速生成和获取，还意味着高效、快速的数据处理。对于许多大型数据应用来说，大量原始数据在很短的时间内整合在一起，需要对数据进行实时存储或处理，以快速执行数据采集、数据存储、数据检索、数据分析等过程。

（4）价值（Value）。尽管数据量巨大，但大数据的价值密度远远不及传统的关系型数据。此外，原始数据往往不能直接反映角色和价值，需要进一步挖掘和分析以提取有效信息，这意味着大数据在数据分析中的可挖掘价值较高。

（5）真实性（Veracity）。在采集原始数据的过程中，不可避免地会出现一些错误信息。如果大数据只具有规模大、多样性强、速度快等优点而缺乏必要的准确性，就会大大降低数据的价值。只有当数据具有较高的准确度时，才能反映大数据的实际价值。

综上所述，大数据的特征主要体现了大数据的规模巨大、形式和种类多样、产生和流动快速、可挖掘价值巨大等优点，我们可以利用数据传播的便利性进行学习、交友等活动，积累知识，同时了解社会动态，紧跟时事。

1.1.4　大数据的行业应用

1．生物学行业

自世纪之交的人类基因组计划实施以来，基因组序列数据量出现了前所未有的激增。未来的医学发现将在很大程度上取决于处理和分析大型基因组数据的能力。随着测序成本的降低，这些数据量将会继续增大，需要使用云计算和大数据技术处理生物学中的大数据。

2．教育行业

教育行业中出现的大数据使新的数据驱动方法出现，以支持明智的决策并提高教育效率。现代教育已经从传统的环境教育转变为数字化教育，产生的大量学生行为信息存放在学生信息系统中，同时该系统也保留了全面的学生信息。

丰富的信息可以帮助学校制定科学、合理的决策并解决相关问题，学校可以根据学生的行为数据进行分析和研究，并完善教学方法。例如，学生的动态学习数据通常用于研究学生理解知识和个性化学习的过程。当然，数字化教育同样面临着挑战，例如数据隐私保护、数据共享研究等。

3．电商行业

电商是互联网领域中数据较为集中的行业，不仅数据量巨大，数据种类也非常复杂。通过海量的商品交易数据，不仅可以统计出客户的消费习惯、消费特点、影响消费的因素等，还能预测消费趋势、流行趋势等。大数据在电商领域的精准营销中发挥着重要作用，我们要用发展的观点看待事物，了解行业变化的趋势，善于抓住时代发展的机遇。

4．医疗行业

使用大数据优化医疗技术离不开基础数据的存储和分析，而激增的数据处理需求对医疗机构的数据存储能力提出了挑战。

在医疗行业中，医疗数据的长期存储和安全存储要求非常高。为了妥善解决医疗信息化过程中面临的数据存储难题，国内许多企业持续探索存储技术，不断完善场景化解决方案，为医疗机构提供底层存储支撑。例如，部分光存储行业的领军企业根据医疗行业数据量大、存储周期长、业务和数据多样化的特点，选择光存储介质为主要存储介质，推出了长期归档解决方案。这种解决方案可提供 PB 级别的存储容量，还可以采用分布式架构部署扩展至 EB 级别，提供数据的长期归档、存储、取回等全流程服务，可以满足医疗机构的诊疗信息存储需求，可实际应用于医疗单位、区域医疗云等诸多场景。

5．农业行业

农业大数据是指以大数据分析为基础，运用大数据理念、技术与方法处理农业生产、销售全产业链中产生的大量数据，获取有用信息，以此指导生产和经营。农业大数据的数据来源主体多，数据类型复杂多样，"数据孤岛"现象十分明显。

农业数据系统庞大且建设复杂，传统的数据处理方法已经不能满足需求，急需运用云计算和大数据技术进行处理，通过互联网重建传统农业生产、流通、销售等流程，以网络媒体和电商作为宣传媒介促销农产品。

1.1.5 大数据的技术体系

大数据的技术体系主要包含大数据采集、大数据预处理、大数据存储、大数据分析、大数据挖掘以及大数据可视化等，如图 1-3 所示。

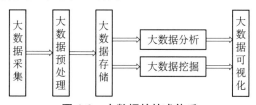

图 1-3 大数据的技术体系

1．大数据采集

大数据采集是大数据处理流程的第一步，是大数据技术体系的根本，采集的效果直接影响着大数据处理的结果。

大数据采集是指获取传感器、智能设备、企业在线（离线）系统、社交网络以及互联网平台中的海量数据，采集的数据不仅包括设备、用户等的实时数据，还包括离线数据。

2．大数据预处理

采集到的数据因采集手段、环境噪声、多源冲突等原因，不能直接进入大数据处理环节，而要先对采集到的数据进行预处理。大数据预处理是指将已采集到的分散的、来自异构数据源中的数据（例如设备数据、日志数据等）进行清洗、集成、转换等操作，最后加载到既定数据库或数据仓库中，为后续的数据分析与挖掘过程提供可用、可靠的数据资产。大数据预处理主要包括数据清洗（Data Cleaning）、数据集成（Data Integration）、数据转换（Data Transformation）等操作。

（1）数据清洗是指补充遗漏数据、消除异常数据、平滑噪声数据，以及纠正不一致的数据等，提高数据质量。

（2）数据集成是指通过模式集成、消除冗余、检测与消除数据冲突等操作，将多个数据源的数据结合在一起形成一个统一的数据集合，为后续的大数据处理过程提供完整的数据资产。

（3）数据转换主要包括计算产生新变量、重新赋值、自动重新编码等。在数据分析过程中，采集到的原始数据有时很难满足统计学的要求，必须对数据进行适当的转换，例如改变取值、编码等。

3．大数据存储

大数据存储是指利用合适的方式存储采集或预处理后的数据，建立相应的数据库，形成可用的数据资产。与传统的数据存储技术相比，大数据存储技术的优点主要在于扩展性，即硬件存储设备容量的扩展和数据类型的扩展。

（1）硬件存储设备容量的扩展

随着数据规模的跳跃式增长，单台存储设备对海量数据的存储支持越来越困难。目前，大数据存储多采用分布式存储方式，以满足硬件存储设备容量的扩展需求。

（2）数据类型的扩展

传统的关系型数据库在规模较小的结构化数据存储中能发挥重要作用，为数据的分析与处理提供支持，但对海量数据（特别是半结构化数据和非结构化数据）的存储能力却大打折扣。目前，主流的大数据存储工具包括 Hadoop 分布式文件系统（HDFS）、关系型分布式数据库、非关系型分布式数据库等。

4．大数据分析与大数据挖掘

大数据分析与挖掘是大数据技术产生及发展的目的，是指在采集、预处理和存储的基础上，通过收集、整理、加工和分析数据，挖掘出有价值的信息，为管理者或决策者提供相应的辅助决策支持。

广义的大数据分析是指对采集的大量数据进行汇总、分析，从看起来没有规律的数据中找到隐藏的信息，探索事物或对象之间的内部联系，帮助人们进行判断和决策，从而使存储的数据资产发挥最大作用。

广义的大数据分析包含了狭义的大数据分析和大数据挖掘。狭义的大数据分析是指得到某些既定指标的统计值（例如总和、平均值等）。目前，大数据领域常用的大数据分析方法有回归分析、对比分析、交叉分析等。

大数据挖掘是指通过统计学、人工智能、机器学习等方法，从海量数据中挖掘出未知的且有价值的信息和知识。在计算机硬件性能和云计算技术的支持下，大数据挖掘强调的是从海量不同类型的数据中寻找未知的模式与规律。目前，大数据领域的数据挖掘侧重于解决分类、聚类、关联、预测等问题，所采用的方法包括决策树、神经网络、关联规则、聚类分析等。

5．大数据可视化

人的大脑对视觉信息的处理效率优于对数字的处理效率，因此企业往往使用表格、图形、地图等代替枯燥的数字，帮助用户更好地理解数据。数据可视化是一种利用图像处理、计算机视觉、用户界面等形式，通过表达、建模、动画等技术，对数据进行可视化解释的较为高级的技术，是人们理解复杂现象、解释复杂数据的重要手段和途径。

任务 2　了解大数据存储技术

基于数据库与基于数据仓库的数据存储介绍

任务描述

大数据存储是大数据技术体系的重要组成部分，是保障数据安全和数据调用的关键领域。本任务是了解大数据存储的概念，区分文件系统、数据库、数据仓库等数据存储方式。

任务要求

1. 了解大数据存储的概念。
2. 了解基于文件系统的数据存储。
3. 了解基于数据库的数据存储。
4. 了解基于数据仓库的数据存储。

相关知识

1.2.1　大数据存储简介

由于数据的数量和重要性不断增长，某些企业的日均数据产量能达到 PB 级别。数据管理如同现金管理，管理得当才能为企业创造价值。因此，对数据进行有效存储是企业迫切需要解决的问题。传统的关系型数据库管理系统（例如 MySQL）存在单个服务节点的硬件限制，无法有效、快速地处理海量数据，因此需要将数据存放至可扩展且可靠的分布式存储系统中。集中式存储和分布式存储的介绍如下。

1. 集中式存储

集中式存储是指建立一个庞大的数据库，把各种信息存入其中，且在同一个位置存储信息和维护信息，该数据库可以是中央计算机或数据库系统。存储系统的各种功能模块都围绕数据库进行录入、修改、查询、删除等操作。

集中式存储的优点如下。

（1）使用一致的系统进行数据管理，具有数据完整性。

（2）数据存储在中心位置，易于协调和访问数据。

（3）结构简单，维护成本低。

（4）数据冗余较少。

集中式存储也存在着以下缺点。

（1）如果系统发生错误或死机，可能会毁坏所有数据。

（2）能够存储的数据量较少。

（3）数据访问效率较低。

2．分布式存储

分布式存储采用集群存储形式，将数据分布在多台机器上，通过多台机器管理海量数据，成为大数据存储的方案之一。

相比于集中式存储，分布式存储的优点较为显著，说明如下。

（1）数据分布在物理机器上，扩展性较强。

（2）数据分布在集群上，某个节点发生故障时不会影响整个集群，具有安全性。

（3）数据分布在集群上，具备高并发性能。

（4）数据分布在多台机器上，能够解决海量数据的存储问题。

分布式存储在使用过程中同样存在着局限性，具体说明如下。

（1）需要跨机器通信，因此需要进行集群同步配置。

（2）系统的复杂度较高，维护成本较高。

（3）相较于单节点，集群的成本更高。

1.2.2　基于文件系统的数据存储

在计算机中，操作系统使用文件系统跟踪磁盘或磁盘分区上的文件。文件系统的存在使数据的访问和查找变得容易，用文件和树形目录等抽象逻辑概念代替了硬盘和光盘等物理设备。用户使用文件系统保存数据时，只需要记住该文件的所属目录和文件名。

如果没有文件系统，那么存储介质中的数据将是一组混合的数据，无法判断某个数据文件的开端和结束。将混合的数据分成多个片段并给每个片段命名，则每个片段就是一个"文件"，用于管理这些"文件"的结构和逻辑规则称为文件系统。

计算机中存在着许多不同种类的文件系统，并且每种文件系统的结构、逻辑、灵活性、安全性、文件大小上限等是不一致的。文件系统通常使用硬盘和光盘作为存储设备并维护文件在设备中的物理位置。但是，某些文件系统可能仅仅是一种访问资料的界面，数据实际上暂存在内存中。

1．proc 文件系统

proc 文件系统是一个虚拟文件系统，用户可以通过它使用一种新的方法在 Linux 的内核空间与其他用户进行通信。proc 文件系统通常被挂载到/proc 目录下。/proc 目录不是一个真正的文件系统，不占用存储空间，只占用有限的内存。

2．ISO-9660 文件系统

ISO-9660 是用于光盘媒体的文件系统，该文件系统由国际标准化组织（ISO）制定，被视为国际技术标准。ISO-9660 文件系统能够在不同的操作系统（例如 Windows、macOS、Linux 等）之间交互数据。

3．Hadoop 分布式文件系统（HDFS）

HDFS 是应用最广泛的分布式存储系统之一，是一个高吞吐量的分布式文件系统。HDFS 主要由 NameNode（用于管理文件系统的元数据）、DataNode（用于存储实际数据）、SecondaryNameNode（用于备份元数据、合并日志与镜像文件）组成。

1.2.3　基于数据库的数据存储

数据库是按数据结构存储和管理数据的计算机软件系统。数据库是一个实体，它能够合适地组织数据、方便地维护数据、严密地控制数据、有效地利用数据。小型的数据库可以存储在文件系统上，而大型的数据库则需要托管在计算机集群或云存储服务器上。数据库技术包括数据建模、数据表示、存储及查询语言、数据安全、支持并发访问和容错的分布式计算问题等。

长期以来，人们在数据量较小的情况下，常采用集中式数据库的方式进行数据管理。集中式数据库是指所有存储和计算任务都在一台主机上完成，终端客户设备仅用来输入和输出，并不进行任何数据处理。随着数据规模日益增大，集中在一台计算机上进行存储和计算的效率越来越低，从而出现了分布式数据库。可以说，分布式数据库是在集中式数据库的基础上发展而来的，是数据库技术和网络技术不断发展、互相融合、互相促进的结果。

分布式数据库的基本思想是借助计算机网络技术，将海量数据分散存储在网络中不同的存储节点上，并通过分布式计算技术将分散的物理存储单元组成一个逻辑上统一的数据库，从而在获取更大存储容量的同时实现更高的并发访问量。

由此可见，分布式数据库依然是逻辑上相互关联的数据集合。与传统数据库相比，分布式数据库将数据分散存储在网络节点上，存储的数据规模更大，数据的可靠性、可共享性、透明性更高。随着技术的进步和人们对信息网络化、分布化、开放化的需求日益增长，分布式数据库的应用越来越广泛。

根据数学模型和数据库管理系统进行分类，数据库分为关系型数据库和非关系型数据库。

1. 关系型数据库

关系型数据库是基于关系模型组织数据的数据库。关系型数据库能使用结构化查询语言（SQL）进行数据查询和数据库维护。"关系型数据"这一概念出自英国计算机科学家埃德加·弗兰克·科德于 1970 年发表的《A Relational Model of Data for Large Shared Data Banks》论文，该论文定义了 13 条判断数据库管理系统是否为关系型数据库的规则。常见的关系型数据库有 MySQL、Oracle、SQL Server 等。关系型数据库将数据组织到一个或多个由列和行组成的表中，并使用唯一的键标识每一行，行称为记录或元组，列称为属性。

2. 非关系型数据库

非关系型数据库（NoSQL）提供了一种存储和检索数据的机制，该机制通过表格以外的方式建模。NoSQL 指的是 Not Only SQL，即不仅支持类似 SQL 的语言。非关系型数据库通常将数据以对象的形式存储在数据库中，对象之间的关系由对象自身的属性决定。非关系型数据库常用于存储非结构化数据，能及时响应大规模用户的读/写请求，并对海量数据进行随机读/写。当多个用户访问同一数据时，NoSQL 的分布式集群可以将用户请求分散到多台服务器中，提高数据库的高并发能力。

NoSQL 主要分为 4 类，分别为键值类型、列族类型、文档类型、图形类型，它们的应用场景和优缺点各不相同，如表 1-1 所示。

表 1-1　NoSQL 的 4 种类型

类型	相关产品	优点和缺点	应用
键值类型	Redis、SimpleDB、Riak 等	优点：扩展性好、灵活性好、写操作的性能高；缺点：无法存储结构化数据、条件查询效率较低	内容缓存
列族类型	HBase、BigTable、Cassandra 等	优点：查找速度快、可扩展性强、容易进行分布式扩展、复杂性低；缺点：不适合扫描少量数据	分布式数据存储与管理
文档类型	MongoDB、CouchDB、ThruDB 等	优点：性能好、灵活性高、复杂性低、数据结构灵活；缺点：缺乏统一的查询语言	存储、索引并管理面向文档的数据或者类似的半结构化数据
图形类型	Neo4j、GraphDB、InfoGrid 等	优点：灵活性高、支持复杂的图形算法、可用于构建复杂的关系图谱；缺点：复杂性高、只能支持一定的数据规模	复杂、互连接、低结构化的场合，例如社交网络、推荐系统等

1.2.4　基于数据仓库的数据存储

数据仓库（Data Warehouse）可以从各种来源收集和管理数据，通常用于连接和分析来自异构数据源的业务数据，以提供有意义的业务。数据仓库是行为识别系统的核心，融合了技术和组件，有助于数据的战略性使用。数据仓库是大量信息的电子存储形式，旨在查询和分析数据，可以将数据转换为信息并及时提供给用户。

数据仓库作为一个中央存储库，其信息来自一个或多个数据源。数据从事务系统、关系型数据库或其他数据源流入数据仓库，这些数据可以是结构化、半结构化和非结构化的数据。传统的数据仓库无法满足快速增长的海量数据存储需求，处理不同类型数据的性能也相对较弱。因此，在大数据时代，常采用构建在分布式系统上的 Hive 等软件作为大数据的数据仓库。

数据仓库与数据库尽管都用于存储数据，但两者的侧重点不同，需要根据不同的场景和需求进行选择。数据仓库更注重业务分析，主要用于分析数据，而数据库主要用于捕获数据；数据仓库建立的基本表是维度表，包含星型模型、雪花模型、星座模型等，而数据库的基本表是事实表。因此，数据仓库是多维度的，可以存储历史数据和当前数据，而数据库一般用于存储某一时刻的数据。

项目总结

本项目首先介绍了大数据的概念、特点、行业应用和技术体系，让读者了解大数据的相关知识，加深对大数据的认识；接着介绍了大数据存储技术，包括基于文件系统、数据库和数据仓库的存储方式，使读者认识数据库与数据仓库，为后续学习 HBase 和 Hive 大数据存储技术奠定基础。

　　通过本项目的学习，读者可以对大数据有初步的认识，了解大数据的技术体系及应用前景，培养数据思维能力；认识大数据存储技术，了解主流的分布式存储工具，提升对数据存储的探究思考能力，从而为数据存储方案的选择奠定理论基础。

课后习题

1.【多选】以下哪些属于大数据的主要特征？（　　　）

A. 数据规模大　　　　　　　　　　　B. 数据类型多

C. 数据处理速度快　　　　　　　　　D. 数据价值密度低

2. 大数据预处理不包括以下哪个操作？（　　　）

A. 数据挖掘　　　　　　　　　　　　B. 数据清洗

C. 数据集成　　　　　　　　　　　　D. 数据转换

3. 以下哪个数据库不属于非关系型数据库？（　　　）

A. MongoDB　　　　　　　　　　　　B. HBase

C. Redis　　　　　　　　　　　　　　D. MySQL

4.【多选】以下哪些是非关系型数据库的特点？（　　　）

A. 灵活的数据模型　　　　　　　　　B. 可扩展性强

C. 高可用性　　　　　　　　　　　　D. 高并发性

5.【多选】以下哪些类型属于非关系型数据库？（　　　）

A. 键值类型　　　　　　　　　　　　B. 列族类型

C. 文档类型　　　　　　　　　　　　D. 图形类型

项目 2 安装与部署 HBase

教学目标

1. 知识目标

（1）了解 Hadoop 分布式框架及其三大核心组件。

（2）了解 Hadoop 的生态系统。

（3）熟悉 ZooKeeper 及其架构。

（4）熟悉 HBase 的核心功能模块。

（5）了解 HBase 的数据读写流程。

2. 技能目标

（1）能够创建 Linux 操作系统虚拟机。

（2）能够成功搭建 Hadoop、ZooKeeper、HBase 集群。

（3）能够在虚拟机中配置时间同步服务。

（4）能够成功开启或关闭 Hadoop、ZooKeeper、HBase 集群。

3. 素养目标

（1）提升高瞻远瞩、展望未来、抓住大数据时代机遇的意识。

（2）能够树立万物互联、生态整合、命运共同体的价值认知。

（3）树立合作共赢、促进发展的价值观念。

（4）具备分析问题和归纳总结的能力，学会站在历史的角度看待问题。

背景描述

近年来"大数据+"的热度不断增加，大数据是继云计算、物联网之后 IT 行业又一次颠覆性的技术革命。大数据技术在中国能够蓬勃发展，是中国的开发工程师们刻苦钻研、不怕困难、不断打磨的结果，这种踏实、勤奋的钻研精神就和"艰苦奋斗、自强不息、扎根边疆、甘于奉献"的胡杨精神一样。大数据在互联网、交通、军事、金融、医疗、通信等诸多领域已经有不少应用案例。

HBase 是构建在 HDFS 之上的高性能、高可靠性、易扩展的列存储数据库，适合存储海量稀疏数据。HBase 起源于 BigTable 技术，其底层存储系统是 Hadoop 的 HDFS，HBase 是 Hadoop 生态系统中不可或缺的一部分。HBase 是完全开源的，而且版本升级非常快。本项目将从 Hadoop、ZooKeeper、HBase 出发，由浅入深地介绍 HBase 的起源、发展历史、原理及架构，深入了解 HBase 的基础理论，实现 HBase 的安装和部署，为后续的 HBase 案例实战提供一个可靠的集群环境。

任务 1　搭建完全分布式 Hadoop 集群

任务描述

　　HBase 列存储数据库是非关系型数据库，其底层数据存储依赖于分布式存储系统，因此，安装 HBase 之前需要先搭建 Hadoop 集群。

任务要求

　　1. 创建 Linux 操作系统虚拟机。
　　2. 在 Linux 操作系统中安装 JDK。
　　3. 克隆虚拟机。
　　4. 配置 SSH 免密登录。
　　5. 配置时间同步服务。
　　6. 修改配置文件。
　　7. 成功启动和关闭 Hadoop 集群。

相关知识

Hadoop 核心组
件之 HDFS 与
MapReduce
框架介绍

2.1.1　Hadoop 简介

　　随着互联网的发展，信息的采集和传播规模达到了空前的高度，信息化社会是必然的趋势，但同时也带来了不少新挑战，那就是海量数据的存储。2003 年，谷歌公司发表的《Google File System》论文介绍了 GFS 和 MapReduce 思想，使数据存储发生了革命性变化，道格·卡廷（Doug Cutting）等人受到启发，在 Nutch 项目中实现了 DFS 和 MapReduce 并演化为 Hadoop 项目。Hadoop 经过多年发展，已形成包括多个相关软件的大数据生态圈。

　　Hadoop 是一个分布式系统基础架构，其特点是开源、可靠、可扩展性强、效率高、成本低。Hadoop 允许用户使用简单的编程模型在计算机集群中对大规模数据集进行分布式处理。Hadoop 希望通过使用多台机器来提高系统的负载能力，由单一的服务器扩展为成千上万台机器，将集群部署在多台机器中，每台机器都提供本地存储和计算服务。如果一个任务由 10 个子任务组成，每个子任务单独执行需要 1 小时，则在一台服务器上执行该任务需要 10 小时。如果采用分布式方案，提供 10 台服务器，每台服务器只负责处理 1 个子任务，不考虑子任务间的依赖关系，执行完这个任务只需要 1 小时。

　　每台机器上有一个或多个节点，Hadoop 将存储的数据备份在多个节点中以提升集群的可用性，当一台机器死机时，其他节点依然可以提供数据备份和计算服务。

2.1.2　Hadoop 的核心组件

1. Hadoop 分布式文件系统

Hadoop 分布式文件系统（Hadoop Distributed File System，HDFS）是一种在普通硬件上运行的分布式文件系统，与现有的分布式文件系统有许多相似之处，但也存在明显的区别。HDFS 的核心思想是"一次写入，多次读取"，具有高度的容错能力，可以部署在低成本硬件上。HDFS 支持程序数据的高吞吐量访问，并且适用于海量数据集的读写。

（1）HDFS 简介及架构

HDFS 以流式数据访问模式存储数据，主要负责集群数据的存储与读取。HDFS 是一个主/从（Master/Slave）架构的分布式文件系统，用户或应用程序可以创建目录并将文件存储在目录中。HDFS 的文件系统层次结构与大多数现有文件系统类似，可以创建和删除文件，也可以从中移动和重命名文件。HDFS 并不是一个单机文件系统，而是分布在多个集群节点上的文件系统，其基本架构如图 2-1 所示。

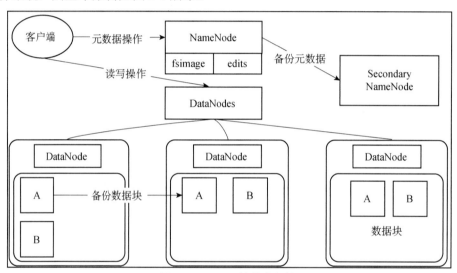

图 2-1　HDFS 的基本架构

HDFS 主要包括一个 NameNode、一个 SecondaryNameNode 和多个 DataNode。

① NameNode。NameNode 用于存储元数据以及处理客户端发出的请求。元数据不是具体的文件内容，包含了三类重要信息。第一类是文件和目录自身的属性信息，例如文件名、目录名、父目录信息、文件大小、创建时间、修改时间等；第二类是记录文件内容的相关信息，例如文件分块情况、副本个数、每个副本所在的 DataNode 信息等；第三类是记录 HDFS 中所有 DataNode 的信息，用于 DataNode 管理。

NameNode 中存放元数据的文件是 fsimage 文件。在系统运行期间，所有元数据均保存在内存中，并被持久化保存到 edits 文件中。NameNode 启动时，fsimage 文件被加载至内存，对内存里的数据执行 edits 文件所记录的操作，以确保内存所保留的数据处于最新状态。

② SecondaryNameNode。SecondaryNameNode 用于备份 NameNode 的数据，周期性地将 edits 文件合并到 fsimage 文件中并在本地备份，然后将新的 fsimage 文件存储至

NameNode,覆盖原有的 fsimage 文件,删除 edits 文件,并创建一个新的 edits 文件继续存储文件当前的修改状态。

③ DataNode。DataNode 是真正存储数据的地方。在 DataNode 中,文件以数据块(Block)的形式进行存储。数据文件在上传至 HDFS 时根据系统默认的文件块大小被划分成一个个数据块,其中 Hadoop 3.X 默认 128MB 为一个数据块。如果存储 1 个大小为 129MB 的文件,那么文件将被分为 2 个数据块,再将每个数据块存储至不同的或相同的 DataNode 并进行备份。DataNode 是文件系统的工作节点,它们根据需要存储并检索数据块,受客户端或 NameNode 的调度,定期向 NameNode 发送储存的数据块列表。

(2)HDFS 的优点

① 高容错性。HDFS 上传的数据能自动保存副本,每个数据文件都有 2 个冗余备份。如果某个服务器出了故障,还有 2 个备份数据,提高了容错率。

② 流式数据访问。HDFS 以流式数据访问模式存储超大文件,有着"一次写入,多次读取"的特点。一旦写入文件,就不能进行修改,只能增加,以保证数据的一致性,实现高吞吐量的数据访问。

③ 适合大规模数据的处理。HDFS 能够处理 GB、TB 甚至 PB 级别的数据,数量非常大。

(3)HDFS 的局限性

① 不适合低延迟数据访问。HDFS 是为了分析大型数据集而设计的,以高延迟为代价达到较高的数据吞吐量。

② 无法高效存储大量"小"文件。NameNode 将文件系统的元数据放置在内存中,文件系统能容纳的文件数目是由 NameNode 的内存大小决定的,即每存入一个文件都会在 NameNode 中写入文件信息(不论是 1MB 还是 127MB)。如果写入太多"小"文件,意味着 NameNode 占用的内存信息很大,可能导致内存被占满而无法写入文件信息,因此 HDFS 更适合存储"大"文件。

③ 不支持多用户写入及修改。HDFS 的一个文件只能有一个写入者,而且写操作只能在文件末尾完成,即只能执行追加操作。目前 HDFS 还不支持多个用户对同一文件进行写操作,也不支持在任意位置进行修改。

2. MapReduce 分布式计算框架

MapReduce 是一种面向大规模数据处理的分布式计算框架。MapReduce 的核心功能是将用户编写的业务逻辑代码和自带的组件整合成一个完整的分布式运算程序,并运行在 Hadoop 集群上。

(1)MapReduce 简介

MapReduce 是 Hadoop 的核心计算框架,是用于大规模数据集(大于 1TB)并行运算的编程模型,主要包括 Map(映射)和 Reduce(归约)两个阶段。MapReduce 的核心思想是:启动一个 MapReduce 任务时,Map 端会读取 HDFS 上的数据,将数据映射成所需要的键值对类型并传输至 Reduce 端;Reduce 端接收数据,根据不同的键进行分组,对键相同的数据进行处理,得到新的键值对并输出至 HDFS。

（2）MapReduce 的执行流程

MapReduce 的执行流程如图 2-2 所示。

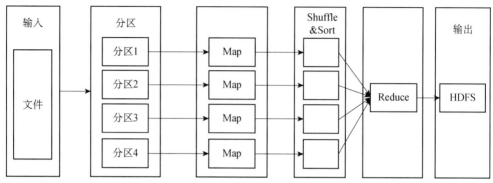

图 2-2　MapReduce 的执行流程

① 读取输入数据。MapReduce 执行流程中的数据是从 HDFS 中读取的。文件上传至 HDFS 时被分成了若干个数据块，每个数据块均对应一个 Map 任务，也可以通过重新设置文件的分区大小调整 Map 任务的个数。在运行 MapReduce 执行流程时，会根据所设置的分区大小对文件重新分区。

② Map 阶段。一个程序有一个或多个 Map 任务，由分区个数决定。在 Map 阶段中，数据以键值对的形式被读取，键的值为每行首字符的偏移量，即中间所隔的字符个数，值为该行的数据记录。在执行流程中，Map 端根据具体的需求对键值对进行处理，映射成新的键值对，将新的键值对传输至 Reduce 端。

③ Shuffle&Sort 阶段。此阶段从 Map 端输出开始，到传输至 Reduce 端结束。该过程会先整合同一个 Map 端输出的键相同的数据，减少数据传输量，并在整合后将数据按照键进行排序。

④ Reduce 阶段。Reduce 任务可以有一个或多个，根据 Map 阶段设置的数据分区确定，一个 Reduce 任务处理一个分区数据。针对不同的 Reduce 任务，Reduce 端会接收不同的 Map 任务传来的数据，并且每个 Map 任务传来的数据都是有序的。

⑤ 输出阶段。Reduce 阶段处理完数据后即可将数据文件输出至 HDFS，输出的文件个数和 Reduce 任务的个数一致。如果只有一个 Reduce 任务，那么只输出一个数据文件，默认命名为"part-r-00000"。

3．YARN 框架

YARN（Yet Another Resource Negotiator）是 Hadoop 的资源管理器，可以提高资源在集群中的利用率，加快执行速度。在早期的 Hadoop 1.0 版本中，YARN 框架是不存在的，任务执行效率低下，之后在 Hadoop 2.0 版本中引入了 YARN 框架。YARN 框架为集群在提高利用率、资源统一管理、数据共享等方面带来了巨大的好处。

（1）YARN 简介

YARN 是一个通用的资源管理器，能使 Hadoop 的数据处理能力超越 MapReduce。在这个框架上，用户可以根据自己的需求实现定制化的数据处理应用。YARN 的另一个目标是拓展 Hadoop，不仅可以支持 MapReduce 计算，还可以很方便地管理 Hive、HBase、Pig、Spark、Storm 等组件的应用程序。

YARN 的架构使各类型的应用程序可以运行在 Hadoop 上，并通过 YARN 从系统层面进行统一管理。换言之，拥有了 YARN 框架，各种应用即可互不干扰地运行在同一个 Hadoop 系统中，共享整个集群的资源。

（2）YARN 的基本架构

从 Hadoop 2.0 版本开始，Hadoop 加入了 YARN 框架，其基本设计思想是将 MRv1 框架的 JobTracker 拆分成两个独立的服务，即一个全局资源管理器（ResourceManager）和每个应用程序特有的应用程序主管理器（ApplicationMaster）。其中，ResourceManager 负责整个系统的资源管理和分配，ApplicationMaster 负责单个应用程序的管理。

YARN 总体上仍然是主/从（Master/Slave）结构。在资源管理框架中，ResourceManager 为 Master，NodeManager 为 Slave，ResourceManager 负责对 NodeManager 上的资源进行统一管理和调度。当用户提交一个应用程序时，需要提供一个用于跟踪和管理这个程序的 ApplicationMaster，ApplicationMaster 向 ResourceManager 申请资源，并要求 NodeManger 启动可以占用一定资源的任务。不同的 ApplicationMaster 分布在不同的节点上，所以它们之间不会相互影响。

YARN 的基本架构如图 2-3 所示。YARN 由 ResourceManager、NodeManager、ApplicationMaster、ClientApplication 构成，具体说明如下。

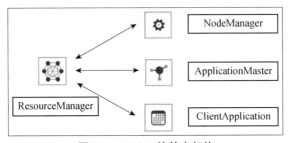

图 2-3　YARN 的基本架构

① ResourceManager。全局资源管理器负责整个系统的资源管理和分配。

② NodeManager。每个节点上的资源和任务管理器有两方面作用，一是定时向 ResourceManager 汇报本节点上的资源使用情况和各个容器（Container）的运行状态，二是接收并处理来自 ApplicationMaster 的各种请求。

③ ApplicationMaster。用户提交应用程序时，系统会生成一个 ApplicationMaster 并包含到提交的应用程序里，ApplicationMaster 的功能主要包括：与 ResourceManager 协商以获取资源（用 Container 表示）；将得到的任务进行进一步分配；与 NodeManager 通信以启动或停止任务；监控所有任务的运行状态，在任务运行失败时重新为任务申请资源并重启任务。

④ ClientApplication。ClientApplication 是客户端应用程序，客户端将应用程序提交给 ResourceManager 时，首先会创建一个 ApplicationMaster，再设置资源请求信息。

2.1.3　Hadoop 生态系统

经过多年的发展，Hadoop 已经形成了相当成熟的生态系统。现代生活节奏快速，各行各业时刻产生着大量数据，Hadoop 也应用于各种行业，发挥着重要的作用。不同行业的需求不同，需要在 Hadoop 的基础上进行一些改进和优化，因此产生了许多围绕 Hadoop 展开的组件。不同的组件各有特点，共同为 Hadoop 相关的工程提供服务，逐渐形成了系列化的组件系统，即 Hadoop 生态系统，如图 2-4 所示。

图 2-4　Hadoop 生态系统

1. ZooKeeper

ZooKeeper 可解决分布式环境下的数据管理问题，例如统一命名、状态同步、集群管理、配置同步等。

ZooKeeper 的主要作用是保证集群的各项功能正常进行，并在出现异常时及时通知和处理，保持数据的一致性，对整个集群进行监控。

2. HBase

HBase 是一个针对非结构化数据的可伸缩、高可靠性、高性能、分布式和面向列的动态模式数据库，可实时读、写、访问大规模数据。同时，可以使用 MapReduce 对 HBase 中保存的数据进行处理，HBase 将数据存储和并行计算结合在一起。

HBase 适用的场景包括：大数据量（TB 级）且有快速随机访问需求，例如电商平台交易记录等；及时响应用户的需求；业务场景简单，不需要关系型数据库中的很多特殊操作，例如交叉查询、连接查询等。

3. Hive

Hive 是建立在 Hadoop 上的数据仓库基础架构，提供了一系列工具，可存储、查询和分析存储在 Hadoop 中的大规模数据。Hive 定义了 HQL（一种类 SQL 语言），通过 HQL 语言编写的查询语句在 Hive 的底层转换为复杂的 MapReduce 程序，运行在 Hadoop 大数据平台上。

2.1.4　搭建 Hadoop 集群前的准备工作

搭建 Hadoop 集群前，我们需要先设计集群的架构，规划集群的配置。Hadoop 集群由一个主节点协调管理一个或多个从节点。本书使用 VMware 虚拟机软件创建的虚拟机搭建 Hadoop 集群，搭建 Hadoop 所需要的软件和组件如表 2-1 所示。

表 2-1　搭建 Hadoop 所需要的软件和组件

软件/组件	版本	安装包	备注
VMware	15.5Pro	VMware-workstation-full-15.5.7-17171714.exe	
Linux	CentOS 7	CentOS-7-x86_64-DVD-2003.iso	64 位
Xshell	5.0.0024	Xme5.exe	
JDK	1.8.0_281	jdk-8u281-linux-x64.rpm	64 位
Hadoop	3.1.4	hadoop-3.1.4.tar.gz	

安装及配置 Hadoop 集群时将使用 4 台虚拟机，分别命名为 master、slave1、slave2、slave3，虚拟机的配置如表 2-2 所示。

表 2-2　虚拟机的配置

机器名	内存	硬盘	网络适配器	处理器数量	IP 地址
master	1.5～2GB	20GB	NAT	1～2	192.168.128.130
slave1～slave3	1GB	20GB	NAT	1	192.168.128.131～192.168.128.133

任务实施

搭建完全分布式
Hadoop 集群

步骤 1　创建 Linux 操作系统虚拟机

1. 在 VMware 上安装 Linux 操作系统

VMware Workstation 是一款功能强大的虚拟机软件，在不影响本机操作系统的情况下，用户可以在虚拟机中同时运行不同版本的操作系统。安装 VMware Workstation 的过程比较简单，先双击下载好的 VMware 安装包，选择安装目录，再单击"下一步"按钮，继续安装，之后输入产品序列号，即可成功安装 VMware 软件。

打开 VMware 软件，在 VMware 上安装 Linux 操作系统，具体步骤如下。

（1）打开安装好的 VMware 软件，进入 VMware 主界面，选择"创建新的虚拟机"选项，如图 2-5 所示。

（2）在弹出的"新建虚拟机向导"界面中选择"典型(推荐)"模式，再单击"下一步"按钮，如图 2-6 所示。

（3）安装客户机操作系统。选择"稍后安装操作系统"，之后单击"下一步"按钮，如图 2-7 所示。

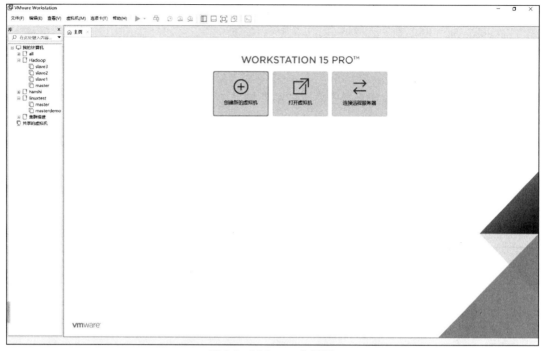

图 2-5　VMware 主界面

图 2-6　选择配置模式　　　　　　　图 2-7　选择安装来源

（4）选择客户机操作系统。选择"Linux"，之后单击"下一步"按钮，如图 2-8 所示。

（5）将虚拟机命名为"master"。在 E 盘中创建一个名为 VMware 的文件夹，并在该文件夹下建立一个名为 master 的文件。选择安装位置，之后单击"下一步"按钮，如图 2-9 所示（可根据个人计算机的硬盘资源情况调整安装位置）。

图 2-8　选择客户机操作系统

图 2-9　命名虚拟机并选择安装位置

（6）指定磁盘容量。指定最大磁盘容量为 20GB，选择"将虚拟磁盘拆分成多个文件"，单击"下一步"按钮，如图 2-10 所示。

（7）准备创建虚拟机，单击"自定义硬件"按钮，如图 2-11 所示。

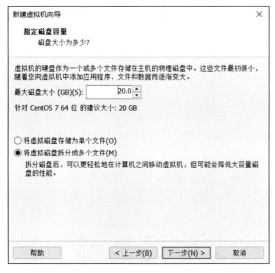

图 2-10　指定磁盘容量

图 2-11　准备创建虚拟机

（8）进入"硬件"界面，单击"新 CD/DVD（IDE）"，在右侧的"连接"选项组中选择"使用 ISO 映像文件"，单击"浏览"按钮，指定 CentOS-7-x86_64-DVD-2003.iso 映像文件的位置，如图 2-12 所示。最后单击"关闭"按钮，返回图 2-11 所示的界面，单击"完成"按钮。

（9）开启虚拟机。选择虚拟机"master"，单击"开启此虚拟机"选项，如图 2-13 所示。

图 2-12　自定义硬件

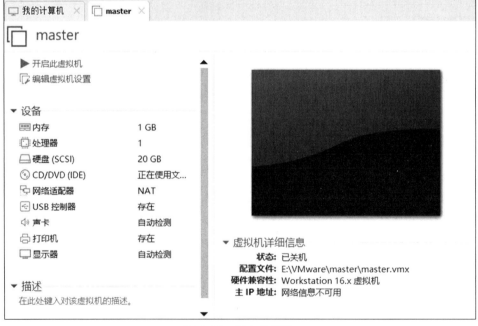

图 2-13　开启虚拟机

（10）开启虚拟机后会出现 CentOS 7 的安装界面，选择"Install CentOS 7"选项，如图 2-14 所示。

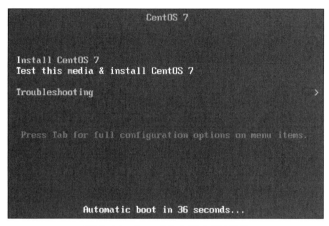

图 2-14　CentOS 7 的安装界面

（11）进入语言选择界面，在左侧列表中选择"English"选项，在右侧列表中选择"English(United States)"选项，并单击"Continue"按钮，如图 2-15 所示。

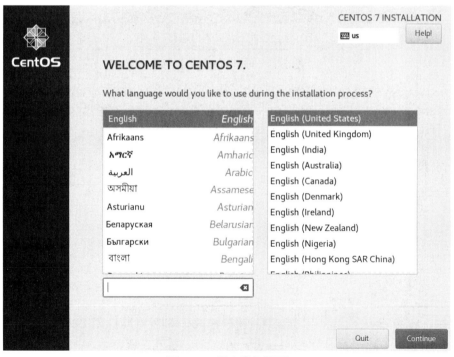

图 2-15　语言选择界面

（12）单击"LOCALIZATION"组中的"DATE&TIME"选项，如图 2-16 所示。进入地区和时间选择界面，选择"Asia"和"Shanghai"，之后单击"Done"按钮，如图 2-17 所示。

图 2-16　单击 "DATE&TIME" 选项

图 2-17　地区和时间选择界面

（13）单击 "SYSTEM" 选项组中的 "INSTALLATION DESTINATION" 选项，如图 2-18 所示。进入分区配置界面，默认选择自动分盘，单击 "Done" 按钮即可，如图 2-19 所示。

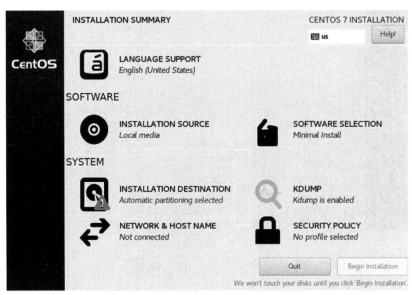

图 2-18　单击 "INSTALLATION DESTINATION" 选项

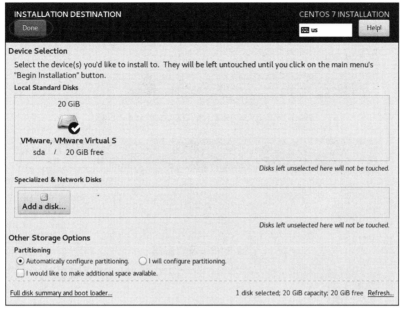

图 2-19　分区配置界面

（14）完成以上设置后，单击"Begin Installation"按钮开始安装，如图 2-20 所示。

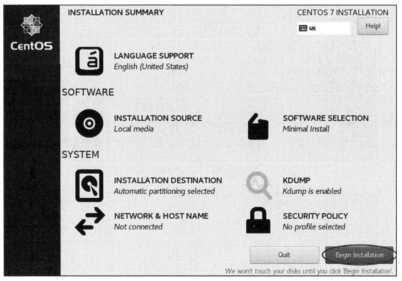

图 2-20　开始安装

（15）进入密码设置界面，单击"USER SETTINGS"选项组中的"ROOT PASSWORD"选项，如图 2-21 所示。设置密码为"123456"（需要输入 2 次），如图 2-22 所示，设置完毕后单击"Done"按钮（因为密码过于简单，所以需要连续输入 2 次）。

（16）设置密码后，单击"Finish configuration"按钮完成配置，开始安装 Linux 虚拟机，如图 2-23 所示。

（17）安装完成后，单击"Reboot"按钮重启虚拟机，如图 2-24 所示。

图 2-21 单击 "ROOT PASSWORD" 选项

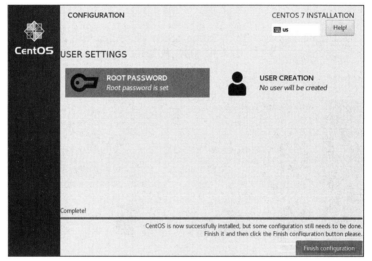

图 2-22 设置密码

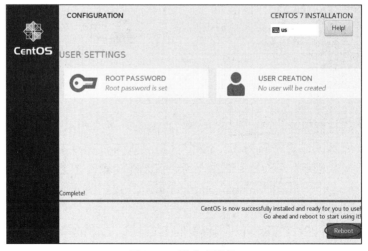

图 2-23 完成配置

图 2-24 重启虚拟机

（18）进入 Linux 系统，输入用户名"root"以及密码"123456"，如图 2-25 所示。如果出现"[root@localhost~]#"提示，表示成功登录并进入了 Linux 系统。

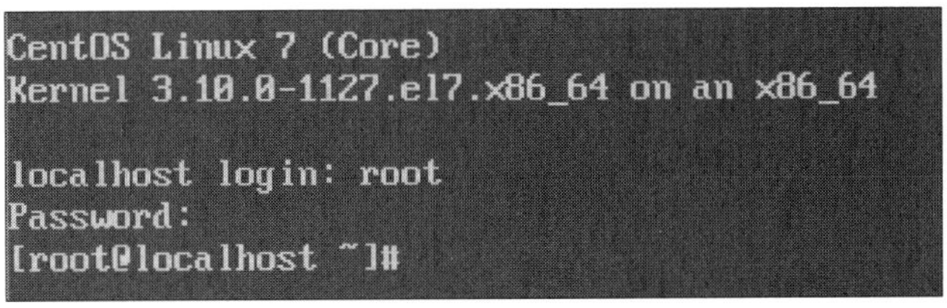

图 2-25 登录 Linux 系统

2. 设置固定 IP 地址

本书使用的 Hadoop 集群为完全分布式集群，有 4 个节点，因此需要安装 4 台虚拟机。每台虚拟机均使用 NAT 模式接入网络，需要为每台虚拟机分配 IP 地址，并保证每台虚拟机的 IP 地址处于同一子网内。下面以 master 虚拟机为例，详细介绍设置固定 IP 地址的步骤。

（1）使用"service network restart"命令重启网卡服务，如图 2-26 所示。

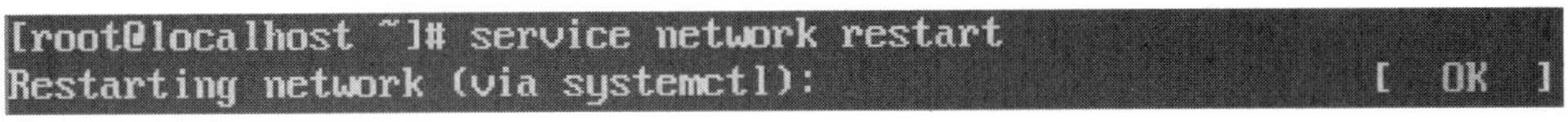

图 2-26 重启网卡服务

（2）查看/etc/sysconfig/network-scripts/ifcfg-ens33 配置文件的内容。Windows 系统采用菜单方式修改网络配置参数，而 Linux 系统的网络配置参数是写在配置文件里的。ifcfg-ens33 是 CentOS 7 版本的 Linux 系统中的网络配置文件，可以设置 IP 地址、子网掩码等网络配置信息，代码如下。

```
TYPE=Ethernet
PROXY_METHOD=none
BROWSER_ONLY=no
BOOTPROTO=dhcp
DEFROUTE=yes
IPV4_FAILURE_FATAL=no
IPV6INIT=yes
IPV6_AUTOCONF=yes
IPV6_DEFROUTE=yes
IPV6_FAILURE_FATAL=no
IPV6_ADDR_GEN_MODE=stable-privacy
NAME=ens33
UUID=94ac9d3c-230c-47e9-a9cc-cd4a2c1ec440
DEVICE=ens33
ONBOOT=no
```

在上述代码中，BOOTPROTO 参数可以设置获得 IP 地址的方式，ONBOOT 参数用于设置系统启动时是否激活网卡。BOOTPROTO 参数的值可以设置为 dhcp、none、bootp、static 等，如表 2-3 所示。

表 2-3   BOOTPROTO 参数的值

值	解释
dhcp	绑定网卡时通过 DHCP（动态主机配置协议）获得地址
none	绑定网卡时不使用任何协议
bootp	绑定网卡时使用 BOOTP（引导程序协议）获得地址
static	绑定网卡时使用静态协议，需要自己配置地址

（3）修改/etc/sysconfig/network-scripts/ifcfg-ens33 配置文件。将 ONBOOT 参数的值修改为"yes"，将 BOOTPROTO 参数的值修改为"static"，并添加 IP 地址（IPADDR）、网关（GATEWAY）、子网掩码（NETMASK）、域名解析服务器（DNS1）等网络配置信息，代码如下。

```
TYPE=Ethernet
PROXY_METHOD=none
BROWSER_ONLY=no
BOOTPROTO=static
DEFROUTE=yes
IPV4_FAILURE_FATAL=no
IPV6INIT=yes
IPV6_AUTOCONF=yes
IPV6_DEFROUTE=yes
IPV6_FAILURE_FATAL=no
IPV6_ADDR_GEN_MODE=stable-privacy
NAME=ens33
UUID=94ac9d3c-230c-47e9-a9cc-cd4a2c1ec440
DEVICE=ens33
ONBOOT=yes
##添加内容
IPADDR=192.168.128.130
GATEWAY=192.168.128.2
NETMASK=255.255.255.0
DNS1=192.168.128.2
NM_CONTROLLED=no
```

（4）再次使用"service network restart"命令重启网卡服务，并使用"ip addr"命令查看 IP 地址，结果如图 2-27 所示。从图 2-27 中可以看出，IP 地址已经设置为 192.168.128.130，说明该虚拟机的固定 IP 地址已设置成功。

图 2-27   重启网卡服务并查看 IP 地址

3. 远程连接虚拟机

Xmanager 是应用于 Windows 系统中的服务器软件，用户可以通过 Xmanager 将远程 Linux 桌面导入 Windows 系统中。在 Linux 和 Windows 网络环境中，Xmanager 是非常适合的系统连接解决方案之一。使用 Xmanager 远程连接 Linux 系统的操作步骤如下。

（1）使用 Xmanager 连接虚拟机前，需要设置 VMware Workstation 的虚拟网络。在 VMware 的"编辑"菜单中单击"虚拟网络编辑器"选项，如图 2-28 所示。

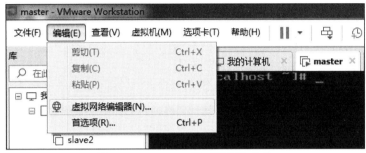

图 2-28　VMware 的"编辑"菜单

（2）进入"虚拟网络编辑器"界面后，需要管理员权限才能修改网络配置。如果没有管理员权限，则需要单击"更改设置"按钮，重新进入界面。选择"VMnet8"所在行，将"子网 IP"修改为"192.168.128.0"，如图 2-29 所示，单击"确定"按钮关闭该界面。

图 2-29　修改子网 IP

图 2-30　Xshell 程序图标

（3）设置 VMware 的虚拟网络后，即可使用 Xmanager 中的 Xshell 工具远程连接虚拟机。在个人计算机桌面的"开始"菜单中找到程序图标，双击打开 Xshell，如图 2-30 所示。

（4）单击 Xshell 的"文件"菜单，选择"新建"选项，新建会话，如图 2-31 所示。

图 2-31　新建会话

（5）配置新建会话。在弹出的"新建会话属性"界面中，在"名称"文本框中输入"master"（该会话名称是由用户自行指定的，建议与要连接的虚拟机主机名称保持一致）。在"主机"文本框中输入"192.168.128.130"，即 master 虚拟机的 IP 地址，如图 2-32 所示。再单击左侧的"用户身份验证"选项，在右侧输入用户名"root"和密码"123456"，如图 2-33 所示，之后单击"确定"按钮。

图 2-32　输入会话名称和 IP 地址

图 2-33　"用户身份验证"选项

（6）在 Xshell 的菜单栏中选择"打开"选项，在弹出的"会话"界面中单击"master"，之后单击"连接"按钮，如图 2-34 所示。在弹出的"SSH 安全警告"界面中单击"接受并保存"按钮即可成功连接 master 虚拟机，如图 2-35 所示。

图 2-34　连接会话

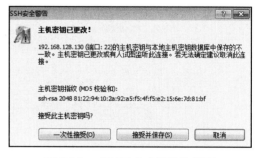

图 2-35　"SSH 安全警告"界面

（7）连接成功后要将主机名由默认的"localhost"修改为"master"，执行"hostnamectl set-hostname master"命令后重启虚拟机即可生效。

4．配置本地 yum 源及常用安装软件

The RPM Package Manager（RPM）是一个强大的命令行驱动的软件包管理工具，用于安装、卸载、校验、查询、更新 Linux 系统中的软件包。RPM 存在一个缺点，即软件包之间存在关联与依赖关系，安装一个软件包需要预先安装该软件包关联的其他软件包。在这种情况下，通过 yum 源安装软件包的方法应运而生。

yum 源能在线从指定的服务器中自动下载 RPM 包并安装，可以自动处理依赖关系，并且一次性安装所有依赖的软件包。yum 源提供了查找、安装、删除软件包的命令，而且命令简洁、易记。yum 命令的语法格式如下。

`yum [options] [command] [package]`

在 yum 命令中，options 参数是可选的，参数说明如表 2-4 所示。

表 2-4　options 参数的说明

参数	说明
-h	显示帮助信息
-y	对所有提问都回答"yes"
-c	指定配置文件
-q	安静模式
-v	详细模式
-d	设置调试等级（0～10）
-e	设置错误等级（0～10）
-R	设置得出运行命令的最大等待时间
-C	完全从缓存中运行，不下载或更新任何文件

command 参数表示要进行的操作，参数说明如表 2-5 所示。

表 2-5　command 参数的说明

参数	说明
install	安装 RPM 软件包
update	更新 RPM 软件包
check-update	检查是否有可用的更新 RPM 软件包
remove	删除指定的 RPM 软件包
list	显示所有可用软件包的信息
search	检查软件包的信息
info	显示指定的 RPM 软件包的描述信息和概要信息

续表

参数	说明
clean	清理过期缓存
resolvedep	显示 RPM 软件包的依赖关系
localinstall	安装本地的 RPM 软件包
localupdate	更新本地的 RPM 软件包
deplist	显示 RPM 软件包的所有依赖关系

package 参数表示操作的对象，即需要安装的软件包名称。配置本地 yum 源的操作步骤如下。

（1）使用"cd /etc/yum.repos.d"命令进入/etc/yum.repos.d 目录。

（2）该目录下有 CentOS-Base.repo、CentOS-Debuginfo.repo、CentOS-fasttrack.repo、CentOS-Vault.repo、CentOS-Media.repo 文件，其中 CentOS-Media.repo 文件是本地 yum 源的配置文件。配置本地 yum 源之前，需要禁用其他 yum 源，可将 CentOS-Base.repo、CentOS-Debuginfo.repo、CentOS-fasttrack.repo、CentOS-Vault.repo 文件分别重命名为 CentOS-Base.repo.bak、CentOS-Debuginfo.repo.bak、CentOS-fasttrack.repo.bak、CentOS-Vault.repo.bak，代码如下。

```
mv CentOS-Base.repo CentOS-Base.repo.bak
mv CentOS-Debuginfo.repo CentOS-Debuginfo.repo.bak
mv CentOS-fasttrack.repo CentOS-fasttrack.repo.bak
mv CentOS-Vault.repo CentOS-Vault.repo.bak
```

（3）使用"vi CentOS-Media.repo"命令打开并查看 CentOS-Media.repo 文件，CentOS-Media.repo 文件修改前的内容如下。

```
[c7-media]
name=CentOS-$releasever - Media
baseurl=file:///media/CentOS/
        file:///media/cdrom/
        file:///media/cdrecorder/
gpgcheck=1
enabled=0
gpgkey=file:///etc/pki/rpm-gpg/RPM-GPG-KEY-CentOS-7
```

（4）将 baseurl 的值修改为"file:///media/"，将 gpgcheck 的值改为"0"，将 enabled 的值改为"1"，修改后的内容如下。

```
[c7-media]
name=CentOS-$releasever - Media
baseurl=file:///media/
gpgcheck=0
enabled=1
gpgkey=file:///etc/pki/rpm-gpg/RPM-GPG-KEY-CentOS-7
```

（5）使用"mount /dev/sr0 /media"命令挂载本地 yum 源。如果返回"mount: no medium found on /dev/sr0"提示，则说明挂载本地 yum 源失败，如图 2-36 所示。解决方案为：在 VMware 软件中右键单击 master 虚拟机，在弹出的快捷菜单中选择"设置"命令，弹出"虚拟机设置"界面。在"硬件"选项卡中选择"CD/DVD（IDE）"所在行，并在右侧的"设备状态"组中选择"已连接"，如图 2-37 所示。

```
[root@localhost yum.repos.d]# mount /dev/sr0 /media
mount: no medium found on /dev/sr0
```
图 2-36　挂载本地 yum 源失败

图 2-37　挂载本地 yum 源失败的解决方案

（6）再次执行"mount /dev/sr0 /media"命令挂载本地 yum 源，如果返回"mount: /dev/sr0 is write-protected, mounting read-only"提示，说明挂载成功，如图 2-38 所示。

```
[root@master ~]# mount /dev/sr0 /media
mount: /dev/sr0 is write-protected, mounting read-only
```
图 2-38　挂载成功

（7）更新 yum 源。执行"yum clean all"命令，更新 yum 源成功的提示信息如图 2-39 所示。

```
[root@master ~]# yum clean all
Loaded plugins: fastestmirror
Cleaning repos: c7-media
```
图 2-39　更新 yum 源成功

（8）使用 yum 源安装软件。以安装 vim、zip、openssh-server、openssh-clients 为例，软件说明如表 2-6 所示。

表 2-6　软件说明

软件	说明
vim	文本编辑器
zip	压缩文件命令
openssh-server	在后台运行，可以用一些远程连接工具连接 CentOS
openssh-clients	类似于 Xshell，可以作为一个客户端连接 openssh-server

使用"yum install -y vim zip openssh-server openssh-clients"命令安装软件，安装过程中会自动搜索目标软件，如图 2-40 所示。安装完成后会显示所有已安装的相关软件，如图 2-41 所示。

```
================================================================================
 Package                  Arch         Version                Repository     Size
================================================================================
Installing:
 vim-enhanced             x86_64       2:7.4.629-6.el7         c7-media      1.1 M
 zip                      x86_64       3.0-11.el7              c7-media      260 k
Installing for dependencies:
 gpm-libs                 x86_64       1.20.7-6.el7            c7-media       32 k
 perl                     x86_64       4:5.16.3-295.el7        c7-media      8.0 M
 perl-Carp                noarch       1.26-244.el7            c7-media       19 k
 perl-Encode              x86_64       2.51-7.el7              c7-media      1.5 M
 perl-Exporter            noarch       5.68-3.el7              c7-media       28 k
 perl-File-Path           noarch       2.09-2.el7             c7-media       26 k
 perl-File-Temp           noarch       0.23.01-3.el7          c7-media       56 k
 perl-Filter              x86_64       1.49-3.el7             c7-media       76 k
 perl-Getopt-Long         noarch       2.40-3.el7             c7-media       56 k
 perl-HTTP-Tiny           noarch       0.033-3.el7            c7-media       38 k
 perl-PathTools           x86_64       3.40-5.el7             c7-media       82 k
 perl-Pod-Escapes         noarch       1:1.04-295.el7         c7-media       51 k
 perl-Pod-Perldoc         noarch       3.20-4.el7             c7-media       87 k
 perl-Pod-Simple          noarch       1:3.28-4.el7           c7-media      216 k
 perl-Pod-Usage           noarch       1.63-3.el7             c7-media       27 k
 perl-Scalar-List-Utils   x86_64       1.27-248.el7           c7-media       36 k
 perl-Socket              x86_64       2.010-5.el7            c7-media       49 k
 perl-Storable            x86_64       2.45-3.el7             c7-media       77 k
 perl-Text-ParseWords     noarch       3.29-4.el7             c7-media       14 k
 perl-Time-HiRes          x86_64       4:1.9725-3.el7         c7-media       45 k
 perl-Time-Local          noarch       1.2300-2.el7           c7-media       24 k
 perl-constant            noarch       1.27-2.el7             c7-media       19 k
 perl-libs                x86_64       4:5.16.3-295.el7       c7-media      689 k
 perl-macros              x86_64       4:5.16.3-295.el7       c7-media       44 k
 perl-parent              noarch       1:0.225-244.el7        c7-media       12 k
 perl-podlators           noarch       2.5.1-3.el7            c7-media      112 k
 perl-threads             x86_64       1.87-4.el7             c7-media       49 k
 perl-threads-shared      x86_64       1.43-6.el7             c7-media       39 k
 vim-common               x86_64       2:7.4.629-6.el7        c7-media      5.9 M
 vim-filesystem           x86_64       2:7.4.629-6.el7        c7-media       11 k

Transaction Summary
================================================================================
```

图 2-40　安装软件

```
Installed:
  vim-enhanced.x86_64 2:7.4.629-6.el7                zip.x86_64 0:3.0-11.el7

Dependency Installed:
  gpm-libs.x86_64 0:1.20.7-6.el7                perl.x86_64 4:5.16.3-295.el7
  perl-Carp.noarch 0:1.26-244.el7              perl-Encode.x86_64 0:2.51-7.el7
  perl-Exporter.noarch 0:5.68-3.el7           perl-File-Path.noarch 0:2.09-2.el7
  perl-File-Temp.noarch 0:0.23.01-3.el7       perl-Filter.x86_64 0:1.49-3.el7
  perl-Getopt-Long.noarch 0:2.40-3.el7        perl-HTTP-Tiny.noarch 0:0.033-3.el7
  perl-PathTools.x86_64 0:3.40-5.el7          perl-Pod-Escapes.noarch 1:1.04-295.el7
  perl-Pod-Perldoc.noarch 0:3.20-4.el7        perl-Pod-Simple.noarch 1:3.28-4.el7
  perl-Pod-Usage.noarch 0:1.63-3.el7          perl-Scalar-List-Utils.x86_64 0:1.27-248.el7
  perl-Socket.x86_64 0:2.010-5.el7            perl-Storable.x86_64 0:2.45-3.el7
  perl-Text-ParseWords.noarch 0:3.29-4.el7    perl-Time-HiRes.x86_64 4:1.9725-3.el7
  perl-Time-Local.noarch 0:1.2300-2.el7       perl-constant.noarch 0:1.27-2.el7
  perl-libs.x86_64 4:5.16.3-295.el7           perl-macros.x86_64 4:5.16.3-295.el7
  perl-parent.noarch 1:0.225-244.el7          perl-podlators.noarch 0:2.5.1-3.el7
  perl-threads.x86_64 0:1.87-4.el7            perl-threads-shared.x86_64 0:1.43-6.el7
  vim-common.x86_64 2:7.4.629-6.el7           vim-filesystem.x86_64 2:7.4.629-6.el7

Complete!
```

图 2-41　所有已安装的相关软件

步骤 2　在 Linux 系统中安装 JDK

Hadoop 是使用 Java 语言开发的，Hadoop 集群的使用依赖于 Java 环境，因此在安装 Hadoop 集群前需要先安装 JDK（Java 的软件开发工具包）。在 Linux 系统中安装 JDK 的操作步骤如下。

（1）将 JDK 安装包上传至 master 虚拟机。按下"Ctrl+Alt+F"组合键，进入文件传输界面，左侧为个人计算机的文件系统，右侧为 Linux 虚拟机的文件系统。在左侧的文件系统中查找 jdk-8u281-linux-x64.rpm 安装包，右键单击该安装包，选择"传输"命令上传至 Linux 的/opt 目录下，如图 2-42 所示。

图 2-42　上传 JDK 安装包

（2）执行"cd /opt/"命令切换至/opt 目录下，使用"rpm -ivh jdk-8u281-linux-x64.rpm"命令安装 JDK，如图 2-43 所示。

```
[root@master opt]# rpm -ivh jdk-8u281-linux-x64.rpm
warning: jdk-8u281-linux-x64.rpm: Header V3 RSA/SHA256 Signature, key ID ec551f03: NOKEY
Preparing...                          ############################### [100%]
Updating / installing...
   1:jdk1.8-2000:1.8.0_281-fcs         ############################### [100%]
Unpacking JAR files...
        tools.jar...
        plugin.jar...
        javaws.jar...
        deploy.jar...
        rt.jar...
        jsse.jar...
        charsets.jar...
        localedata.jar...
```

图 2-43 安装 JDK

（3）验证 JDK 是否安装成功。使用"java -version"命令查看 Java 版本，结果如图 2-44 所示，说明 JDK 安装成功。

```
[root@master opt]# java -version
java version "1.8.0_281"
Java(TM) SE Runtime Environment (build 1.8.0_281-b09)
Java HotSpot(TM) 64-Bit Server VM (build 25.281-b09, mixed mode)
```

图 2-44 验证 JDK 是否安装成功

步骤 3 克隆虚拟机

在 master 虚拟机的安装目录"E:\VMware"下建立 slave1、slave2、slave3 文件，生成 3 个新虚拟机 slave1、slave2、slave3。下面以生成 slave1 虚拟机为例，详细介绍虚拟机的克隆过程。

（1）右键单击 master 虚拟机，依次选择"管理"→"克隆"命令，进入"克隆虚拟机向导"界面，直接单击"下一步"按钮。

（2）选择克隆源，选择"虚拟机中的当前状态"，如图 2-45 所示。

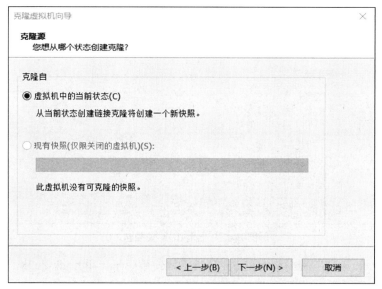

图 2-45 选择克隆源

（3）选择"创建完整克隆"，单击"下一步"按钮，如图 2-46 所示。

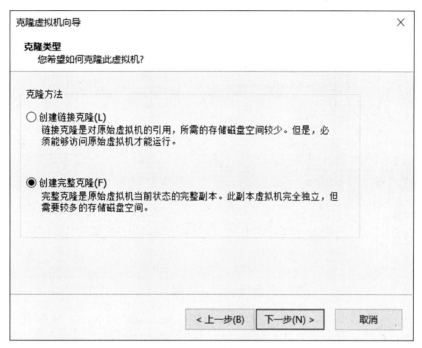

图 2-46　选择克隆类型

（4）设置新虚拟机名称为"slave1"，选择该虚拟机的安装位置为"E:\VMware\slave1"，如图 2-47 所示。之后单击"完成"按钮，虚拟机开始克隆，最后单击"关闭"按钮，虚拟机克隆完成，如图 2-48 所示。

图 2-47　设置新虚拟机名称和安装位置

图 2-48　虚拟机克隆完成

（5）开启 slave1 虚拟机，修改相关配置。slave1 虚拟机是由 master 虚拟机克隆产生的，即与 master 虚拟机的配置一致，所以需要修改 slave1 的相关配置，修改过程如下。

① 修改/etc/sysconfig/network-scripts/ifcfg-ens33 文件，将 IPADDR 的值修改为"192.168. 128.131"，代码如下，修改好后保存并退出。

```
IPADDR=192.168.128.131
```

② 重启网络服务并查看 IP 地址是否修改成功，代码如下。

```
##重启网络服务
systemctl restart network
##查看 IP 地址是否修改成功
ip addr
```

③ slave1 是 master 的克隆虚拟机，所以需要将主机名称修改为 slave1，代码如下。

```
##将主机名称修改为修改 slave1
hostnamectl set-hostname slave1
```

④ 重新启动虚拟机。

⑤ 在 master 节点中，使用"ping 192.168.128.131"命令验证 slave1 是否配置成功，如图 2-49 所示。

```
[root@master ~]# ping 192.168.128.131
PING 192.168.128.131 (192.168.128.131) 56(84) bytes of data.
64 bytes from 192.168.128.131: icmp_seq=1 ttl=64 time=0.286 ms
64 bytes from 192.168.128.131: icmp_seq=2 ttl=64 time=0.310 ms
64 bytes from 192.168.128.131: icmp_seq=3 ttl=64 time=0.296 ms
64 bytes from 192.168.128.131: icmp_seq=4 ttl=64 time=0.232 ms
64 bytes from 192.168.128.131: icmp_seq=5 ttl=64 time=0.276 ms
64 bytes from 192.168.128.131: icmp_seq=6 ttl=64 time=0.177 ms
```

图 2-49　验证 slave1 是否配置成功

（6）重复以上步骤，继续克隆 master 虚拟机，生成 slave2、slave3 虚拟机，并修改 slave2、slave3 虚拟机的相关配置。

（7）除此之外，还需要修改各节点的/etc/hosts 文件，配置主机名与 IP 地址的映射。设置主机名与 IP 地址的映射后即可通过主机名访问各主机，简化并方便了访问操作。本书要搭建的 Hadoop 集群共有 4 个节点，可在 4 个节点的/etc/hosts 文件末尾添加集群的节点主机名及 IP 地址，代码如下。

```
192.168.128.130 master master.centos.com
192.168.128.131 slave1 slave1.centos.com
192.168.128.132 slave2 slave2.centos.com
192.168.128.133 slave3 slave3.centos.com
```

步骤 4 配置 SSH 免密登录

安全外壳协议（Secure Shell，SSH）是建立在 TCP/TP 协议的应用层和传输层基础上的安全协议。SSH 保障了远程登录和网络传输服务的安全性，起到了防止信息泄露的作用。SSH 可以运行在多个平台上，对文件进行加密处理。配置 SSH 免密登录的步骤如下（均在 master 虚拟机上进行操作）。

（1）运行"ssh-keygen -t rsa"命令，接着按 3 次"Enter"键，生成私有密钥 id_rsa 和公有密钥 id_rsa.pub 两个文件，如图 2-50 所示。"ssh-keygen"用于生成 RSA 类型的密钥并管理该密钥，参数"-t"用于指定要创建的 SSH 密钥的类型为 RSA。

```
[root@master ~]# ssh-keygen -t rsa
Generating public/private rsa key pair.
Enter file in which to save the key (/root/.ssh/id_rsa):
Created directory '/root/.ssh'.
Enter passphrase (empty for no passphrase):
Enter same passphrase again:
Your identification has been saved in /root/.ssh/id_rsa.
Your public key has been saved in /root/.ssh/id_rsa.pub.
The key fingerprint is:
03:a0:69:1d:c8:05:8d:60:ab:41:f6:7f:4f:44:43:44 root@master.centos.com
The key's randomart image is:
+--[ RSA 2048]----+
|.*.*+    +E       |
|+ *+.o . .        |
|..+... .          |
|.o . ..           |
|.    . .S.        |
|      . o.        |
|         .        |
|                  |
|                  |
+------------------+
```

图 2-50   生成私有密钥 id_rsa 和公有密钥 id_rsa.pub 两个文件

（2）使用"ssh-copy-id"命令将公有密钥复制到远程机器中，代码如下。

```
##依次输入 yes、123456（root 用户的密码）
ssh-copy-id -i /root/.ssh/id_rsa.pub master
ssh-copy-id -i /root/.ssh/id_rsa.pub slave1
ssh-copy-id -i /root/.ssh/id_rsa.pub slave2
ssh-copy-id -i /root/.ssh/id_rsa.pub slave3
```

（3）验证 SSH 是否能够免密登录。在 master 主节点下分别运行" ssh slave1 "" ssh

slave2""ssh slave3"命令,结果如图 2-51 所示,说明配置 SSH 免密登录成功。

```
[root@master ~]# ssh slave1
Last login: Fri Apr 28 23:51:32 2017 from 192.168.128.1
[root@slave1 ~]# exit
logout
Connection to slave1 closed.
[root@master ~]# ssh slave2
Last login: Tue Apr 25 18:04:44 2017 from 192.168.128.1
[root@slave2 ~]# exit
logout
Connection to slave2 closed.
[root@master ~]# ssh slave3
Last login: Tue Apr 25 18:04:49 2017 from 192.168.128.1
[root@slave3 ~]# exit
logout
Connection to slave3 closed.
```

图 2-51 验证 SSH 是否能够免密登录

步骤 5 配置时间同步服务

网络时间协议(Network Time Protocol,NTP)是使计算机时间同步化的一种协议,可以使计算机对其服务器或时钟源进行同步化,提供高精准度的时间校正。时间同步技术使数据产生与处理系统的所有节点具有全局的、统一的标准时间,从而使系统中的消息、事件、节点、数据等具备正确的逻辑性、协调性以及可追溯性。大数据系统内的应用和操作具有时序性,如果时间不同步,这些应用和操作将无法正常进行。

Hadoop 集群对时间同步的要求很高,主节点与从节点的时间必须同步。配置时间同步服务的步骤如下。

(1)安装 NTP 服务。在各节点上运行"yum install -y ntp"命令,安装 NTP 服务。如果出现了"Complete"提示信息,说明安装 NTP 服务成功;如果安装出现问题,则需要使用"mount /dev/sr0 /media"命令重新挂载本地 yum 源。

(2)设置 master 节点为 NTP 服务主节点。运行"vim /etc/ntp.conf"命令打开/etc/ntp.conf文件,在以"server"开头的行前添加注释符号,并添加以下代码。

```
restrict 192.168.0.0 mask 255.255.255.0 nomodify notrap
server 127.127.1.0
fudge 127.127.1.0 stratum 10
```

(3)分别在 slave1、slave2、slave3 中配置 NTP 服务。修改/etc/ntp.conf 文件,在以"server"开头的行前添加注释符号,并添加以下代码。

```
server master
```

(4)运行"systemctl stop firewalld"和"systemctl disable firewalld"命令,关闭防火墙并禁止开机自动启动防火墙(注意:主节点和从节点均需要关闭)。

(5)启动 NTP 服务,步骤如下。

① 在 master 节点上运行"systemctl start ntpd"和"systemctl enable ntpd"命令,再通过"systemctl status ntpd"命令查看 NTP 服务状态,如图 2-52 所示。如果出现"active (running)"信息,说明 NTP 服务启动成功。

```
[root@master ~]# systemctl status ntpd
● ntpd.service - Network Time Service
   Loaded: loaded (/usr/lib/systemd/system/ntpd.service; enabled; vendor preset: disable
d)
   Active: active (running) since 三 2021-06-23 14:50:10 CST; 20s ago
 Main PID: 3159 (ntpd)
   CGroup: /system.slice/ntpd.service
           └─3159 /usr/sbin/ntpd -u ntp:ntp -g

6月 23 14:50:10 master ntpd[3159]: Listen and drop on 1 v6wildcard :: UDP 123
6月 23 14:50:10 master ntpd[3159]: Listen normally on 2 lo 127.0.0.1 UDP 123
6月 23 14:50:10 master ntpd[3159]: Listen normally on 3 ens33 192.168.128.130 UDP 123
6月 23 14:50:10 master ntpd[3159]: Listen normally on 4 lo ::1 UDP 123
6月 23 14:50:10 master ntpd[3159]: Listen normally on 5 ens33 fe80::f943:325d:91d...123
6月 23 14:50:10 master ntpd[3159]: Listening on routing socket on fd #22 for inte...tes
6月 23 14:50:10 master ntpd[3159]: 0.0.0.0 c016 06 restart
6月 23 14:50:10 master ntpd[3159]: 0.0.0.0 c012 02 freq_set kernel 0.000 PPM
6月 23 14:50:10 master ntpd[3159]: 0.0.0.0 c011 01 freq_not_set
6月 23 14:50:12 master ntpd[3159]: 0.0.0.0 c514 04 freq_mode
Hint: Some lines were ellipsized, use -l to show in full.
```

图 2-52　查看 master 节点的 NTP 服务状态

② 分别在 slave1、slave2、slave3 节点上使用 "ntpdate master" 命令同步时间，如图 2-53 所示。

```
[root@slave1 ~]# ntpdate master
23 Jun 14:54:21 ntpdate[3551]: adjust time server 192.168.128.130 offset 0.000011 sec
```

图 2-53　在从节点上同步时间

③ 分别在 slave1、slave2、slave3 节点上运行 "systemctl start ntpd" 和 "systemctl enable ntpd" 命令，即可永久启动 NTP 服务。之后通过 "systemctl status ntpd" 命令查看从节点的 NTP 服务状态，如图 2-54 所示，如果出现 "active(running)" 信息，说明从节点的 NTP 服务也启动成功。

```
[root@slave1 ~]# systemctl status ntpd
● ntpd.service - Network Time Service
   Loaded: loaded (/usr/lib/systemd/system/ntpd.service; enabled; vendor preset: disable
d)
   Active: active (running) since 三 2021-06-23 14:55:33 CST; 46s ago
  Process: 3621 ExecStart=/usr/sbin/ntpd -u ntp:ntp $OPTIONS (code=exited, status=0/SUCC
ESS)
 Main PID: 3622 (ntpd)
   CGroup: /system.slice/ntpd.service
           └─3622 /usr/sbin/ntpd -u ntp:ntp -g

6月 23 14:55:33 slave1 ntpd[3622]: Listen and drop on 0 v4wildcard 0.0.0.0 UDP 123
6月 23 14:55:33 slave1 ntpd[3622]: Listen and drop on 1 v6wildcard :: UDP 123
6月 23 14:55:33 slave1 ntpd[3622]: Listen normally on 2 lo 127.0.0.1 UDP 123
6月 23 14:55:33 slave1 ntpd[3622]: Listen normally on 3 ens33 192.168.128.131 UDP 123
6月 23 14:55:33 slave1 ntpd[3622]: Listen normally on 4 lo ::1 UDP 123
6月 23 14:55:33 slave1 ntpd[3622]: Listen normally on 5 ens33 fe80::1ab:4854:a21d...123
6月 23 14:55:33 slave1 ntpd[3622]: Listening on routing socket on fd #22 for inte...tes
6月 23 14:55:33 slave1 ntpd[3622]: 0.0.0.0 c016 06 restart
6月 23 14:55:33 slave1 ntpd[3622]: 0.0.0.0 c012 02 freq_set kernel 0.000 PPM
6月 23 14:55:33 slave1 ntpd[3622]: 0.0.0.0 c011 01 freq_not_set
Hint: Some lines were ellipsized, use -l to show in full.
```

图 2-54　查看从节点的 NTP 服务状态

步骤6　修改配置文件

首先将 Hadoop 安装包上传至 master 虚拟机的/opt 目录下，运行"tar -zxf hadoop-3.1.4. tar.gz -C /usr/local"命令，将 Hadoop 安装包解压至 master 虚拟机的/usr/local 目录下。

进入/usr/local/hadoop-3.1.4/etc/hadoop 目录下，修改 core-site.xml、hadoop-env.sh、yarn-env.sh、mapred-site.xml、yarn-site.xml、workers、hdfs-site.xml 配置文件的内容，操作步骤如下。

（1）修改 core-site.xml 文件。core-site.xml 是 Hadoop 的核心配置文件，需要配置 2 个属性，即 fs.defaultFS 和 hadoop.tmp.dir，代码如下。fs.defaultFS 属性配置了 HDFS 文件系统的 NameNode 端口，hadoop.tmp.dir 属性配置了 Hadoop 的临时文件目录。需要注意的是，如果 NameNode 所在的虚拟机名称不是"master"，则需要将"hdfs://master:8020"中的"master"替换为 NameNode 所在的虚拟机名称。

```
<configuration>
<property>
    <name>fs.defaultFS</name>
    <value>hdfs://master:8020</value>
</property>
<property>
    <name>hadoop.tmp.dir</name>
    <value>/var/log/hadoop/tmp</value>
</property>
<property>
    <name>hadoop.proxyuser.root.hosts</name>
    <value>*</value>
</property>
<property>
    <name>hadoop.proxyuser.root.groups</name>
    <value>*</value>
</property>
</configuration>
```

（2）修改 hadoop-env.sh 文件。hadoop-env.sh 文件设置了 Hadoop 运行环境的相关配置参数，在该文件中将 JAVA_HOME 的值修改为 JDK 在 Linux 系统中的安装目录，代码如下。

```
export JAVA_HOME=/usr/java/jdk1.8.0_281-amd64
```

（3）修改 yarn-env.sh 文件。yarn-env.sh 文件设置了 YARN 框架运行环境的相关配置参数，同样需要修改 JDK 所在目录，代码如下。

```
export JAVA_HOME=/usr/java/jdk1.8.0_281-amd64
```

（4）修改 mapred-site.xml 文件，代码如下。Hadoop 3.X 使用了 YARN 框架，所以必须指定 mapreduce.framework.name 配置项的值为"yarn"。

```
<configuration>
<property>
    <name>mapreduce.framework.name</name>
    <value>yarn</value>
</property>
```

```
<!-- jobhistory properties -->
<property>
    <name>mapreduce.jobhistory.address</name>
    <value>master:10020</value>
</property>
<property>
    <name>mapreduce.jobhistory.webapp.address</name>
    <value>master:19888</value>
</property>
<property>
    <name>yarn.app.mapreduce.am.env</name>
    <value>HADOOP_MAPRED_HOME=/usr/local/hadoop-3.1.4</value>
</property>
<property>
    <name>mapreduce.map.env</name>
    <value>HADOOP_MAPRED_HOME=/usr/local/hadoop-3.1.4</value>
</property>
<property>
    <name>mapreduce.reduce.env</name>
    <value>HADOOP_MAPRED_HOME=/usr/local/hadoop-3.1.4</value>
</property>
</configuration>
```

（5）修改 yarn-site.xml 文件。yarn-site.xml 文件设置了 YARN 框架的相关配置参数，文件中命名了一个 yarn.resourcemanager.hostname 变量，在 YARN 的相关配置中可以直接引用该变量，其他变量保持不变即可，代码如下。

```
<configuration>
<property>
    <name>yarn.resourcemanager.hostname</name>
    <value>master</value>
</property>
<property>
    <name>yarn.resourcemanager.address</name>
    <value>${yarn.resourcemanager.hostname}:8032</value>
</property>
<property>
    <name>yarn.resourcemanager.scheduler.address</name>
    <value>${yarn.resourcemanager.hostname}:8030</value>
</property>
<property>
    <name>yarn.resourcemanager.webapp.address</name>
    <value>${yarn.resourcemanager.hostname}:8088</value>
</property>
<property>
    <name>yarn.resourcemanager.webapp.https.address</name>
    <value>${yarn.resourcemanager.hostname}:8090</value>
</property>
<property>
    <name>yarn.resourcemanager.resource-tracker.address</name>
    <value>${yarn.resourcemanager.hostname}:8031</value>
</property>
<property>
    <name>yarn.resourcemanager.admin.address</name>
    <value>${yarn.resourcemanager.hostname}:8033</value>
```

```
    </property>
    <property>
        <name>yarn.nodemanager.local-dirs</name>
        <value>/data/hadoop/yarn/local</value>
    </property>
    <property>
        <name>yarn.log-aggregation-enable</name>
        <value>true</value>
    </property>
    <property>
        <name>yarn.nodemanager.remote-app-log-dir</name>
        <value>/data/tmp/logs</value>
    </property>
    <property>
        <name>yarn.log.server.url</name>
        <value>http://master:19888/jobhistory/logs/</value>
        <description>URL for job history server</description>
    </property>
    <property>
        <name>yarn.nodemanager.vmem-check-enabled</name>
        <value>false</value>
    </property>
    <property>
        <name>yarn.nodemanager.aux-services</name>
        <value>mapreduce_shuffle</value>
    </property>
    <property>
        <name>yarn.nodemanager.aux-services.mapreduce.shuffle.class</name>
        <value>org.apache.hadoop.mapred.ShuffleHandler</value>
    </property>
    <property>
        <name>yarn.nodemanager.resource.memory-mb</name>
        <value>2048</value>
    </property>
    <property>
        <name>yarn.scheduler.minimum-allocation-mb</name>
        <value>512</value>
    </property>
    <property>
        <name>yarn.scheduler.maximum-allocation-mb</name>
        <value>4096</value>
    </property>
    <property>
        <name>mapreduce.map.memory.mb</name>
        <value>2048</value>
    </property>
    <property>
        <name>mapreduce.reduce.memory.mb</name>
        <value>2048</value>
    </property>
    <property>
        <name>yarn.nodemanager.resource.cpu-vcores</name>
        <value>1</value>
    </property>
</configuration>
```

（6）修改 workers 文件。workers 文件保存的是从节点的信息，在 workers 文件中添加 slave1、slave2、slave3 的信息。

（7）修改 hdfs-site.xml 文件，代码如下。hdfs-site.xml 文件设置了 HDFS 的相关配置，dfs.namenode.name.dir 和 dfs.datanode.data.dir 配置项分别指定了 NameNode 元数据和 DataNode 数据的存储位置。dfs.namenode.secondary.http-address 配置了 SecondaryNameNode 的地址。dfs.replication 配置了文件块的副本数，默认为 3 个副本，这里不进行修改。

```
<configuration>
<property>
    <name>dfs.namenode.name.dir</name>
    <value>file:///data/hadoop/hdfs/name</value>
</property>
<property>
    <name>dfs.datanode.data.dir</name>
    <value>file:///data/hadoop/hdfs/data</value>
</property>
<property>
    <name>dfs.namenode.secondary.http-address</name>
    <value>master:50090</value>
</property>
<property>
    <name>dfs.replication</name>
    <value>3</value>
</property>
</configuration>
```

（8）为了防止 Hadoop 集群启动失败，需要修改 Hadoop 集群启动和关闭服务的文件。启动和关闭服务的文件在/usr/local/hadoop-3.1.4/sbin/目录下，需要修改的文件分别是 start-dfs.sh、stop-dfs.sh、start-yarn.sh 和 stop-yarn.sh。

① 修改 start-dfs.sh 和 stop-dfs.sh，在文件开头添加的内容如下。

```
HDFS_DATANODE_USER=root
HADOOP_SECURE_DN_USER=hdfs
HDFS_NAMENODE_USER=root
HDFS_SECONDARYNAMENODE_USER=root
```

② 修改 start-yarn.sh 和 stop-yarn.sh，在文件开头添加的内容如下。

```
YARN_RESOURCEMANAGER_USER=root
HADOOP_SECURE_DN_USER=yarn
YARN_NODEMANAGER_USER=root
```

（9）将 Hadoop 安装目录复制到 slave1、slave2、slave3 节点中，代码如下。

```
scp -r /usr/local/hadoop-3.1.4/ slave1:/usr/local
scp -r /usr/local/hadoop-3.1.4/ slave2:/usr/local
scp -r /usr/local/hadoop-3.1.4/ slave3:/usr/local
```

步骤 7　启动和关闭集群

完成 Hadoop 的所有配置后，即可执行格式化 NameNode 操作，即在 NameNode 所在机器中初始化一些 HDFS 的相关配置。该操作在集群搭建过程中只需要执行一次，执行之前可以先配置环境变量。

配置环境变量是指在 master、slave1、slave2、slave3 节点上修改/etc/profile 文件，在文件末尾添加的内容如下。修改后，保存并退出，运行"source /etc/profile"命令使配置生效。

```
export HADOOP_HOME=/usr/local/hadoop-3.1.4
export PATH=$HADOOP_HOME/bin:$PATH:$JAVA_HOME/bin
```

执行格式化操作需要运行"hdfs namenode -format"命令，如果出现"Storage directory/data/hadoop/hdfs/name has been successfully formatted"提示，说明格式化成功，如图 2-55 所示。

```
17/04/29 00:58:45 INFO util.GSet: Computing capacity for map NameNodeRetryCache
17/04/29 00:58:45 INFO util.GSet: VM type       = 64-bit
17/04/29 00:58:45 INFO util.GSet: 0.029999999329447746% max memory 966.7 MB = 297.0 KB
17/04/29 00:58:45 INFO util.GSet: capacity      = 2^15 = 32768 entries
17/04/29 00:58:45 INFO namenode.NNConf: ACLs enabled? false
17/04/29 00:58:45 INFO namenode.NNConf: XAttrs enabled? true
17/04/29 00:58:45 INFO namenode.NNConf: Maximum size of an xattr: 16384
17/04/29 00:58:45 INFO namenode.FSImage: Allocated new BlockPoolId: BP-299710164-192.168.128.130-1493398725649
17/04/29 00:58:45 INFO common.Storage: Storage directory /data/hadoop/hdfs/name has been successfully formatted.
17/04/29 00:58:46 INFO namenode.NNStorageRetentionManager: Going to retain 1 images with txid >= 0
17/04/29 00:58:46 INFO util.ExitUtil: Exiting with status 0
17/04/29 00:58:46 INFO namenode.NameNode: SHUTDOWN_MSG:
/************************************************************
SHUTDOWN_MSG: Shutting down NameNode at master.centos.com/192.168.128.130
************************************************************/
```

图 2-55   格式化成功

格式化完成后，在 master 节点中直接进入 Hadoop 安装目录即可启动 Hadoop 集群，代码如下。

```
cd $HADOOP_HOME    ##进入 Hadoop 安装目录
sbin/start-dfs.sh    ##启动 HDFS 相关服务
sbin/start-yarn.sh    ##启动 YARN 相关服务
sbin/mr-jobhistory-daemon.sh start historyserver    ##启动日志相关服务
```

在 master、slave1、slave2、slave3 节点中运行"jps"命令。如果出现图 2-56 所示的信息，说明集群启动成功。

```
[root@master sbin]# jps
2967 NameNode
3498 ResourceManager
3245 SecondaryNameNode
3853 Jps
[root@master sbin]# ssh slave1
Last login: Thu Apr 15 10:59:14 2021 from 192.168.128.1
[root@slave1 ~]# jps
7555 DataNode
7732 Jps
7655 NodeManager
```

图 2-56   集群启动成功

同样，在 master 节点中直接进入 Hadoop 安装目录即可关闭 Hadoop 集群，代码如下。

```
cd $HADOOP_HOME    ##进入 Hadoop 安装目录
sbin/stop-yarn.sh    ##关闭 YARN 相关服务
```

```
sbin/stop-dfs.sh　　##关闭 HDFS 相关服务
sbin/mr-jobhistory-daemon.sh start historyserver　　##关闭日志相关服务
```

任务实训

伪分布 Hadoop
的安装与部署

实训内容：安装和部署伪分布式 Hadoop 集群

1. 训练要点

（1）掌握在 Linux 系统中安装 JDK 的方法。
（2）掌握在 Linux 系统中安装 Hadoop 的方法。
（3）掌握配置 SSH 免密登录的方法。

2. 需求说明

在实际应用中，如果是做简单的测试分析且数据量不大，可以使用 Hadoop 伪分布式集群来运算。Hadoop 伪分布式集群的部署步骤与分布式集群相差不大，集群的配置需要根据具体问题进行分析，根据业务需求搭建合适的集群环境。因此，请基于 Hadoop 3.1.4 版本安装并部署伪分布式 Hadoop 集群，巩固 Hadoop 集群的搭建操作，加深对 Hadoop 的理解。

3. 实现思路及步骤

（1）将 JDK、Hadoop 安装包上传至虚拟机，并安装 JDK。
（2）修改 Hadoop 配置文件。
（3）配置 SSH 免密登录。
（4）启动 Hadoop 集群，检验是否已成功部署。

任务 2　安装 ZooKeeper 集群

任务描述

　　ZooKeeper 和 HBase 都是 Hadoop 生态系统中的组件，ZooKeeper 可以实现 HBase 对 HMaster 节点的高可用管理、监控所有 RegionServer 的状态、管理 HBase 的相关元数据信息。因此，为了更好地使用 IIBase，还需要单独安装 ZooKccpcr 集群。

任务要求

1. 下载 ZooKeeper 并上传到 Linux 系统中。
2. 完成相关配置。
3. 成功启动和关闭 ZooKeeper 集群。

Zookeeper 简介
及集群架构介绍

2.2.1　ZooKeeper 简介

ZooKeeper 起源于雅虎的一个研究小组，当时研究人员发现，雅虎内部的很多大型系统都需要依赖类似的系统来进行分布式协调，但这些系统往往存在着分布式单点问题。在分布式系统中，如果某个独立功能的程序或角色只运行在某一台服务器上，那么这个节点就称为单点。一旦这台服务器死机，分布式系统将无法正常运行，这种现象称为单点故障。雅虎的开发人员试图开发一个通用的、无单点问题的分布式协调框架，以便让开发人员专注于处理业务逻辑，这个分布式协调框架就是 ZooKeeper。

ZooKeeper 主要用于解决分布式集群中应用系统的一致性问题，例如避免同时操作同一数据造成数据无效，比较典型的应用场景有配置管理、命名服务、服务上下线感知、集群通信与控制子系统、分布式锁等。

2.2.2　ZooKeeper 的架构

ZooKeeper 本质上是一个分布式的小文件存储系统，对外提供一个类似于文件系统的层次化数据存储服务。为了保证容错性和高性能，ZooKeeper 集群由多台服务器节点组成，通过复制数据保证各个节点之间的数据一致。ZooKeeper 能监控节点数据状态的变化，从而进行基于数据的集群管理。只要超过一半的服务器节点能正常工作，那么整个集群就能正常对外服务。ZooKeeper 可以保证顺序一致性、单一视图、可靠性和实时性。

1．ZooKeeper 集群的角色

ZooKeeper 集群是主从集群结构，一般由一个领导者（Leader）和多个跟随者（Follower）组成。此外，访问量较大的 ZooKeeper 集群还可新增多个观察者（Observer）。ZooKeeper 集群中的所有节点通过 Leader 选举过程选定一个节点为 Leader，为客户端提供读和写服务；Follower 和 Observer 则提供读服务，Observer 不参与 Leader 选举过程。ZooKeeper 集群的角色及描述如表 2-7 所示。

表 2-7　ZooKeeper 集群的角色及描述

角色		描述
领导者（Leader）		负责发起投票和决议，并更新系统状态
学习者（Learner）	跟随者（Follower）	用于接收客户端请求并向客户端返回结果； 在选举过程中参与投票
	观察者（Observer）	接收客户端连接，将写请求转发给 Leader； 不参与投票过程，只同步 Leader 的状态，目的是扩展系统、提高读取速度
客户端		请求发起方

ZooKeeper 集群的三种角色各司其职，共同完成分布式协调服务，具体说明如下。

（1）Leader 是 ZooKeeper 集群的核心，也是事务性请求（写操作）的唯一调度和处理

者，能保证集群事务处理的顺序性，同时负责发起投票和决议以及更新系统状态。

（2）Follower 负责处理客户端的非事务性请求（读操作），如果接收到客户端发来的事务性请求，则会转发给 Leader，让 Leader 进行处理，同时在选举过程中参与投票。

（3）Observer 负责观察 ZooKeeper 集群的状态变化，并且将这些状态进行同步。对于非事务性请求，Observer 可以进行独立处理；对于事务性请求，Observer 会将其转发给 Leader 进行处理。Observer 不参与任何形式的投票，只提供非事务性的服务，通常在不影响集群事务处理能力的前提下提升集群的非事务处理能力。

2．ZooKeeper 的选举机制

为了保证各节点的协同工作，ZooKeeper 在工作时需要一个 Leader，默认采用 Fast Leader Election 算法，遵循"投票数大于半数则胜出"的机制。选举涉及的相关概念如下。

（1）服务器 ID。服务器 ID 是配置集群时设置的 myid 参数文件，编号越大，在 Fast Leader Election 算法中的权重越大。

（2）选举状态。在选举过程中，ZooKeeper 服务器有四种状态，分别为寻找 Leader 状态、跟随者状态、观察者状态、领导者状态。

（3）数据 ID。数据 ID 是服务器中存放的最新数据的版本号，该值越大说明数据越新，选举过程中的权重越大。

（4）逻辑时钟。逻辑时钟也称为投票次数，同一轮投票过程中的逻辑时钟值是相同的。逻辑时钟的起始值为 0，每投一次票，逻辑时钟值将会增加。逻辑时钟会与其他服务器返回的投票信息中的数值进行比较，根据不同的值进行判断。如果某台机器死机，那么这台机器不会参与投票，其逻辑时钟值也会比其他机器的低。

任务实施

步骤 1　ZooKeeper 安装包的下载和上传

从 ZooKeeper 官网下载 ZooKeeper 安装包，将下载好的 ZooKeeper 安装包上传至 slave1 的/opt 目录下，之后将安装包解压至/usr/local 目录下，代码如下。

```
cd /opt
tar -zxvf zookeeper-3.4.6.tar.gz -C /usr/local
```

安装包解压完成并不意味着 ZooKeeper 集群部署结束，还需要对其进行配置和启动。如果成功启动，则表示 ZooKeeper 集群部署成功。

步骤 2　进行相关配置

（1）修改 ZooKeeper 的配置文件。进入 ZooKeeper 解压目录下，复制 zoo_sample.cfg 配置文件并将其重命名为 zoo.cfg，代码如下。

```
cd /usr/local/zookeeper-3.4.6/conf/
cp zoo_sample.cfg zoo.cfg
```

（2）修改 zoo.cfg 配置文件。设置 dataDir 目录，配置服务器编号与主机名的映射关系，设置与主机连接的心跳端口和选举端口，代码如下。

```
tickTime=2000
initLimit=10
syncLimit=5
##设置数据文件目录+数据持久化路径
dataDir=/root/data/zookeeper
clientPort=2181
server.1=slave1:2888:3888
server.2=slave2:2888:3888
server.3=slave3:2888:3888
```

（3）上述代码中"server.1=slave1:2888:3888"的"1"表示服务器的编号，"slave1"表示这个服务器的地址（由于已经进行了服务器名称 slave1 与其 IP 地址的映射，所以可以直接使用服务器的名称），"2888"表示 Leader 选举的端口号，"3888"表示 ZooKeeper 服务器之间的通信端口号。

（4）创建 myid 文件。首先在 zoo.cfg 配置文件中设置的 dataDir 目录下创建/zookeeper 目录。其次，在/zookeeper 目录下创建 myid 文件，文件中的内容为服务器编号（slave1 服务器对应编号 1，slave2 服务器对应编号 2，slave3 服务器对应编号 3），代码如下（以 slave1 节点为例）。

```
mkdir -p /root/data/zookeeper/
cd /root/data/zookeeper/
echo 1 > myid
```

（5）配置环境变量。执行"vim /etc/profile"命令对 profile 配置文件进行修改，添加 ZooKeeper 的环境变量，代码如下。

```
export ZK_HOME=/usr/local/zookeeper-3.4.6
export PATH=$PATH:$ZK_HOME/bin
```

（6）将 ZooKeeper 的相关配置文件分发至其他服务器。将 ZooKeeper 的安装目录分发至 slave2 和 slave3，然后将 profile 配置文件也分发至 slave2 和 slave3，代码如下。

```
##将 ZooKeeper 的安装目录分发至 slave2 和 slave3
scp -r /usr/local/zookeeper-3.4.6/ slave2:/usr/local/
scp -r /usr/local/zookeeper-3.4.6/ slave3:/usr/local/
##将 profile 配置文件分发至 slave2 和 slave3
scp /etc/profile slave2:/etc/profile
scp /etc/profile slave3:/etc/profile
```

（7）使环境变量生效。分别在 slave1、slave2、slave3 节点上刷新 profile 配置文件，使环境变量生效，代码如下。

```
source /etc/profile
```

步骤 3　启动和关闭 ZooKeeper

如果 ZooKeeper 集群启动和关闭成功，则表示 ZooKeeper 集群部署成功。首先，依次在 slave1、slave2、slave3 节点上启动 ZooKeeper 服务，代码如下。

```
./zkServer.sh start
```

以在 slave1 节点上启动 ZooKeeper 服务为例，查看该节点的 ZooKeeper 服务状态及角色的代码如下，返回信息如图 2-57 所示。

./zkServer.sh status

```
[root@slave1 bin]# ./zkServer.sh status
JMX enabled by default
Using config: /usr/local/zookeeper-3.4.6/bin/../conf/zoo.cfg
Mode: follower
```

图 2-57　slave1 节点的 ZooKeeper 服务状态及角色

如果要关闭 ZooKeeper 服务，依次在 slave1、slave2、slave3 节点上执行关闭集群命令即可，代码如下。

zkServer.sh stop

执行完毕后，查看 ZooKeeper 服务状态，返回信息如图 2-58 所示。

```
[root@slave1 bin]# ./zkServer.sh stop
JMX enabled by default
Using config: /usr/local/zookeeper-3.4.6/bin/../conf/zoo.cfg
Stopping zookeeper ... STOPPED
```

图 2-58　执行关闭集群命令后的 ZooKeeper 服务状态

至此，ZooKeeper 集群部署成功。

任务 3　安装与配置 HBase 集群

任务描述

HBase 是一个可以随机访问的、用于存储和检索数据的框架，弥补了 HDFS 不能随机访问数据的缺陷。HBase 适合实时性要求不高的业务场景，HBase 中的数据不区分数据类型，支持结构化、半结构化、非结构化数据，数据模型的动态性强，十分灵活。为方便后续使用 HBase 进行快速查询，本任务是实现 HBase 集群的安装与配置。

任务要求

1. 下载 HBase 安装包并上传到 Linux 系统中。
2. 修改 HBase 配置文件。
3. 成功启动和关闭 HBase 集群。

相关知识

2.3.1 HBase 简介

HBase 核心功能
模块介绍

HBase 是 Apache 旗下的一个开源项目，具备广泛应用性、可靠性、高性能、高可用性等特点。HBase 与一般数据库不同，它基于列模式存储数据。

HBase 技术源于 BigTable，使用 HDFS 作为底层文件存储系统，可以运行 MapReduce 处理少量数据，一般需要使用 ZooKeeper 作为协同服务组件。

1. HBase 的特点

（1）海量存储。HBase 能通过多台普通机器存储 PB 级别的海量数据，HBase 的单表可以有百亿行、百万列，可以在几十毫秒或几百毫秒内返回数据。

（2）面向列。HBase 面向列进行存储和权限控制，并支持独立检索。HBase 是根据列族存储数据的，一个列族下可以有多列。创建表时必须指定列族，并且可以单独对列进行各种操作。列式存储不但解决了数据稀疏性问题，节省了存储开销，而且在查询发生时仅检索查询涉及的列，能够大幅度提升读写能力。

（3）多版本。HBase 表的每列数据存储都有多个版本，即给同一条数据插入不同的时间戳。虽然每一列对应一条数据，但有的数据会对应多个版本。例如，在存储个人信息的 HBase 表中，如果某个人多次更换家庭住址，那么记录家庭住址的数据就会有多个版本。

（4）稀疏性。HBase 的稀疏性主要体现为列的灵活性。在 HBase 的列族中，可以指定任意多个列，而且列数据为空（null）的列不占用存储空间。

（5）易扩展性。HBase 的易扩展性主要体现在两方面，一是基于上层处理能力（RegionServer）的扩展，二是基于存储的扩展（HDFS）。HBase 的底层文件存储依赖于 HDFS，当磁盘空间不足时，可以动态增加机器（即 DataNode 节点服务），从而避免数据迁移。

（6）高可靠性。HBase 的底层文件存储系统是 HDFS，而 HDFS 的分布式集群具有备份机制。备份机制保证了数据不会被丢失或损坏，在很大程度上保证了 HBase 的高可靠性。

2. HBase 与传统数据库的区别

（1）数据类型。传统数据库采用关系模型，具有丰富的数据类型和存储方式，HBase 则采用更简单、灵活的数据模型，用户可以将不同格式的结构化数据和非结构化数据序列化成字节数组保存在 HBase 中，再次使用时只需要将字节数组解析成不同的数据类型。

（2）数据操作。HBase 的数据操作只有插入、查询、删除、清空等，因为表和表之间是分离的，没有复杂的关系，通常只采用单表主键查询，而传统数据库通常有各式各样的函数和多表连接操作。

（3）存储模式。HBase 是基于列存储的，每个列族都由几个文件保存，不同列族的文件是分离的，只访问查询涉及的列，大大提升了读写能力。传统的关系型数据库是基于表格结构和行模式存储的，元组或行均连续地存储在磁盘中，读取数据时需要按顺序扫描每个元组，再从中筛选出所需要的属性。如果元组里只有少量字段的值对查询是有效的，则会浪费许多磁盘空间和内存带宽。

（4）数据索引。HBase 只有一个索引——行键，但可以使用 MapReduce 快速、高效地生成索引表。传统数据库可以针对不同列构建复杂的多个索引，以提高数据访问性能。

（5）数据维护。HBase 的更新操作并不会删除旧版本的数据，而是插入新版本的数据，仍然保留旧版本的数据。传统数据库更新操作是替换旧版本数据，相当于直接覆盖。

（6）可伸缩性。HBase 分布式数据库是为了实现灵活的横向扩展而开发的，因此能够轻松地增加或减少硬件的数量，并且对错误的兼容性比较高。传统数据库很难实现横向扩展，需要增加中间层才能实现类似的功能。

2.3.2 HBase 的核心功能模块

HBase 的核心功能模块是客户端、ZooKeeper、Master、RegionServer，如图 2-59 所示。

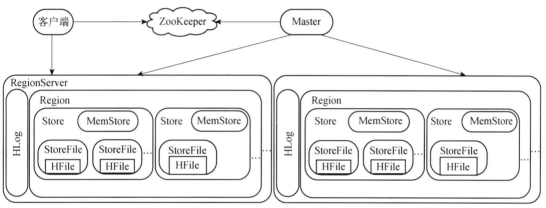

图 2-59 HBase 的核心功能模块

1. 客户端

客户端（Client）是 HBase 系统的入口，用户可以直接通过客户端操作 HBase。客户端使用 PPC（Process Per Connection）机制与 Master 和 RegionServer 进行通信。执行管理类操作时，客户端与 Master 进行 PPC 通信；执行数据读取类操作时，客户端与 RegionServer 进行 PPC 通信。客户端可以有多个，并不限定原生的 Java 接口，还包括 Thrift、Avro、REST 等客户端模式，Hadoop MapReduce 也能算作一种客户端。

2. ZooKeeper

ZooKeeper 主要负责管理 Master 的选举、同步服务器之间的状态等。ZooKeeper 负责的协调工作包括存储 HBase 元数据信息、实时监控 RegionServer、存储所有 Region 的寻址入口、保证 HBase 集群只有一个 Master 节点等。

3. Master

HBase 可以启动多个 Master，通过 ZooKeeper 的选举机制保证总有一个 Master 运行并提供服务，其他 Master 则作为备选，在当前 Master 死机时提供服务。Master 负责管理用户对 Table 的增、删、查、改等操作，并管理 RegionServer 的负载均衡，调整 Region 的分布，例如在 Region 分裂后负责分配新 Region。在 RegionServer 死机后，Master 会将 RegionServer

内的 Region 迁移至其他 RegionServer 上。

4．RegionServer

RegionServer 主要负责响应用户的输入/输出请求，在 HDFS 文件系统中读/写数据，是 HBase 中最核心的模块。RegionServer 内部管理了一系列 Region，Region 由多个 Store 组成，每个 Store 对应 HBase 表中的一个列族。

Store 是 HBase 的存储核心，由 MemStore、StoreFlie 组成。用户写入的数据首先放在 MemStore 中（MemStore 的大小为 64MB），当 MemStore 存储满后会缓冲成一个 StoreFlie。当 StoreFile 文件的数量增长到一定阈值时，会触发合并操作，将多个 StoreFile 合并成一个 StoreFile，合并过程中会进行版本合并和数据删除。可以看出，HBase 只增加数据，所有更新和删除操作都是在后续的合并过程中进行的，保证了读/写的高性能。

2.3.3　HBase 的读/写流程

进行读/写操作时，需要提前知道要操作的 Region 的所在位置，即 Region 存储于哪个 RegionServer 上。元数据表（即 meta 表）属于 HBase 的内置表，专门存储了表的元数据信息。

meta 表的行键（RowKey）由三部分组成：TableName（表名）、StartKey（起始键）和 TimeStamp（时间戳）。TimeStamp 使用十进制字符串表示，将组成 RowKey 的三个部分用逗号分隔，组成完整的 RowKey。

meta 表的 Info 是最主要的列族，包含三个列信息，分别是 RegionInfo、Server、ServerStartCode。RegionInfo 存储的是 Region 的详细信息，包括 StartKey、EndKey 和 Family 信息。Server 存储的是管理该 Region 的 RegionServer 地址。ServerStartCode 存储的是 RegionServer 开始管理该 Region 的时间。

1．读取数据的流程

HBase 读取数据的流程从 ZooKeeper 集群开始，如图 2-60 所示。

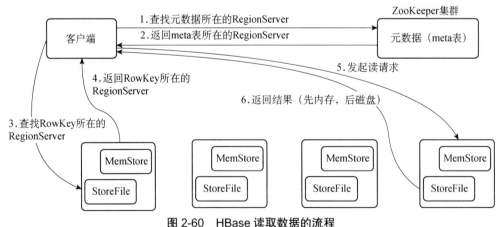

图 2-60　HBase 读取数据的流程

ZooKeeper 集群中存储了 meta 表的 Region 信息,客户端首先访问 ZooKeeper 集群,查找元数据所在的 RegionServer,并访问对应的数据。之后,客户端查找要操作的 RowKey 所在的 RegionServer,接着读取 RegionServer 上的 Region 数据。

客户端定位到数据所在的 Region 时,先在 MemStore 中查找,如果 MemStore 中没有,再在 StoreFile 中查找,查找到数据后将数据进行缓存读取。

2. 写入数据的流程

当用户在客户端发起写入数据请求时,HBase 会将请求交给对应的 Region,具体流程如图 2-61 所示。

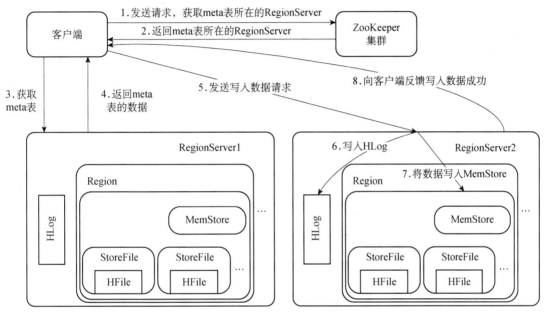

图 2-61 HBase 写入数据的流程

客户端首先从 ZooKeeper 中找到 meta 表的位置,然后读取 meta 表中的数据,将所在的 RegionServer 地址信息返回给客户端。客户端连接相应的 RegionServer,访问 meta 表,根据写入的命名空间、表名和行键找到对应的 Region 信息。之后,将数据先写入 HLog 中,再写入 MemStore 中。

当 MemStore 中的内容达到预设的阈值后,将创建新的 MemStore,而旧的 MemStore 会加入 Flush 队列,形成一个 StoreFile。与此同时,系统将在 ZooKeeper 集群中记录一个检查点(CheckPoint),表示该时刻前的数据变更已经持久化。当系统出现意外可能导致 MemStore 中的数据丢失时,即可通过 HLog 恢复 CheckPoint 之后的数据。StoreFile 文件是只读的,一旦创建则不可修改,因此 HBase 的更新是不断追加的操作。

> **任务实施**

步骤 1 HBase 安装包的下载和上传

安装与配置
HBase 集群

从 HBase 官网下载 HBase 安装包(本任务下载的是 HBase 2.2.2 版本),将下载好的

HBase 安装包上传到 Master 的/opt 目录下。

进入安装包所在的/opt 目录下，解压安装包至/usr/local 目录下，代码如下。

```
tar -zxvf hbase-2.2.2-bin.tar.gz -C /usr/local
```

安装包解压完成并不意味着 HBase 集群的部署就结束了，还需要对其进行配置和测试。如果成功启动，则表示 HBase 集群部署成功。

步骤 2　修改配置文件

修改配置文件的步骤如下。

（1）运行"cd/usr/local/hbase-2.2.2/conf"命令进入 conf 目录，修改 hbase-site.xml 配置文件，代码如下。

```
<configuration>
<property>
    <name>hbase.rootdir</name>
    <value>hdfs://master:8020/hbase</value>
</property>
<property>
    <name>hbase.master</name>
    <value>master</value>
</property>
<property>
    <name>hbase.cluster.distributed</name>
    <value>true</value>
</property>
<property>
    <name>hbase.zookeeper.property.clientPort</name>
    <value>2181</value>
</property>
<property>
    <name>hbase.zookeeper.quorum</name>
    <value>slave1,slave2,slave3</value>
</property>
<property>
    <name>zookeeper.session.timeout</name>
    <value>60000000</value>
</property>
<property>
    <name>dfs.support.append</name>
    <value>true</value>
</property>
<property>
    <name>hbase.unsafe.stream.capability.enforce</name>
    <value>false</value>
</property>
</configuration>
```

将 hbase.zookeeper.quorum 设置为 3 个节点。ZooKeeper 集群使用的节点越多，集群的容错能力越强，所以一般使用奇数台。

（2）修改 hbase-env.sh 配置文件，代码如下。

```
export HBASE_CLASSPATH=/usr/local/hadoop-3.1.4/etc/hadoop
export JAVA_HOME=/usr/java/jdk1.8.0_281-amd64
export HBASE_MANAGES_ZK=false
```

如果 HBASE_MANAGES_ZK 的值为 false，表示使用的是手动安装的 ZooKeeper 集群而不是 HBase 自带的 ZooKeeper 集群；如果为 true，表示使用的是 HBase 自带的 ZooKeeper 集群。HBase 将 ZooKeeper 当作自身的一部分启动和关闭进程。

（3）修改 regionservers 配置文件，代码如下。

```
master
slave1
slave2
slave3
```

（4）执行"vim /etc/profile"命令，修改 profile 文件，添加 HBase 的环境变量，代码如下。

```
export HBASE_HOME=/usr/local/hbase-2.2.2
export PATH=$PATH:$HBASE_HOME/bin
```

（5）分发 HBase 的相关配置文件至其他节点。首先将 HBase 安装目录分发至 slave1、slave2、slave3 节点，然后将 profile 文件也分发至 slave1、slave2、slave3 节点，代码如下。

```
##将 HBase 安装目录分发至 slave1、slave2、slave3 节点
scp -r /usr/local/hbase-2.2.2 slave1:/usr/local/
scp -r /usr/local/hbase-2.2.2 slave2:/usr/local/
scp -r /usr/local/hbase-2.2.2 slave3:/usr/local/
##将 profile 文件分发至 slave1、slave2、slave3 节点
scp /etc/profile slave1:/etc/profile
scp /etc/profile slave2:/etc/profile
scp /etc/profile slave3:/etc/profile
```

分别在 slave1、slave2、slave3 节点上执行"source /etc/profile"命令刷新 profile 配置文件，使环境变量生效。

步骤 3　启动和关闭 HBase

HBase 依赖于 Hadoop 集群，所以运行 HBase 前要先启动 Hadoop 集群。本书在配置时使用了外部 ZooKeeper，因此需要先启动 slave1、slave2、lave3 上的 ZooKeeper 服务。完成 Hadoop 和 ZooKeeper 集群的启动后，最后启动 HBase 集群，代码如下。

```
##进入 cd /usr/local/hbase-2.2.2/bin 目录下
./start-hbase.sh
```

启动成功后，可以输入"jps"查看启动进程。如果出现"HMaster"，说明 HBase 成功启动，如图 2-62 所示。之后，在浏览器中分别查看 Master 信息和 RegionServer 信息，如图 2-63 和图 2-64 所示。

在 HBase 的/bin 目录下执行"./stop-hbase.sh"命令，关闭 HBase 集群。

```
[root@master bin]# jps
4322 Jps
4099 HMaster
2277 ResourceManager
1754 NameNode
4268 HRegionServer
2031 SecondaryNameNode
```

图 2-62　查看启动进程

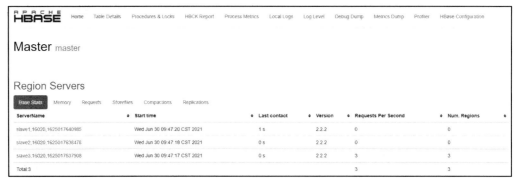

图 2-63 查看 Master 信息

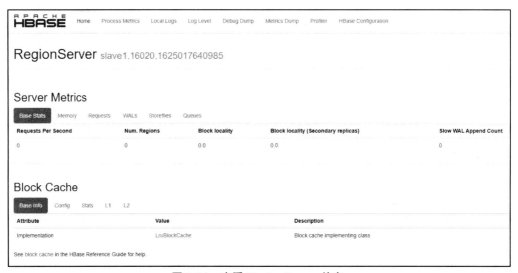

图 2-64 查看 RegionServer 信息

任务实训

伪分布 HBase
的安装与部署

实训内容：安装和部署伪分布式 HBase

1. 训练要点

（1）熟悉掌握在 Linux 系统中安装伪分布式 HBase 的方法。

（2）熟悉掌握使用自带 ZooKeeper 的方法。

2. 需求说明

为了对 HBase 的 Master 节点进行管理，配置分布式 HBase 时可以使用外部 ZooKeeper 集群。但是，如果只是进行简单的测试，并不需要存储海量数据，使用分布式 HBase 集群会造成资源浪费。因此，可以选择使用伪分布式的 HBase 以及内置的 ZooKeeper 以节约资源。请基于 HBase 2.2.2 版本安装和部署伪分布式 HBase。

3. 实现思路及步骤

（1）将 HBase 安装包上传至虚拟机并解压。

（2）修改 HBase 配置文件，并设置 HBase 环境变量。

（3）启动 HBase，验证伪分布式 HBase 是否安装成功。

项目总结

在非关系型数据库中，HBase 因其灵活的数据模型得到了广泛应用，常作为海量数据存储与查询、高效操作、高并发访问的解决方案，具有站在 Hadoop 这个"巨人"肩上的优势。本项目首先介绍了 HBase 前置的相关知识，包括 Hadoop 和 ZooKeeper 的简介、特点、原理、安装过程等；接着介绍了 HBase 的基础概念、特点、核心功能模块等，帮助读者快速理解 Hbase；最后，本项目详细介绍了安装与配置 HBase 集群的步骤。

通过本项目的学习，读者可以对 HBase 的原理及相关知识有更加深刻的理解，能够成功安装、部署 HBase，并学会使用 HBase 所需的 Hadoop 和 ZooKeeper。通过实践，读者能掌握大数据相关集群的安装和部署方法，提升动手能力。对于刚开始学习 HBase 的读者而言，成功运行 HBase 集群可以为深入理解 HBase 奠定良好的基础。

课后习题

1. 下列进程中，不是 Hadoop 集群需要启动的是（　　　）。

A．SecondaryNameNode
B．TaskNode

C．DataNode
D．ResourceManager

2. Hadoop 3.1.4 的 HDFS 默认的数据块大小是（　　　）。

A．32MB
B．64MB

C．128MB
D．256MB

3. 下列组件中，不是 Hadoop 系统的组件之一的是（　　　）。

A．NameNode
B．DataNode

C．Client
D．JobManager

4. 下列关于 ZooKeeper 的说法中不正确是（　　　）。

A．采用层次化的数据结构

B．采用类似于 Linux 的命令进行数据访问

C．具备临时节点和永久节点

D．永久节点会随客户端会话的结束而结束其生命周期

5. 下列关于 ZooKeeper 可靠性含义的说法中正确的是（　　　）。

A．可靠性通过主备部署模式实现

B．可靠性是指更新只能成功或者失败，没有中间状态

C．可靠性是指无论哪个 Server，对外展示的均是同一个视图

D．可靠性是指如果一个消息被一个 Server 接收，它将被所有 Server 接收

项目3　使用 HBase Shell 构建博客数据库系统

教学目标

1．知识目标

（1）了解 HBase 的数据模型。

（2）熟悉 HBase 表结构的设计原则及其原因。

（3）了解数据的检索方式

（4）了解 HBase 表的 RowKey 设计原则。

（5）熟悉 HBase Shell 中常用的基础命令。

（6）熟悉 HBase 过滤器的分类。

2．技能目标

（1）能够根据具体的业务数据设计符合业务需求的 HBase 表。

（2）能够在 HBase 中创建命名空间和表。

（3）能够实现数据的增、删、查、改操作。

（4）能够在 HBase 中使用过滤器过滤查询数据。

3．素养目标

（1）理解问题分析的普遍意义，尝试对具体问题进行具体分析。

（2）具备数据结构思考能力，能够在具体情境中初步认识业务数据的特征，并设计出对应数据结构的表。

背景描述

博客的英文名为 Blogger，"Blogger"一词最初是指使用特定的软件在网络上出版、发表个人文章的人。随着互联网的发展，后来衍生出了"Blog"一词，是指由个人管理、不定期发表新文章的网站。博客是社会媒体网络的一部分，大部分博客的内容以文字为主。

本项目的任务是根据博客网站的业务逻辑构建一个符合存储和查询需求的博客数据库系统。为了保证较高的处理效率与灵活性，本项目选用能够满足低延迟、每秒百万级查询的 HBase 作为博客数据库系统的存储数据库。

本项目将首先介绍 HBase 的数据模型和表结构设计原则，并对 HBase 的基本操作进行介绍，包括 HBase 命名空间、表的创建与管理、表数据的相关操作、HBase 过滤器查询等，同时结合博客业务数据，根据数据的结构使用 HBase 构建博客数据库系统。

任务 1　设计 HBase 表

任务描述

　　本任务是利用已搭建好的 HBase 集群设计 3 个表的结构，要求分别保存博客内容、用户关系、关注用户发布的博客内容，以实现博客网站的业务需求。

任务要求

　　1. 分析博客网站的逻辑。
　　2. 根据博客业务数据设计 3 个表的表结构。

相关知识

3.1.1　HBase 的数据模型

HBase 数据模型
介绍

　　HBase 不支持关系模型，但可以根据用户的需求灵活地设计表结构。HBase 以表的方式组织数据，表由行和列组成，这与传统的关系型数据库类似。HBase 的数据模型如图 3-1 所示。

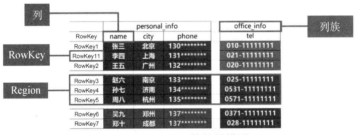

图 3-1　HBase 的数据模型

　　与关系型数据库不同的是，HBase 有"列族"的概念，它可以将一列或多列组织在一起，每个列一定属于某一个列族。

　　1. 命名空间

　　命名空间（Namespace）是对表的逻辑分组，类似于关系型数据库的 DataBase，一个命名空间中允许有多个表。用户可以在 HBase 中创建、删除、修改命名空间，从而更好地进行资源管理和数据隔离。

2．区域

区域（Region）类似于关系型数据库的表。不同的是，HBase 定义表时只需要声明列族，不需要声明具体的列。表的所有行都是按照 RowKey 的字典顺序排列的，表在行的方向上分割为多个区域。一张表一开始只有一个区域，但是随着数据的插入，HBase 会根据一定的规则将表进行水平拆分，形成多个区域。图 3-1 中的 8 行数据被拆分为 3 个区域，当这些数据无法存储到一台机器上时，可将数据分布存储在多台机器上。写入数据时，字段可以动态地按需指定。因此，与关系型数据库相比，HBase 能够轻松应对字段变更的场景。

3．行键

HBase 作为非关系型数据库，表中的每行数据都由一个行键（RowKey）和多个列（Column）组成。查询数据时只能根据 RowKey 进行检索，因此 RowKey 的设计十分重要。

4．列族

在 HBase 中，每一行都由若干个列族（Column Family）组成，每个列族包含多个列。建立表时必须声明列族，而且列族的名字必须是可显示的字符串。一旦确定了列族，就不能轻易修改，因为它会影响 HBase 的真实物理存储结构，但列族中的列限定符及其对应的值可以动态修改。列族支持动态扩展，用户可以很轻松地添加一个列族，不需要预定义列族的数量以及类型。所有列均以字符串的形式进行存储，用户在使用时需要自行进行数据类型的转换。

5．列限定符

列限定符（Column Qualifier）是列族中数据的索引。在图 3-1 中，列族 personal_info 的列限定符是列族中具体的列名，可以是 personal_info:city，也可以是 personal_info:phone。在创建表时，列族是确定的，但列限定符是动态的。

6．单元格

行键、列族、列限定符能确定一个单元格（Cell），单元格用于存放一个值（Value）和一个版本号。单元格可以用<RowKey, Column Family: Column Qualifier, TimeStamp>元组进行访问。单元格中存储的数据没有数据类型，仅为字节数组。

7．时间戳

时间戳用于表示数据的不同版本（Version）。写入数据时，如果不指定时间戳，系统会自动为其加上该字段，其值为写入数据的时间。单元格内不同版本的值按时间顺序倒序排列，最新的数据排在最前面。

3.1.2　HBase 表的结构设计原则

在进行表结构设计时需要遵循一定的原则，要考虑的因素如下。
（1）列族的数量。列族的数量不宜过多，一般设置 1～3 个。

（2）列族使用的数据。

（3）列的名称。

（4）单元格存放的数据。

（5）每个列族的时间戳。

（6）RowKey 的结构。

（7）RowKey 包含的信息。

3.1.3　HBase 的检索方式

HBase 支持以下 3 种检索方式。

（1）通过单个 RowKey 访问，即按照某个 RowKey 进行 Get 操作，获取唯一的一条记录。

（2）通过 RowKey 的范围进行扫描，即设置 startRowKey 和 endRowKey，在这个范围内进行扫描。

（3）全表扫描，即直接扫描整张表中所有行的记录。

3.1.4　RowKey 设计原则

1. 长度原则

很多开发者建议将 RowKey 的长度设计为 10～100 字节。一般来讲，RowKey 的长度越短越好，最好不超过 16 字节。

2. 散列原则

如果 RowKey 按时间戳的方式递增，则不要将时间放在二进制码的前面。通常建议将 RowKey 的高位作为散列字段，由程序循环生成，这样数据会均衡分布在每个 RegionServer 中，可以提高 HBase 的负载均衡能力。如果没有散列字段，容易造成数据堆积，进行数据检索时负载将会集中在个别 RegionServer 中，查询效率将会降低。

3. 唯一原则

在设计 RowKey 时必须保证唯一性。RowKey 是按照字典顺序存储的，因此要将经常读取的数据存储到同一个数据块中，或者将最近可能会访问的数据存储到同一个数据块中，且数据块中的数据量不能太大，否则需要将数据拆分到多个节点上。

3.1.5　热点问题

如果 RowKey 没有设计好，那么当客户端对一个节点请求大量数据时就容易出现热点问题（Hotspotting）。热点问题可能出现在写入、读取或其他操作的过程中，会造成网络拥堵，降低 Region 的可用性，同时还可能影响与当前 Region 在同一个 RegionServer 中的其他 Region。

在 HBase 中存储大量数据时，要时刻注意热点问题，了解热点问题的特征及出现的原因，可采用加随机数、一致性哈希算法、反转 RowKey、反转时间戳等方法避免出现热点问题。

1. 加随机数

在 RowKey 的前面增加随机数，分配一个随机前缀使它的开头不同，分配的前缀种类数量应该和 Region 的数量一致。加随机数之后的 RowKey 会根据随机生成的前缀分散到各个 Region 上，以避免出现热点问题。

2. 一致性哈希算法

一致性哈希算法使同一行永远用一个前缀散列，也可以使负载分散到整个集群。使用确定的哈希算法可以让客户端重构完整的 RowKey，可以使用 Get 操作准确地获取某行数据。

3. 反转 RowKey

第三种方法是反转固定长度或数字格式的 RowKey，这样可以将 RowKey 中经常改变的部分（或者最没有意义的部分）放在前面，增加 RowKey 位置的随机性，但会牺牲 RowKey 的有序性。

4. 反转时间戳

一种常见的数据处理方法是快速获取数据的最新版本，使用反转的时间戳作为 RowKey 的一部分。

3.1.6 列族设计原则

在列族设计中，一些属性参数会影响表的读写性能，需要根据实际情况进行设置。

1. 列族的个数

一般不建议设置多个列族。假设一张 HBase 表设置了两个列族 A、B，列族 A 有 1000 万行，列族 B 有 10 亿行。列族 B 会因巨大的数据量触发 HBase 对该表的 Region 进行分割，导致列族 A 被同样分割到多个 Region 中，使得扫描列族 A 的性能低下。某个列族在执行 Flush 操作时，它邻近的列族也会因关联效应触发 Flush 操作，最终导致系统效率降低。

2. 数据块缓存

数据块（Block）是 HBase 系统文件层写入和读取的最小粒度。用户可以在单个或多个列族中调整数据块缓存的大小，但不应该将列族的数据块缓存大小设置为 0。如果列族的数据块缓存大小为 0，那么 RegionServer 会花费大量时间重复地加载 HFile 索引，造成不必要的资源浪费。

数据块缓存大小对 HBase 的读、写性能有很大的影响。通常来说，如果对某一列族的业务请求以 Get 操作为主，可以考虑将此列族的数据块缓存设置得小一些；如果以 Scan 操作为主，可以将列族的数据块缓存设置得大一些。

3. 版本

在 HBase 表中，列族的默认版本数量为 1 个。列族的版本以降序排列的方式存储，以便在读取数据时可以快速找到最新的值。

任务实施

步骤 1　分析业务逻辑

本项目要搭建的博客数据库系统要求能实现以下两个功能。
（1）用户能对其他用户发起添加关注等操作。
（2）用户能查看关注用户最新发布的博客内容。
搭建博客数据库系统前，需要将这些业务需求转化为 HBase 数据库表的操作逻辑。

步骤 2　设计表结构

根据业务需求，在 HBase 中新建命名空间 blog，在 blog 命名空间中设计以下 3 个表。
（1）存储博客内容的 content 表。
（2）存储用户关系的 relationship 表。
（3）存储关注用户发布的博客内容的 following 表。
3 个表的结构如表 3-1～表 3-3 所示。

表 3-1　content 表的结构

属性	内容	说明
RowKey	当前的系统时间	满足长度原则、唯一原则，暂不考虑散列原则
列族	info	仅记录博客内容，列族个数为 1； 用户在一个时间点只能发送一条博客，因此最大版本数量默认为 1
列名	用户 ID	
值	博客内容	

表 3-2　relationship 表的结构

属性	内容	说明
RowKey	当前用户的 ID	满足长度原则、唯一原则，暂不考虑散列原则
列族	followings、followers	分别存储关注用户和粉丝的 ID； 最大版本数量默认为 1
列名	关注用户、粉丝	
值	关注用户和粉丝的 ID	

表 3-3　following 表的结构

属性	内容	说明
RowKey	当前用户的 ID	满足长度原则、唯一原则，暂不考虑散列原则
列族	info	以关注用户的 ID 为列名，保存该用户最近 100 条博客的发布时间，即最大版本数量为 100
列名	关注用户 ID	
值	关注用户在 content 表中的 RowKey	

任务 2　创建 HBase 表

任务描述

了解业务逻辑并对表结构进行设计后，即可在 HBase Shell 界面中创建对应的 HBase 表。

任务要求

1. 使用 create 命令创建 content 表。
2. 使用 create 命令创建 relationship 表。
3. 使用 create 命令创建 following 表。

相关知识

创建 HBase 表

3.2.1　命名空间

1. 列举所有命名空间

进入 HBase Shell 界面，运行 list_namespace 命令即可列举所有命名空间。

2. 创建命名空间

使用 create_namespace 命令可以创建命名空间，语法格式如下。

```
create_namespace 'namespace name'
```

例如，创建名为 company 的命名空间，代码如下。

```
create_namespace 'company'
```

使用 create_namespace 命令还可以在创建命名空间时添加一些说明信息或属性。例如，创建名为 company 的命名空间，并为其加上作者和创建时间的说明信息，代码如下。

```
create_namespace 'company',{'author'=>'James','create_time'=>'2022-1-8 11:51: 53'}
```

3. 修改命名空间

使用 alter_namespace 命令并将 METHOD 参数设置为 set，可以修改已有命名空间的说明信息或属性，语法格式如下。

```
alter_namespace 'namespace name',{METHOD=>'set','PROPERTY_NAME'=>'PROPERTY_VA LUE'}
```

例如，设置 company 命名空间的最大表数量为 8，代码如下。

```
alter_namespace 'company',{METHOD=>'set','hbase.namespace.quota.maxtables'=>'8'}
```

使用 alter_namespace 命令并将 METHOD 参数设置为 unset，可以删除已有命名空间的说明信息或属性，语法格式如下。

```
alter_namespace 'namespace name',{METHOD=>'unset',NAME=>'PROPERTY_NAME'}
```

例如，删除 company 命名空间中的作者说明信息，代码如下。

```
alter_namespace 'company',{METHOD=>'unset',NAME=>'author'}
```

4. 查看指定命名空间的配置

使用 describe_namespace 命令可以查看指定命名空间的配置，语法格式如下。

```
describe_namespace 'namespace name'
```

例如，查看 company 命名空间的配置，代码如下。返回结果包括命名空间的名称、创建时间、最大表数量，如图 3-2 所示。

```
describe_namespace 'company'
```

```
hbase(main):023:0> describe_namespace 'company'
DESCRIPTION
{NAME => 'company', create_time => '2022-1-8 11:51:53', hbase.namespace.quota.maxtables => '8'}
```

图 3-2　company 命名空间的配置

5. 删除命名空间

使用 drop_namespace 命令可以删除指定的命名空间，语法格式如下。

```
drop_namespace 'namespace name'
```

如果命名空间中存在表，则删除命名空间的操作步骤如下。

```
##1.禁用此命名空间中的全部表
disable_all 'namespace name:.*'
##2.删除命名空间中的全部表
drop_all 'namespace name:.*'
##3.删除指定的命名空间
drop_namespace 'namespace name'
```

3.2.2　创建表

1. 创建带有列族的表

使用 create 命令可以创建带有列族的表，语法格式如下。HBase 目前不能很好地处理两个列族以上的内容，所以表中的列族数量应尽可能少。

```
create 'namespace name:table name','Column Family1','Column Family2',...
```

在 company 命名空间中创建名为 emp 的表，emp 表包含单个列族，列族名为 info，代码如下。

```
create 'company:emp','info'
```

2. 创建带有参数的表

使用 create 命令还可以创建带有参数的表，语法格式如下。

```
create 'namespace name:table name',{PARAMETERS}
```

创建表的常用参数及其说明如表 3-4 所示。

表 3-4 创建表的常用参数及其说明

参数	功能	调用示例
NAME	设置列族名	NAME=>'c1'
VERSIONS	设置最大版本数量	VERSIONS=>1
TTL	设置生存时间，到达生存时间后自动删除该列族	TTL=>1000
BLOCKCACHE	设置读缓存状态	BLOCKCACHE=>ture
SPLITS	设置 Region 预分区	SPLITS=> ['10', '20', '30', '40']

例如，在 company 命名空间中创建名为 emp 的表，包含列族 info 且最大版本数量为 3，代码如下。

```
create 'company:emp',{NAME =>'info',VERSIONS =>3}
```

3.2.3 查看表结构

1. 查看表的基本信息

使用 desc 或 describe 命令可以查看表的基本信息，语法格式如下。

```
desc 'namespace name:table name'
describe 'namespace name:table name'
```

例如，查看 emp 表的基本信息，代码如下。返回结果包括表是否启用、列族名称、最大版本数量、数据块缓存大小等信息，如图 3-3 所示。

```
describe 'company:emp'
```

```
hbase(main):032:0> describe 'company:emp'
Table company:emp is ENABLED
company:emp
COLUMN FAMILIES DESCRIPTION
{NAME => 'info', VERSIONS => '3', EVICT_BLOCKS_ON_CLOSE => 'false', NEW_VERSION_BEHAVIOR => 'false
', KEEP_DELETED_CELLS => 'FALSE', CACHE_DATA_ON_WRITE => 'false', DATA_BLOCK_ENCODING => 'NONE', T
TL => 'FOREVER', MIN_VERSIONS => '0', REPLICATION_SCOPE => '0', BLOOMFILTER => 'ROW', CACHE_INDEX_
ON_WRITE => 'false', IN_MEMORY => 'false', CACHE_BLOOMS_ON_WRITE => 'false', PREFETCH_BLOCKS_ON_OP
EN => 'false', COMPRESSION => 'NONE', BLOCKCACHE => 'true', BLOCKSIZE => '65536'}
```

图 3-3 emp 表的基本信息

2. 查看命名空间中存在的表

使用 list 命令可以查看指定命名空间中存在的表，语法格式如下。

```
list 'namespace name.*'
```

例如，查看 company 命名空间中的所有表，代码如下。

```
list 'company.*'
```

3.2.4 修改表

1. 修改列族的属性

使用 alter 命令可以修改列族的属性，语法格式如下。

```
alter 'namespace name:table name',{PARAMETERS}
```

例如，将 emp 表中列族 info 的最大版本数量改为 2，代码如下。

```
alter 'company:emp',{NAME=>'info',VERSIONS=>2}
```

2. 删除列族

使用 alter 命令并将 METHOD 参数设置为 delete，可以删除表中的列族，语法格式如下。

```
alter 'namespace name:table name',{NAME=>'Column Family',METHOD =>'delete'}
```

需要注意的是，表至少要包含一个列族。因此，当表中只有一个列族时，无法将此列族删除。

3.2.5 删除表

在进行删除表的操作前，需要先禁用表。例如，删除 company 命名空间中的 emp 表，操作步骤如下。

```
##1.禁用表
disable 'company:emp'
##2.删除表
drop 'company:emp'
```

任务实施

步骤 1 创建 content 表

进入 HBase Shell 界面，创建 blog 命名空间，在 blog 命名空间中创建存储博客内容的 content 表，代码如下。

```
create_namespace 'blog',{'author'=>'tipdm','create_time'=>'2022-1-13 12:00: 00'}
create 'blog:content',{NAME=>'info',VERSIONS=>1}
```

步骤 2　创建 relationship 表

在 blog 命名空间中创建 relationship 表，代码如下。

```
create 'blog:relationship',{NAME=>'followings',VERSIONS=>1},{NAME=>'followers ',VERSIONS=>1}
```

步骤 3　创建 following 表

在 blog 命名空间中创建 following 表，代码如下。

```
create 'blog:following',{NAME=>'info',VERSIONS=>100}
```

任务实训

创建学生信息表

实训内容：创建学生信息表

1. 训练要点

（1）熟练掌握创建 HBase 表的方法。

（2）熟练掌握创建列族的方法。

2. 需求说明

在 school 命名空间中创建 student 表，student 表包含 info 列族和 score 列族。info 列族包含学生的学号和出生日期，score 列族包含学生的 Java、Python 和 Hadoop 3 个科目的成绩。

3. 实现思路和步骤

（1）在 school 命名空间中创建 student 表，表包含 info 列族和 score 列族。

（2）查看 student 表的描述信息，使表处于启用状态。

任务 3　查询 HBase 表数据

任务描述

在 HBase 中创建命名空间和表后，对表数据进行增、删、查、改等操作，才能更好地了解数据查询的逻辑。本任务是模拟发布博客，查看关注用户最新发布的博客内容并添加关注用户。

任务要求

1. 使用 put 命令向 relationship 表中插入数据，模拟建立用户关系。

2. 使用 put 命令向 content 表中插入数据，模拟用户发布博客。

3. 使用 get 命令分别查询 following 表和 content 表的数据，模拟查看关注用户最新发布的博客内容。

4. 使用 put 命令向 relationship 表中插入数据，模拟添加关注用户。

相关知识

查询博客数据库
系统表数据

3.3.1　插入数据

1.　插入数据

使用 put 命令可以向指定的表中插入数据，语法格式如下。

```
put 'namespace name:table name','RowKey','Column Family:Column Qualifier','Value'
```

例如，使用员工姓名作为 RowKey，向 emp 表中插入 Smith、Allen、Ward 3 名员工的信息，代码如下。

```
put 'company:emp','Smith','info:empno','7369'
put 'company:emp','Smith','info:ename','Smith'
put 'company:emp','Smith','info:job','CLERK'
put 'company:emp','Smith','info:mgr','7902'
put 'company:emp','Smith','info:hiredate','1980-12-17'
put 'company:emp','Smith','info:sal','800.00'
put 'company:emp','Smith','info:comm',''
put 'company:emp','Smith','info:deptno','20'

put 'company:emp','Allen','info:empno','7499'
put 'company:emp','Allen','info:ename','Allen'
put 'company:emp','Allen','info:job','SALESMAN'
put 'company:emp','Allen','info:mgr','7698'
put 'company:emp','Allen','info:hiredate','1981-2-20'
put 'company:emp','Allen','info:sal','1600.00'
put 'company:emp','Allen','info:comm','300.00'
put 'company:emp','Allen','info:deptno','30'

put 'company:emp','Ward','info:empno','7521'
put 'company:emp','Ward','info:ename','Ward'
put 'company:emp','Ward','info:job','SALESMAN'
put 'company:emp','Ward','info:mgr','7698'
put 'company:emp','Ward','info:hiredate','1981-2-22'
put 'company:emp','Ward','info:sal','1250.00'
put 'company:emp','Ward','info:comm','500.00'
put 'company:emp','Ward','info:deptno','30'
```

2.　插入给定时间戳的数据

使用 put 命令还可以插入给定时间戳的数据，语法格式如下。

```
put 'namespace name:table name','RowKey','Column Family:Column Qualifier','Value',TimeStamp
```

需要注意的是，如果不设置时间戳，系统会自动插入当前时间作为时间戳。一般情况下，不建议用户在插入数据时给定时间戳，应由系统自动插入。

3.3.2　查询数据

使用 get 命令可以查询表中的数据，语法格式如下。

```
get 'namespace name:table name','RowKey',{PARAMETERS}
```

get 命令的常用参数如表 3-5 所示。

表 3-5　get 命令的常用参数

参数	功能	调用示例
COLUMN	设置单个或多个列名	get 'company:emp',r1,{COLUMN=>'c1'}或 get 'company:emp',r1,{COLUMN=>['c1','c2','c3']}
TIMESTAMP	设置时间戳	get 'company:emp',r1,{COLUMN=>'c1',TIMESTAMP=>ts1}
TIMERANGE	设置时间戳区间	get 'company:emp',r1,{COLUMN=>'c1',TIMERANGE=>[ts1, ts2]}
VERSIONS	设置最大版本数量	get 'company:emp',r1,{COLUMN=>'c1',VERSIONS=>4}
FILTER	设置过滤条件	get 'company:emp',r1,{COLUMN=>'c1',FILTER=>"ValueFilter(=, 'binary:abc')"}

例如，查询 emp 表中 RowKey 为 Smith 的所有数据，代码如下。

```
get 'company:emp','Smith'
```

3.3.3　扫描全表数据

使用 scan 命令可以扫描全表数据，语法格式如下。

```
scan 'namespace name:table name',{PARAMETERS}
```

scan 命令的常用参数如表 3-6 所示。

表 3-6　scan 命令的常用参数

参数	功能	调用示例
COLUMN	设置单个或多个列名	scan 'company:emp',{COLUMN=>'info:empno'}或 scan 'company:emp',{COLUMN=>['info:empno', 'info:ename']}
TIMESTAMP	设置时间戳	scan 'company:emp',{COLUMN=>'info:job',TIMESTAMP=> 1641698046000}
TIMERANGE	设置时间戳区间	scan 'company:emp',{COLUMN=>'info:mgr',TIMERANGE=>[ts1,ts2]}
VERSIONS	设置最大版本数量	scan 'company:emp',{COLUMN=>'info:hiredate',VERSIONS=>4}
FILTER	设置过滤条件	scan'company:emp',{COLUMN=>'info:sal',FILTER=>"ValueFilter(=,'bin ary:3000') "}
STARTROW	设置起始 RowKey	scan 'company:emp',{COLUMN=>'info:comm',STARTROW=>'001'}
LIMIT	设置返回数据的数量	scan 'company:emp',{COLUMN=>'info:deptno',LIMIT=>10}
REVERSED	设置倒叙扫描	scan 'company:emp',{COLUMN=>'info:sal',REVERSED=>true}

例如，使用 scan 命令扫描 emp 表的所有数据，代码如下。

```
scan 'company:emp'
```

3.3.4　删除数据

1.　删除指定数据

使用 delete 命令可以删除表内的指定数据，语法格式如下。

```
delete 'namespace name:table name','RowKey','Column Family:Column Qualifier'
```

例如，将 emp 表内 RowKey 为 Smith、列名为 deptno 的数据删除，代码如下。

```
delete 'company:emp','Smith','info:deptno'
```

2.　删除一行数据

使用 deleteall 命令可以删除表内的一行数据，语法格式如下。

```
deleteall 'namespace name:table name','RowKey'
```

例如，将 emp 表内 RowKey 为 Smith 的所有数据删除，代码如下。

```
deleteall 'company:emp', 'Smith'
```

3.3.5　清空数据

使用 truncate 命令可以清空指定表中的数据，语法格式如下。

```
truncate 'namespace name:table name'
```

例如，清空 emp 表中的数据，代码如下。

```
truncate 'company:emp'
```

如果清空表内数据，HBase 将会禁用、删除并重新创建 emp 表。如果把 truncate 改为 truncate_preserve，HBase 同样会禁用、删除并重新创建 emp 表，但该表仍保持先前设定的区域边界。

任务实施

步骤 1　建立用户关系

在 blog 命名空间中，向 relationship 表中插入数据，建立用户关系，模拟用户关系的数据如表 3-7 所示，代码如下。

表 3-7　模拟用户关系的数据

用户	关注用户	粉丝
行星曼妙记	人民日报	

续表

用户	关注用户	粉丝
仑灵之雨	央视新闻	
人民日报	光明日报	光明日报、行星曼妙记
光明日报	人民日报	人民日报
央视新闻	新华社	新华社、仑灵之雨
新华社	央视新闻	央视新闻
头条新闻	中国日报网	中国日报网
中国日报网	头条新闻	头条新闻
中国青年报	央视影音	央视影音
央视影音	中国青年报	中国青年报

```
put 'blog:relationship','行星曼妙记','followings','人民日报'
put 'blog:relationship','仑灵之雨','followings','央视新闻'
put 'blog:relationship','人民日报','followings','光明日报'
put 'blog:relationship','人民日报','followers','光明日报'
put 'blog:relationship','人民日报','followers','行星曼妙记'
put 'blog:relationship','光明日报','followings','人民日报'
put 'blog:relationship','光明日报','followers','人民日报'
put 'blog:relationship','央视新闻','followings','新华社'
put 'blog:relationship','央视新闻','followers','新华社'
put 'blog:relationship','央视新闻','followers','仑灵之雨'
put 'blog:relationship','新华社','followings','央视新闻'
put 'blog:relationship','新华社','followers','央视新闻'
put 'blog:relationship','头条新闻','followings','中国日报网'
put 'blog:relationship','头条新闻','followers','中国日报网'
put 'blog:relationship','中国日报网','followings','头条新闻'
put 'blog:relationship','中国日报网','followers','头条新闻'
put 'blog:relationship','中国青年报','followings','央视影音'
put 'blog:relationship','中国青年报','followers','央视影音'
put 'blog:relationship','央视影音','followings','中国青年报'
put 'blog:relationship','央视影音','followers','中国青年报'
```

插入数据后，使用 scan 命令查看 relationship 表的内容，代码如下。

```
scan 'blog:relationship',{FORMATTER=>'toString'}
```

步骤 2 发布博客

在 blog 命名空间中，向 content 表中插入数据，模拟用户发布博客。HBase Shell 是基于交互式 Ruby 命令行（Interactive Ruby Shell）实现的，不支持形如 "userid_timestamp" 的 RowKey，因此 content 表使用 System.currentTimeMillis( )命令生成的系统时间作为 RowKey。

插入数据后，可以使用 scan 命令查看 content 表的内容，代码如下。

```
scan 'blog:content',{FORMATTER=>'toString'}
```

步骤 3　建立用户、关注用户和博客内容之间的关系

在 blog 命名空间中，向 following 表中插入数据，将关注用户在 content 表中的 RowKey 作为 following 表中的值，模拟建立用户、关注用户和博客内容之间的关系。插入数据时，System.currentTimeMillis( )命令生成的系统时间具有唯一性，因此用户应按照查询 content 表后得到的实际 RowKey 作为 following 表的值，代码如下。

```
scan 'blog:content',{FORMATTER=>'toString'}
##在 following 表中插入关注用户在 content 表中的 RowKey
put 'blog:following','行星曼妙记','info:人民日报',1642257452067
put 'blog:following','仓灵之雨','info:央视新闻',1642257452104
put 'blog:following','人民日报','info:光明日报',1642257452024
put 'blog:following','光明日报','info:人民日报',1642257452067
put 'blog:following','央视新闻','info:新华社',1642257452151
put 'blog:following','新华社','info:央视新闻',1642257452104
put 'blog:following','头条新闻','info:中国日报网',1642257452196
put 'blog:following','中国日报网','info:头条新闻',1642257452179
put 'blog:following','中国青年报','info:央视影音',1642257452251
put 'blog:following','央视影音','info:中国青年报',1642257452230
```

步骤 4　查看关注用户最新发布的博客内容

使用 get 命令分别查询 following 表和 content 表的数据，将 following 表中得到的值作为查询 content 表的 RowKey，模拟查看关注用户最新发布的博客内容，代码如下（由于生成的系统时间具有唯一性，代码仅供参考）。

```
##查询 following 表中用户"仓灵之雨"的数据
get 'blog:following','仓灵之雨',{FORMATTER=>'toString'}
##利用 following 表中的值查询关注用户在 content 表中的值
get 'blog:content',1642257452104,{FORMATTER=>'toString'}
```

步骤 5　添加关注用户

在 blog 命名空间中，向 relationship 表中插入数据，模拟添加关注用户，代码如下。

```
put 'blog:relationship','行星曼妙记','followings','光明日报'
put 'blog:relationship','光明日报','followers','行星曼妙记'
```

任务实训

实训内容：快速查询学生信息及成绩

快速查询学生信息及成绩表数据

1. 训练要点
（1）熟练掌握插入数据的方法。
（2）熟练掌握查询数据的方法。
（3）熟练掌握扫描全表数据的方法。

2．需求说明

基于任务 2 的任务实训中创建的 school 命名空间和 student 表，将表 3-8 所示的学生信息及成绩插入到 student 表中。插入数据后，查询姓名为"Linda"的学生的 Hadoop 成绩，并使用 scan 命令扫描 student 表的全表数据。

表 3-8　学生信息及成绩

姓名	信息		成绩		
	学号	出生日期	Java	Python	Hadoop
James	2022185101	19990622	77	90	81
Mary	2022185102	19990119	82	83	90
Robert	2022185103	19991109	75	81	84
Linda	2022185104	20001031	91	87	74
John	2022185105	20001208	80	73	62
Lisa	2022185106	19990317	90	81	77
David	2022185107	20000513	72	88	64
Helen	2022185108	20000907	68	75	83
Jack	2022185109	20000821	63	77	76
Kelly	2022185110	20001101	83	86	78

3．实现思路和步骤

（1）将姓名作为 RowKey，使用 put 命令插入学生对应的学号、出生日期和三个科目的成绩。

（2）使用 get 命令查询姓名为"Linda"的学生的 Hadoop 成绩。

（3）使用 scan 命令扫描 student 表的全表数据。

任务 4　查询符合指定条件的 HBase 表数据

任务描述

在 HBase 中，get 操作和 scan 操作可以结合过滤器设置输出数据的范围，类似于 SQL 中的 where 查询条件。本任务是在 HBase Shell 中结合过滤器查询指定的博客内容及用户。

任务要求

1．查询 content 表中包含指定字符串的博客内容。

2．查询 relationship 表中用户"人民日报"的粉丝。

3．查询 relationship 表中关注用户不包含"仓灵之雨"的用户。

相关知识

3.4.1　HBase 高级查询

基础的 HBase 查询命令在面对大量数据时难以满足需求，因此 HBase 提供了高级的查询方法 Filter。Filter 可以根据列族、列、版本等条件对数据进行过滤，带有 Filter 条件的 RPC 查询请求会把 Filter 分发给各个 RegionServer，降低网络传输的压力。

3.4.2　HBase 的抽象操作符

使用过滤器时，需要配合抽象操作符和比较器。HBase 提供了枚举类型的变量，用来表示这些抽象操作符，如表 3-9 所示。

表 3-9　HBase 的抽象操作符

抽象操作符	说明	抽象操作符	说明
<	小于	!=	不等于
<=	小于等于	>=	大于等于
=	等于	>	大于

3.4.3　HBase 的比较器

比较器代表具体的比较逻辑，常用的比较器如表 3-10 所示。

表 3-10　常用的比较器

比较器	描述
BinaryComparator	按字典顺序使用 Bytes.compareTo(byte[ ],byte[ ])与指定的字节数组进行比较
BinaryPrefixComparator	按字典顺序与指定的字节数组进行比较，只比较目标的前缀数据
RegexStringComparator	使用给定的正则表达式与指定的字节数组进行比较； 只有等于和不等于的比较有效
SubStringComparator	测试给定的子字符串是否出现在指定的字节数组中，这种比较不区分大小写； 只有等于和不等于的比较有效

在 Filter 中，比较器的一般语法为 ComparatorType:ComparatorValue（比较器类型:比较器值），常用比较器的类型及使用示例如表 3-11 所示。

表 3-11　常用比较器的类型及使用示例

比较器	比较器类型	使用示例
BinaryComparator	binary	scan 'company:emp', {COLUMN=>'info:sal', FILTER=> "RowFilter(=, 'binary:3000') "}

比较器	比较器类型	使用示例
BinaryPrefixComparator	binaryprefix	scan 'company:emp', {COLUMN=>'info:ename', FILTER=> "RowFilter (=, 'binaryprefix:J') "}
RegexStringComparator	regexstring	scan 'company:emp', {COLUMN=>'info:ename', FILTER=> "RowFilter (=, 'regexstring:N$') "}
SubStringComparator	substring	scan 'company:emp', {COLUMN=>'info:hiredate', FILTER=> "RowFilter(!=, 'substring:1981') "}

3.4.4 HBase 的过滤器

输入命令"show_filters"可以查看当前 HBase 支持的过滤器类型。使用过滤器时，一般需要配合抽象操作符或比较器使用。

1. 比较过滤器

常用的比较过滤器如表 3-12 所示。

表 3-12 常用的比较过滤器

比较过滤器	描述
RowFilter	基于行键进行过滤
FamilyFilter	基于列族进行过滤
QualifierFilter	基于列限定符进行过滤
ValueFilter	基于值进行过滤
TimestampsFilter	基于时间戳进行过滤

除了 TimestampsFilter，其他比较过滤器都遵循过滤器的语法格式，需要给定抽象操作符和比较器，而 TimestampsFilter 过滤器只需要给出一个时间戳列表，例如 Filter=>"TimestampsFilter(1641698046000,1641793491000)"。

2. 专用过滤器

常用的专用过滤器如表 3-13 所示。

表 3-13 常用的专用过滤器

专用过滤器	描述
SingleColumnValueFilter	单列值过滤器，返回满足条件的数据
SingleColumnValueExcludeFilter	单列值排除器，返回不满足条件的数据
PrefixFilter	行键前缀过滤器
ColumnPrefixFilter	列前缀过滤器

例如，使用 SingleColumnValueFilter 过滤器查询 emp 表中职位为"SALESMAN"的数据，代码如下。

```
scan 'company:emp',{FILTER=>"SingleColumnValueFilter('info','job',=,'substring:SALESMAN ')"}
```

还可以使用 AND（与）、OR（或）等将不同的过滤器组合在一起。例如，查询 emp 表中姓名以"W"开头且部门编号为 30 的员工信息，代码如下。

```
scan 'company:emp',FILTER=>"RowFilter(=,'regexstring:^W') AND SingleColumnValueFilter('info','deptno',=,'binary:30')
```

任务实施

步骤 1　查询包含指定字符串的博客内容

在 blog 命名空间中，对 content 表进行高级查询，查询内容包含"坚持"的博客，代码如下。

```
scan 'blog:content',{COLUMN=>'info',FILTER=>"ValueFilter(=,'substring:坚持')", FORMATTER=>'toString'}
```

步骤 2　查询指定用户的粉丝

在 blog 命名空间中，对 relationship 表进行高级查询，查询"人民日报"的粉丝，代码如下。

```
scan 'blog:relationship',{COLUMN=>'followers',FILTER=>"RowFilter(=,'binary:人民日报')",FORMATTER=>'toString'}
```

步骤 3　查询不关注指定用户的用户

在 blog 命名空间中，对 relationship 表进行高级查询，查询不关注"仓灵之雨"的用户，代码如下。

```
scan 'blog:relationship',{COLUMN=>'followings',FILTER=>"QualifierFilter(!=,'binary:仓灵之雨')",FORMATTER=>'toString'}
```

任务实训

过滤查询学生信
息表及成绩表的
数据

实训内容：过滤查询学生信息及成绩

1. 训练要点

（1）熟练掌握对数据进行高级查询的方法。
（2）熟练掌握使用过滤器对数据进行过滤查询的方法。

2. 需求说明

对 school 命名空间中的 student 表进行高级查询，查询以下信息。
（1）查询 Java 成绩高于 70 分的学生。
（2）查询姓名以"L"开头且出生年份为 1999 年的学生。
（3）查询 3 个科目的成绩都高于 80 分的学生。

3. 实现思路和步骤

（1）使用 ValueFilter 过滤器、QualifierFilter 过滤器和 BinaryComparator 比较器查询 Java 成绩高于 70 分的学生信息。

（2）使用 RowFilter 比较器、QualifierFilter 比较器和 ValueFilter 过滤器，搭配 RegexStringComparator 比较器和 BinaryComparator 比较器，查询姓名以"L"开头且出生年份为 1999 年的学生信息。

（3）使用 SingleColumnValueFilter 过滤器和 BinaryComparator 比较器查询 3 个科目的成绩都高于 80 分的学生信息。

项目总结

本项目首先介绍了 HBase 的数据模型、HBase 表的结构设计原则，接着详细介绍了 HBase Shell 中多种命令的使用方法，同时结合博客内容和用户关系数据，实现博客数据库系统的创建与管理、表数据的查询与分析。

通过本项目的学习，读者可以了解 HBase 数据库的数据模型，熟悉 HBase 表结构的设计原则，掌握 HBase Shell 的基本操作。

课后习题

1. 选择题

（1）如果对 HBase 表添加数据记录，可以使用（　　）命令进行操作。

A. create
B. get
C. put
D. scan

（2）如果需要对 HBase 表中的数据进行全表扫描，可以使用（　　）命令进行操作。

A. count
B. scan
C. put
D. get

（3）在 HBase Shell 中，（　　）命令用于删除整行。

A. delete from 'users'.'Rose'
B. delete table from 'Rose'
C. deleteall 'users','Rose'
D. deleteall 'Rose'

（4）下列关于 HBase Shell 命令的解释中错误的是（　　）。

A. list 命令：显示表的所有数据
B. create 命令：创建表
C. get 命令：通过表名与行键检索表中的数据
D. put 命令：在指定的表中插入数据

（5）下列关于 HBase Shell 命令的说法中错误的是（　　）。

A. 使用 create 命令创建表

B．使用 get 命令查询表中的数据

C．执行 put 命令向表中插入数据

D．要删除已创建的表，直接执行 drop 命令即可

2．操作题

投资、消费和出口一直是国民经济的"三驾马车"，经济增长要拉动内需，就需要发挥消费的基础性作用。2020 年，在"消费"这个国内重要的经济大循环中，汽车类消费品零售总额占全社会消费品零售总额的十分之一以上。2020 年，中国汽车销量达 2531.1 万辆，连续 12 年蝉联全球第一。汽车产业已成为支撑和推动中国经济发展的重要支柱和引擎。

现有一份来自某汽车交易平台的数据，数据结构如表 3-14 所示。

表 3-14　汽车交易数据的数据结构

字段名称	字段说明
tranno	交易号
model	车型
city	城市
date	交易日期

针对汽车交易数据，完成以下操作。

（1）根据数据设计表结构。

（2）创建命名空间 car，在命名空间 car 中创建表 sales，要求该表包含列族 info。

（3）将 sales 表的最大占用空间设置为 50MB。

项目 4　使用 HBase Java API 开发博客数据库系统

教学目标

1. 知识目标

（1）了解 HBase 的 Java 开发流程。

（2）熟悉 HBase Java API 的用法。

（3）掌握数据导入与导出的方法。

（4）掌握利用 MapReduce 实现 HBase 与 HDFS 数据交互的方法。

2. 技能目标

（1）完成 HBase 开发环境的搭建。

（2）利用 HBase Java API 实现 HBase 表数据的插入与查询操作。

（3）利用 HBase Java API 实现过滤器查询。

（4）编写 MapReduce 程序，实现 HBase 与 HDFS 的数据导入、导出。

3. 素养目标

（1）培养自主学习的意识，提高独立解决问题的能力。

（2）具备实事求是的态度和求真精神，存储与分析数据时需要注重真实性、科学性。

背景描述

基于用户数据并根据场景需求在 HBase Shell 中实现表的创建、数据查询后，即可在 HBase 的开发环境中构建博客数据库系统，还原系统的开发过程。本项目将首先介绍 HBase 开发环境的搭建流程，接着对 HBase Java API 的用法和过滤器 API 的用法进行介绍，同时根据用户数据及其场景需求，使用 HBase Java API 及 MapReduce 实现博客数据库表的创建与查询。

任务 1　搭建 HBase 开发环境

　　HBase 是由 Java 开发的，所以通常选用 IDEA 作为 HBase 的编程工具。本任务是在 Windows 系统中配置 Java 开发环境，下载并安装 IDEA 集成开发环境，并使用 IDEA 新建 Java 项目，成功连接 HBase 集群。

　　1. 配置开发环境。
　　2. 下载并安装 IDEA。
　　3. 在 IDEA 中新建 Java 项目。
　　4. 添加地址映射并设置 Maven 国内镜像。
　　5. 为新建的 Java 项目配置资源根并添加项目依赖关系。
　　6. 编写代码连接 HBase 集群。

HBase Java API
查询方法的使用

步骤 1　配置开发环境

　　Java Development Kit（JDK）是 Java 语言的软件开发工具包，是 Java 开发的核心，它包含了 Java 的运行环境（JVM 与 Java 系统类库）以及 Java 工具。

　　1. 安装 JDK 8

　　Java 提供了标准的软件开发工具箱 JDK，利用 JDK 可以开发 Java 桌面应用程序和低端的服务器应用程序，目前较为常用的版本为 JDK 8，安装步骤如下。

　　（1）打开 JDK 安装包，单击"下一步"按钮，如图 4-1 所示。

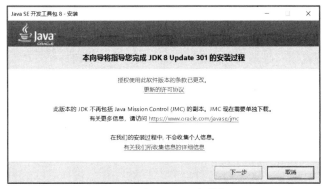

图 4-1　打开 JDK 安装包

（2）在"定制安装"界面中选择安装位置，然后单击"下一步"按钮，如图 4-2 所示。

图 4-2　选择安装位置

（3）完成安装后，安装程序将提示 Java 运行环境（JRE）的安装，在"目标文件夹"界面中单击"更改"按钮修改 JRE 的安装位置，然后单击"下一步"按钮，如图 4-3 所示。提示"已成功安装"即可单击"关闭"按钮，如图 4-4 所示。

图 4-3　选择 JRE 的安装位置

图 4-4　完成安装

2. 设置环境变量

环境变量是用来指定操作系统运行环境的一些参数，包含了一个或多个应用程序使用的信息。例如，当要求系统运行一个程序而没有告知程序所在的完整路径时，系统除了在当前目录下寻找此程序，还应到环境变量指定的路径中寻找。用户通过设置环境变量，可以更好地运行进程。在 Windows 系统中设置环境变量的具体步骤如下。

（1）鼠标右键单击桌面的"此电脑"图标，选择"属性"，如图 4-5 所示。

（2）在"设置"界面中找到相关设置的"高级系统设置"，如图 4-6 所示。

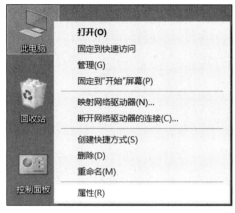

图 4-5　选择"属性"　　　　　　　图 4-6　选择"高级系统设置"

（3）在弹出的"系统属性"界面中单击"环境变量"按钮。在弹出的"环境变量"界面中单击"新建"，之后在"变量名"一栏中输入"JAVA_HOME"，在"变量值"一栏中输入 JDK 的安装路径，如图 4-7 所示。

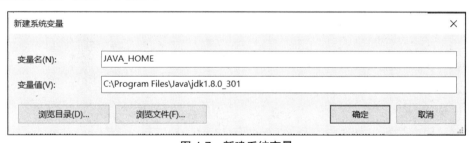

图 4-7　新建系统变量

（4）在"环境变量"中找到变量"Path"并双击进行编辑，单击"新建"按钮，输入"%JAVA_HOME%\bin"，如图 4-8 所示。

（5）在命令提示符中输入"javac"验证环境变量配置，如果不报错，说明环境变量配置正确，如图 4-9 所示。

图 4-8　编辑环境变量

```
C:\Windows\system32\cmd.exe

Microsoft Windows [版本 10.0.19044.1466]
(c) Microsoft Corporation。保留所有权利。

C:\Users\ASUS>javac
用法: javac <options> <source files>
其中, 可能的选项包括:
  -g                         生成所有调试信息
  -g:none                    不生成任何调试信息
  -g:{lines,vars,source}     只生成某些调试信息
  -nowarn                    不生成任何警告
  -verbose                   输出有关编译器正在执行的操作的消息
  -deprecation               输出使用已过时的 API 的源位置
  -classpath <路径>          指定查找用户类文件和注释处理程序的位置
  -cp <路径>                 指定查找用户类文件和注释处理程序的位置
  -sourcepath <路径>         指定查找输入源文件的位置
  -bootclasspath <路径>      覆盖引导类文件的位置
  -extdirs <目录>            覆盖所安装扩展的位置
  -endorseddirs <目录>       覆盖签名的标准路径的位置
  -proc:{none,only}          控制是否执行注释处理和/或编译。
  -processor <class1>[,<class2>,<class3>...]  要运行的注释处理程序的名称; 绕过默认的搜索进程
  -processorpath <路径>      指定查找注释处理程序的位置
  -parameters                生成元数据以用于方法参数的反射
  -d <目录>                  指定放置生成的类文件的位置
  -s <目录>                  指定放置生成的源文件的位置
  -h <目录>                  指定放置生成的本机头文件的位置
  -implicit:{none,class}     指定是否为隐式引用文件生成类文件
  -encoding <编码>           指定源文件使用的字符编码
  -source <发行版>           提供与指定发行版的源兼容性
  -target <发行版>           生成特定 VM 版本的类文件
  -profile <配置文件>        请确保使用的 API 在指定的配置文件中可用
```

图 4-9　验证环境变量配置

步骤 2　下载并安装 IDEA

（1）使用浏览器进入官网，下载社区版（Community）IDEA，如图 4-10 所示。

图 4-10　下载社区版 IDEA

（2）下载完成后打开 IDEA 安装包，单击"Next"按钮，如图 4-11 所示。

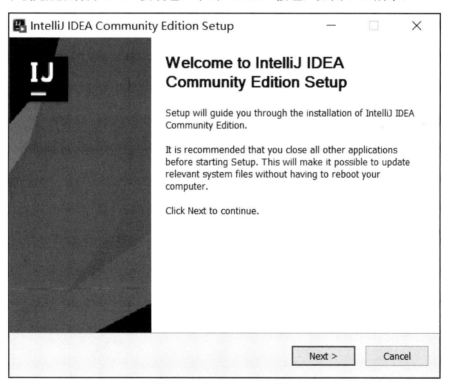

图 4-11　打开 IDEA 安装包

（3）设置 IDEA 的安装路径，然后单击"Next"按钮，如图 4-12 所示。

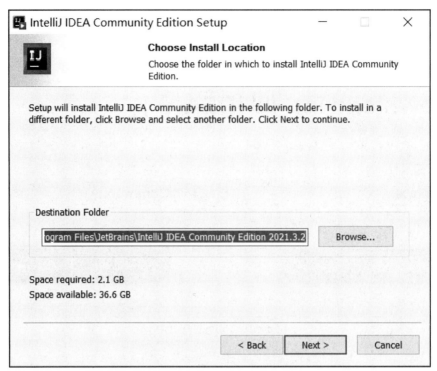

图 4-12　设置 IDEA 的安装路径

（4）在"安装选项"界面中，对可选项进行全部勾选，如图 4-13 所示。

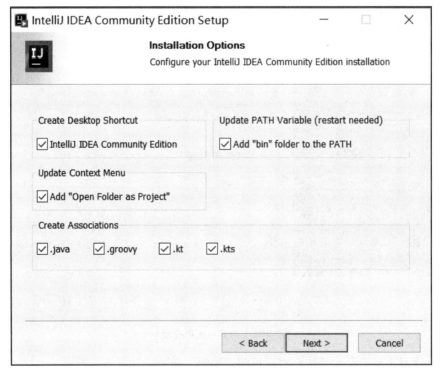

图 4-13　选择安装可选项

（5）单击"Install"按钮即可安装 IDEA，如图 4-14 所示。

图 4-14　安装 IDEA

步骤 3　新建 Java 项目

启动 IDEA，进入欢迎界面，在"Projects"选项卡中找到"New Project"按钮并单击，如图 4-15 所示。在"New Project"界面中选择"Maven"，创建 Maven 项目，将"Project SDK"设置为 JDK 8，单击"Next"按钮，如图 4-16 所示。对项目进行命名，输入项目名称"blogHBase"，完成后单击"Finish"按钮，如图 4-17 所示。

图 4-15　IDEA 的欢迎界面

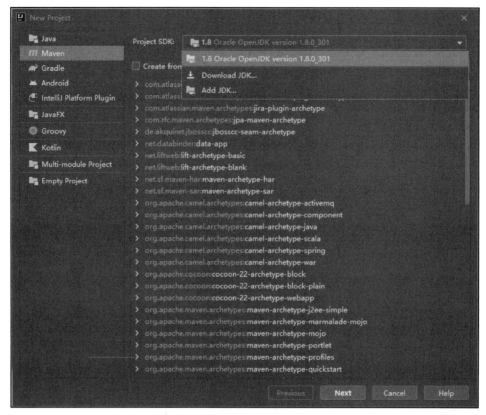

图 4-16　创建 Maven 项目

图 4-17　对项目进行命名

步骤 4　添加地址映射并设置 Maven 国内镜像

1. 添加地址映射

为了后续代码开发能够识别虚拟机集群，需要在 Windows 系统中对虚拟机集群的 IP 地址添加映射。在 Windows 桌面按下"Win+R"组合键打开"运行"界面，输入"drivers"后按下回车键，在 drivers 文件夹中找到 etc 文件夹并打开，如图 4-18 所示。

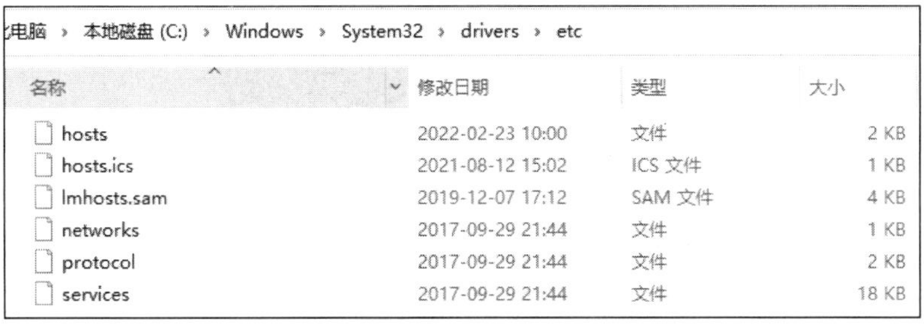

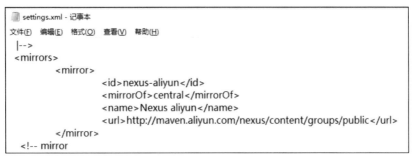

图 4-18　打开 etc 文件夹

编辑 etc 文件夹中的 hosts 文件，在文件末尾添加地址映射规则，代码如下。

```
192.168.128.130 master
192.168.128.131 slave1
192.168.128.132 slave2
192.168.128.133 slave3
```

2. 设置 Maven 国内镜像

Maven 是 Apache 旗下的 Java 开发开源项目，基于项目对象模型（Project Object Model，POM）的概念。Maven 作为一个项目管理工具，可以对 Java 项目进行构建和依赖管理。在实际开发环境中，可能会遇到下载速度慢的问题，需要将 Maven 仓库设置为国内镜像源，以加快下载速度，具体步骤如下。

（1）找到 IDEA 安装目录中的 \plugins\maven\lib\maven3\conf 目录，打开 Maven 配置目录，如图 4-19 所示。

图 4-19　打开 Maven 配置目录

（2）编辑此目录下的 settings.xml 文件，找到文件中的"<mirrors>"标签，添加 Maven 国内镜像，如图 4-20 所示。完成后保存文件，之后重启 IDEA，如图 4-21 所示。

图 4-20　添加 Maven 国内镜像

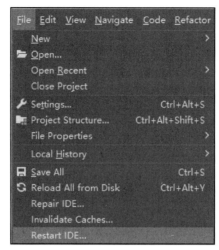

图 4-21　重启 IDEA

步骤 5　配置资源根并添加项目依赖关系

为了正确读取 Hadoop 的相关配置，需要将 Hadoop 的配置文件放入项目的资源根（Resources）中，具体步骤如下。

（1）进入 Hadoop 的配置文件目录，如图 4-22 所示。使用"Ctrl+Alt+F"组合键打开 Xftp，选中 core-site.xml 和 hdfs-site.xml 文件，单击鼠标右键，选择"传输"，将两个文件传输至本地，如图 4-23 所示。

```
[root@master ~]# cd /usr/local/hadoop-3.1.4/etc/hadoop/
[root@master hadoop]# pwd
/usr/local/hadoop-3.1.4/etc/hadoop
```

图 4-22　进入 Hadoop 的配置文件目录

图 4-23　将 Hadoop 配置文件传输至本地

（2）将 core-site.xml 与 hdfs-site.xml 文件放入 useHBaseAPI 项目的 resources 文件夹中，将配置文件添加至项目，如图 4-24 所示。

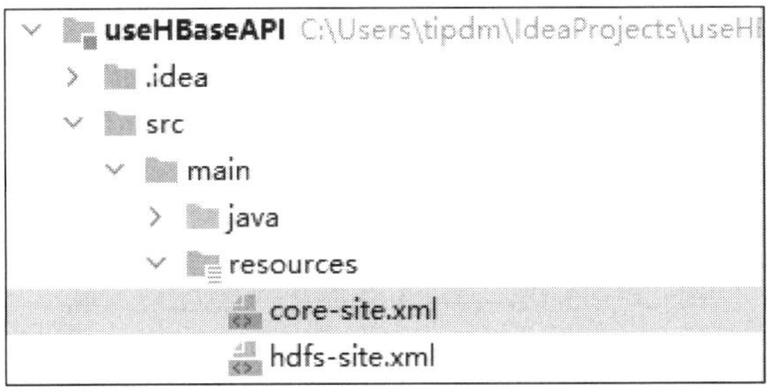

图 4-24　将配置文件添加至项目

打开 useHBaseAPI 项目，双击左侧的 pom.xml 文件进行编辑。在"</properties>"标签下方插入项目依赖关系，代码如下。IDEA 识别项目依赖关系后，单击右侧的"Load Maven Changes"按钮，加载 Maven 变更，如图 4-25 所示。

```xml
<dependencies>
    <dependency>
        <groupId>org.apache.hadoop</groupId>
        <artifactId>hadoop-common</artifactId>
        <version>3.1.4</version>
    </dependency>
    <dependency>
        <groupId>org.apache.hadoop</groupId>
        <artifactId>hadoop-hdfs</artifactId>
        <version>3.1.4</version>
    </dependency>
    <dependency>
        <groupId>org.apache.hadoop</groupId>
        <artifactId>hadoop-client</artifactId>
        <version>3.1.4</version>
    </dependency>
    <dependency>
        <groupId>org.apache.hadoop</groupId>
        <artifactId>hadoop-mapreduce-client-common</artifactId>
        <version>3.1.4</version>
    </dependency>
    <dependency>
        <groupId>org.apache.hbase</groupId>
        <artifactId>hbase-mapreduce</artifactId>
        <version>2.2.2</version>
    </dependency>
    <dependency>
        <groupId>org.apache.hbase</groupId>
        <artifactId>hbase-client</artifactId>
        <version>2.2.2</version>
    </dependency>
    <dependency>
        <groupId>org.apache.hbase</groupId>
        <artifactId>hbase-server</artifactId>
        <version>2.2.2</version>
    </dependency>
</dependencies>
```

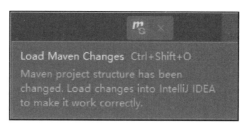

图 4-25　加载 Maven 变更

步骤 6　加载配置并创建连接测试

在"blogHBase"项目中利用 HBase Java API 创建 HBase 连接，代码如下，测试结果如图 4-26 所示。

```
package Connection;
import org.apache.hadoop.conf.Configuration;
import org.apache.hadoop.hbase.*;
import org.apache.hadoop.hbase.client.*;
import java.io.IOException;
public class hbaseConnection {
    public static void main(String[] args) throws IOException {
        Configuration conf = HBaseConfiguration.create();
        conf.set("hbase.master", "master:16010");
        conf.set("hbase.rootdir", "hdfs://master:8020/hbase");
        conf.set("hbase.zookeeper.quorum", "master,slave1,slave2,slave3");
        conf.set("hbase.zookeeper.property.clientPort", "2181");
        Connection conn = ConnectionFactory.createConnection(conf);
        Admin admin = conn.getAdmin();
        HTableDescriptor[] hTableDescriptors = admin.listTables();
        for (HTableDescriptor ht : hTableDescriptors) {
            System.out.println(ht.getTableName().getNameAsString());
        }
        System.out.println("第二种获取表名的方法");
        TableName[] tableNames = admin.listTableNames();
        for (TableName tb : tableNames) {
            System.out.println(tb.getNameAsString());
        }
    }
}
```

```
log4j:WARN No appenders could be found for logger (org.apache.hadoop.security.Groups).
log4j:WARN Please initialize the log4j system properly.
log4j:WARN See http://logging.apache.org/log4j/1.2/faq.html#noconfig for more info.
blog:content
blog:following
blog:relationship
第二种获取表名的方法
blog:content
blog:following
blog:relationship
```

图 4-26　测试结果

至此，HBase 开发环境搭建完成。在学习 HBase 开发环境搭建的过程中，希望读者能够熟悉搭建步骤和关键环节，并通过操作实践搭建开发环境，成功连接 HBase 集群，培养自身的劳动精神和工匠精神，积累知识并掌握技能。

任务 2　插入并查询数据

任务描述

本任务是基于用户数据，使用 HBase Java API 编写程序，设计并新建 3 个 HBase 数据表，分别保存博客内容、用户关系、关注用户发布的博客内容，并进行数据查询和全表查询。

任务要求

1. 设计 3 个表，分别保存博客内容、用户关系、关注用户发布的博客内容。
2. 利用 HBase Java API 在 3 个数据表中插入数据，模拟建立用户关系。
3. 利用 HBase Java API 模拟查看关注用户最新发布的博客内容。
4. 对 3 个数据表进行数据查询和全表查询。

相关知识

4.2.1　HBase Java API 的主要接口与类

HBase Java API 提供了丰富的接口与类，包括 HBase 的配置、HBase 表的管理、列族的管理、列的管理、数据操作等。

1. Admin 接口

HBase Java API 提供 Admin 接口，此接口提供的方法包括创建表、删除表、列出表选项、使表有效或无效、添加或删除列族等，如表 4-1 所示。

表 4-1　Admin 接口的方法及说明

方法	说明
tableExists( )	查看表是否存在
listTables( )	列出所有表
createTable( )	创建表
deleteTable( )	删除表
enableTable( )	使表处于有效状态
disableTable( )	使表处于失效状态
addColumn( )	添加列族
modifyColumn( )	修改列族

2. HTableDescriptor 类

HTableDescriptor 类位于 org.apache.hadoop.hbase.HtableDescriptor，可用于定义表描述器。HTableDescriptor 类提供的方法包括增加、修改、删除列族，以及获取与设置表属性等，如表 4-2 所示。

表 4-2　HTableDescriptor 类的方法及说明

方法	说明
addFamily( )	添加 1 个列族
removeFamily( )	移除 1 个列族
modifyFamily( )	修改列族
hasFamily( )	判断列族是否存在
getValue( )	获取属性的值
setValue( )	设置属性的值

3. HColumnDescriptor 类

HColumnDescriptor 类位于 org.apache.hadoop.hbase.HcolumnDescriptor，可用于定义列族描述器。HColumnDescriptor 类提供的方法包括获取列族的属性、修改列族的属性、设置列族的最大版本数量等，如表 4-3 所示。

表 4-3　HColumnDescriptor 类的方法及说明

方法	说明
getName( )	获取列族的名称
getValue( )	获取对应属性的值
setValue( )	设置对应属性的值
setMaxVersions( )	设置最大版本数量

4. Table 接口

Table 接口位于 org.apache.hadoop.hbase.client.Table，用于连接单个 HBase 表。此接口提供的方法包括增加、删除、查询、修改表数据等，如表 4-4 所示。

表 4-4　Table 接口的方法及说明

方法	说明
delete( )	删除一行记录
get( )	获取指定行的某些单元格的值
put( )	向表中添加值
getScanner( )	获取多行记录
exists( )	验证表中是否存在指定的列
getStartKeys( )	获取数据的起始键

5. Put 类

Put 类位于 org.apache.hadoop.hbase.client.Put，可对单行进行添加操作。实例化一个 Put 对象时，需要提供对应行的 RowKey。Put 类的方法及说明如表 4-5 所示。

表 4-5　Put 类的方法及说明

方法	说明
add( )	将指定的列和对应的值添加到 Put 实例中
add( )	添加指定的列和对应的值及时间戳
getRow( )	获取 Put 实例的行
getTimeStamp( )	获取 Put 实例的时间戳
setTimeStamp( )	设置 Put 实例的时间戳

6. Get 类

Get 类位于 org.apache.hadoop.hbase.client.Get，可用于获取单个行的相关信息。实例化一个 Get 对象时，同样需要提供对应行的 RowKey。Get 类的方法及说明如表 4-6 所示。

表 4-6　Get 类的方法及说明

方法	说明
addColumn( )	获取指定列族和列修饰符对应的列
addFamily( )	获取指定列族对应的所有列
setTimeRange( )	获取指定区间的列的版本号
setFilter( )	执行 get 操作时设置服务器端的过滤器

7. Scan 类

Scan 类位于 org.apache.hadoop.hbase.client.Scan，用于获取整个表的数据或指定区间的数据。Scan 类的方法及说明如表 4-7 所示。

表 4-7　Scan 类的方法及说明

方法	说明
addColumn( )	获取指定列族和列修饰符对应的列
addFamily( )	获取指定列族对应的所有列
setTimeRange( )	获取指定区间的列的版本号
setFilter( )	执行扫描操作时设置服务器端的过滤器
setStartRow( )	设置扫描 RowKey 的起始值
setStopRow( )	设置扫描 RowKey 的结束值

8. Result 类

Result 类位于 org.apache.hadoop.hbase.client.Result，可用于存储获取的单行值。使用

Result 类提供的方法可以直接获取值和各种 Map 结构，即键值（Key-Value）对。Result 类的方法及说明如表 4-8 所示。

表 4-8　Result 类的方法及说明

方法	说明
containsColumn( )	检查指定的列是否存在
getValue( )	获取对应列的最新值
getRow( )	获取 RowKey

4.2.2　使用 HBase Java API 创建命名空间和表

如果 HBase 中已存在相同名称的命名空间，则需要先在 HBase Shell 中删除同名的命名空间，再使用 HBase Java API 创建命名空间和表。在调用创建命名空间和表的方法前需要先声明并实例化一个 Admin 对象。创建命名空间和表的代码如下。

```java
import java.io.IOException;
import org.apache.hadoop.conf.Configuration;
import org.apache.hadoop.hbase.HBaseConfiguration;
import org.apache.hadoop.hbase.HColumnDescriptor;
import org.apache.hadoop.hbase.HTableDescriptor;
import org.apache.hadoop.hbase.NamespaceDescriptor;
import org.apache.hadoop.hbase.TableName;
import org.apache.hadoop.hbase.client.Admin;
import org.apache.hadoop.hbase.client.Connection;
import org.apache.hadoop.hbase.client.ConnectionFactory;
import org.apache.hadoop.hbase.util.Bytes;
import util.Utils;
public class createNSAndTable {
    ##定义命名空间和表的名称
    private static final byte[] COMPANY = Bytes.toBytes("company2");
    private static final byte[] COMPANY_EMP = Bytes.toBytes("company2:emp");
    private static Configuration conf;
    public static void main(String[] args) throws IOException {
        conf = Utils.getConf();
        initNamespace();
        initTableEmp();
    }

    private static void initNamespace() throws IOException {
        Connection conn = ConnectionFactory.createConnection(conf);
        Admin admin = conn.getAdmin();
        ##定义命名空间描述器
        NamespaceDescriptor company = NamespaceDescriptor.create(new String(COMPANY)).build();
        ##创建命名空间
        admin.createNamespace(company);
        admin.close();
        conn.close();
    }
```

```
private static void initTableEmp() throws IOException {
    Connection conn = ConnectionFactory.createConnection(conf);
    Admin admin = conn.getAdmin();
    ##定义表描述器
    HTableDescriptor empTableDescribe = new HTableDescriptor(TableName.valueOf(COMPANY_EMP));
    ##定义列族描述器
    HColumnDescriptor infoColumnDescriptor = new HColumnDescriptor("info");
    HColumnDescriptor moneyColumnDescriptor = new HColumnDescriptor("money");
    ##创建表
    empTableDescribe.addFamily(infoColumnDescriptor);
    empTableDescribe.addFamily(moneyColumnDescriptor);
    admin.createTable(empTableDescribe);
    ##关闭连接，释放资源
    admin.close();
    conn.close();
    System.out.println("创建表成功！");
    }
}
```

4.2.3　使用 HBase Java API 插入数据

在 HBase Shell 中使用 put 命令插入数据时需要提供表名、列族名、列限定符、具体数值，使用 HBase Java API 插入数据时也需要提供这些参数。插入数据前，将包含数据的文本文件或 CSV 文件上传到 HDFS 中，利用 HDFS Java API 读取文件，再使用 HBase Java API 声明并实例化 Admin、Table 和带 RowKey 的 Put 对象，将数据插入表中，代码如下。

```
import java.io.IOException;
import org.apache.hadoop.conf.Configuration;
import org.apache.hadoop.fs.FSDataInputStream;
import org.apache.hadoop.fs.FileSystem;
import org.apache.hadoop.fs.Path;
import org.apache.hadoop.hbase.HBaseConfiguration;
import org.apache.hadoop.hbase.HColumnDescriptor;
import org.apache.hadoop.hbase.HTableDescriptor;
import org.apache.hadoop.hbase.NamespaceDescriptor;
import org.apache.hadoop.hbase.TableName;
import org.apache.hadoop.hbase.client.*;
import org.apache.hadoop.hbase.util.Bytes;
import java.io.BufferedReader;
import java.io.IOException;
import java.io.InputStreamReader;
import java.net.URI;
import util.Utils;
public class putData {
    ##定义命名空间和表的名称
    private static final byte[] COMPANY = Bytes.toBytes("company2");
    private static final byte[] COMPANY_EMP = Bytes.toBytes("company2:emp");
    private static Configuration conf;
    public static void main(String[] args) throws IOException {
        conf = Utils.getConf();
        ##将数据插入emp表中
        private static void putData() throws IOException {
        Connection conn = ConnectionFactory.createConnection(conf);
```

```
Admin admin = conn.getAdmin();
TableName tableName = TableName.valueOf(COMPANY_EMP);
String file2 = "hdfs://master:8020/emp/emp.txt";
Configuration conf2 = new Configuration();
FileSystem fs = FileSystem.get(URI.create(file2), conf2);
FSDataInputStream in = fs.open(new Path(file2));
Table table = conn.getTable(tableName);
BufferedReader br = new BufferedReader(new InputStreamReader(in));
String line;
String[] cols = new String[]{
    "info:empno",          ##cols[0]
    "info:ename",          ##cols[1]
    "info:job",
    "info:mgr",
    "info:hiredate",
    "money:sal",
    "money:comm",
    "info:deptno"
};
Put put;
while ((line = br.readLine()) != null) {
    String[] lines = line.split(",");   ##将每一行的数据进行切割，分隔符为“,”
    ##使用姓名作为RowKey
    put = new Put(new StringBuilder(lines[1]).toString().getBytes());
    for (int i = 0; i < lines.length; i++) {
        put.addColumn(
            cols[i].split(":")[0].getBytes(),
            cols[i].split(":")[1].getBytes(),
            lines[i].getBytes()
        );
    }
    table.put(put);
}
System.out.println("导入数据至HBase成功！\n");
##关闭连接，释放资源
admin.close();
conn.close();
    }
}
```

4.2.4 使用 HBase Java API 查询数据

调用 Table 接口的 get( )方法对 HBase 表内的数据进行查询，代码如下。

```
import java.io.IOException;
import org.apache.hadoop.conf.Configuration;
import org.apache.hadoop.hbase.*;
import org.apache.hadoop.hbase.client.*;
import org.apache.hadoop.hbase.util.Bytes;
import util.Utils;
public class getData {
    ##定义命名空间和表的名称
    private static final byte[] COMPANY = Bytes.toBytes("company2");
    private static final byte[] COMPANY_EMP = Bytes.toBytes("company2:emp");
```

```
private static Configuration conf;
public static void main(String[] args) throws IOException {
    conf = Utils.getConf();
    ##查询名为Allen 的员工信息
    getData("Allen");
}
private static void getData(String name) throws IOException {
    Connection conn = ConnectionFactory.createConnection(conf);
    Admin admin = conn.getAdmin();
    TableName tableName = TableName.valueOf(COMPANY_EMP);
    Table table = conn.getTable(tableName);
    ##查看数据
    System.out.println("-----使用get查看数据-----");
    Get get1 = new Get(name.getBytes());
    Result result = table.get(get1);
    for (Cell cell : result.rawCells()) {
        System.out.println(new String(CellUtil.cloneRow(cell)) + "\t"
            + new String(CellUtil.cloneFamily(cell))
            + ":"
            + new String(CellUtil.cloneQualifier(cell)) + "\t"+"value="
            + new String(CellUtil.cloneValue(cell)));
    }
    ##关闭连接，释放资源
    admin.close();
    conn.close();
    }
}
```

4.2.5　使用 HBase Java API 进行全表查询

声明并实例化 Admin 接口、Table 接口、Scan 类和 Result 类，调用 Table 接口的 getScanner( )方法对 HBase 表内的数据进行查询，代码如下。

```
import java.io.IOException;
import org.apache.hadoop.conf.Configuration;
import org.apache.hadoop.hbase.*;
import org.apache.hadoop.hbase.client.*;
import org.apache.hadoop.hbase.util.Bytes;
import util.Utils;
public class scanData {
    ##定义命名空间和表的名称
    private static final byte[] COMPANY = Bytes.toBytes("company2");
    private static final byte[] COMPANY_EMP = Bytes.toBytes("company2:emp");
    private static Configuration conf;
    public static void main(String[] args) throws IOException {
        conf = Utils.getConf();
        scanData(COMPANY_EMP);
        private static void scanData(byte[] tName) throws IOException {
            Connection conn = ConnectionFactory.createConnection(conf);
            Admin admin = conn.getAdmin();
            TableName tableName = TableName.valueOf(tName);
            Table table = conn.getTable(tableName);
            ##查看数据
            System.out.println("-----查看数据-----");
```

```
##进行全表查询
Scan scan1 = new Scan();
scan1.setMaxVersions(2);
ResultScanner result2 = table.getScanner(scan1);
Result rs2;
while ((rs2 = result2.next()) != null) {
    for (Cell cell : rs2.rawCells()) {
            System.out.println(new String(CellUtil.cloneRow(cell)) + "\t"
                + new String(CellUtil.cloneFamily(cell))
                + ":"
                + new String(CellUtil.cloneQualifier(cell)) + "\t" + "value="
                + new String(CellUtil.cloneValue(cell))
    };
    }
}
##关闭连接，释放资源
admin.close();
conn.close();
    }
}
```

任务实施

步骤 1　上传文件至 HDFS

启动 Hadoop 集群，在 HDFS 中创建/blog2 目录，将 content2.csv 和 relationship2.csv 数据集文件上传至/blog2 目录下，代码如下。上传文件成功后，查看/blog2 目录下的文件信息，运行结果如图 4-27 所示。

```
hdfs dfs -mkdir /blog2
hdfs dfs -put ./content2.csv /blog2/
hdfs dfs -put ./relationship2.csv /blog2/
hdfs dfs -ls /blog2
```

```
[root@master downloads]# hdfs dfs -ls /blog2
Found 2 items
-rw-r--r--   3 root supergroup      45656 2022-03-01 18:46 /blog2/content2.csv
-rw-r--r--   3 root supergroup       3221 2022-03-01 18:47 /blog2/relationship2.csv
```

图 4-27　/blog2 目录下的文件信息

步骤 2　创建命名空间和表

在"blogHBase"项目中创建 Utils 类，用于设置连接配置。创建 createBlogTable 类，利用 HBase Java API 新建 blog2 命名空间，并在 blog2 命名空间中创建 content、relationship 和 following 数据表。

设置 HBase 连接配置的代码如下。

```
package util;
import org.apache.hadoop.conf.Configuration;
import org.apache.hadoop.hbase.HBaseConfiguration;
public class Utils {
```

```
##定义一个设置HBase连接配置的方法
public static Configuration getConf() {
    ##创建HBase配置对象
    Configuration conf = HBaseConfiguration.create();
    conf.set("hbase.master", "master:16010");
    conf.set("hbase.rootdir", "hdfs://master:8020/hbase");
    conf.set("hbase.zookeeper.quorum", "slave1,slave2,slave3");
    conf.set("hbase.zookeeper.property.clientPort", "2181");
    return conf;
    }
}
```

创建命名空间和表的代码如下。

```
import java.io.IOException;
import org.apache.hadoop.conf.Configuration;
import org.apache.hadoop.hbase.HColumnDescriptor;
import org.apache.hadoop.hbase.HTableDescriptor;
import org.apache.hadoop.hbase.NamespaceDescriptor;
import org.apache.hadoop.hbase.TableName;
import org.apache.hadoop.hbase.client.Admin;
import org.apache.hadoop.hbase.client.Connection;
import org.apache.hadoop.hbase.client.ConnectionFactory;
import org.apache.hadoop.hbase.util.Bytes;
import util.Utils;

public class createBlogTable {
    ##定义命名空间和表的名称
    private static final byte[] NS_BLOG = Bytes.toBytes("blog2");
    private static final byte[] TABLE_CONTENT = Bytes.toBytes("blog2:content");
    private static final byte[] TABLE_RELATIONSHIP = Bytes.toBytes("blog2: relationship");
    private static final byte[] TABLE_FOLLOWING = Bytes.toBytes("blog2:following");
    private static Configuration conf;

    public static void main(String[] args) throws IOException {
        conf = Utils.getConf();
        initNamespace();
        initTableContent();
        initTableRelationship();
        initTableFollowing();
        System.out.println("创建blog2命名空间与三个数据表成功! ");
        private static void initNamespace() throws IOException {
        Connection conn = ConnectionFactory.createConnection(conf);
        Admin admin = conn.getAdmin();
        ##定义命名空间描述器
        NamespaceDescriptor ns_blog = NamespaceDescriptor.create(new String(NS_BLOG)).build();
        ##创建命名空间
        admin.createNamespace(ns_blog);
        admin.close();
        conn.close();
    }

        ##创建 following 表
        private static void initTableFollowing() throws IOException {
            Connection conn = ConnectionFactory.createConnection(conf);
            Admin admin = conn.getAdmin();
```

```
            ##定义表描述器
            HTableDescriptor followingTableDescribe = new HTableDescriptor(TableName. valueOf
(TABLE_FOLLOW ING));
            ##定义info列族描述器
            HColumnDescriptor infoColumnDescriptor = new HColumnDescriptor("info");
            ##设置数据块缓存
            infoColumnDescriptor.setBlockCacheEnabled(true);
            ##设置数据块缓存大小为2MB
            infoColumnDescriptor.setBlocksize(2*1024*1024);
            ##设置最大版本数量
            infoColumnDescriptor.setMaxVersions(100);
            infoColumnDescriptor.setMinVersions(1);
            ##创建表
            followingTableDescribe.addFamily(infoColumnDescriptor);
            admin.createTable(followingTableDescribe);
            admin.close();
            conn.close();
        }


        ##创建relationship 表
        private static void initTableRelationship() throws IOException {
            Connection conn = ConnectionFactory.createConnection(conf);
            Admin admin = conn.getAdmin();
            ##定义表描述器
            HTableDescriptor relationshipTableDescribe = new HTableDescriptor(TableName.valueOf
(TABLE_RELAT IONSHIP));
            ##定义followings列族描述器
            ##定义列族描述器
            HColumnDescriptor followingsColumnDescriptor = new HColumnDescriptor("followings");
            ##设置数据块缓存
            followingsColumnDescriptor.setBlockCacheEnabled(true);
            ##设置数据块缓存大小为2MB
            followingsColumnDescriptor.setBlocksize(2*1024*1024);
            ##设置最大版本数量
            followingsColumnDescriptor.setMaxVersions(1);
            followingsColumnDescriptor.setMinVersions(1);


            ##定义followers列族描述器
            HColumnDescriptor followersColumnDescriptor = new HColumnDescriptor("followers");
            ##设置数据块缓存
            followersColumnDescriptor.setBlockCacheEnabled(true);
            ##设置数据块缓存大小为2MB
            followersColumnDescriptor.setBlocksize(2*1024*1024);
            ##设置最大版本数量
            followersColumnDescriptor.setMaxVersions(1);
            followersColumnDescriptor.setMinVersions(1);


            ##创建表
            relationshipTableDescribe.addFamily(followersColumnDescriptor);
            relationshipTableDescribe.addFamily(followingsColumnDescriptor);
            admin.createTable(relationshipTableDescribe);
            admin.close();
            conn.close();
        }
```

```
##创建content 表
private static void initTableContent() throws IOException {
    Connection conn = ConnectionFactory.createConnection(conf);
    Admin admin = conn.getAdmin();
    ##定义表描述器
    HTableDescriptor contentTableDescribe = new HTableDescriptor(TableName.valueOf
(TABLE_CONTENT));
    ##定义列族描述器
    HColumnDescriptor infoColumnDescriptor = new HColumnDescriptor("info");
    ##设置数据块缓存
    infoColumnDescriptor.setBlockCacheEnabled(true);
    ##设置数据块缓存大小为2MB
    infoColumnDescriptor.setBlocksize(2*1024*1024);
    ##设置最大版本数量
    infoColumnDescriptor.setMaxVersions(1);
    infoColumnDescriptor.setMinVersions(1);
    ##创建表
    contentTableDescribe.addFamily(infoColumnDescriptor);
    admin.createTable(contentTableDescribe);
    ##关闭连接，释放资源
    admin.close();
    conn.close();
    }
}
```

运行上述代码后，即可在 HBase Shell 中查看 blog2 命名空间中的表，结果如图 4-28 所示。

```
hbase(main):008:0> list_namespace_tables 'blog2'
TABLE
content
following
relationship
3 row(s)
Took 0.2354 seconds
=> ["content", "following", "relationship"]
```

图 4-28　blog2 命名空间中的表

步骤 3　插入数据

创建数据表后，需要读取 HDFS 中文本文件的数据，将博客内容数据与用户关系数据分别插入到对应的数据表中。插入博客内容数据的代码如下。

```
import java.io.BufferedReader;
import java.io.IOException;
import java.io.InputStreamReader;
import java.net.URI;
import java.util.ArrayList;
import java.util.List;
import org.apache.hadoop.conf.Configuration;
import org.apache.hadoop.fs.FSDataInputStream;
import org.apache.hadoop.fs.FileSystem;
import org.apache.hadoop.fs.Path;
import org.apache.hadoop.hbase.Cell;
import org.apache.hadoop.hbase.CellUtil;
import org.apache.hadoop.hbase.TableName;
```

```java
import org.apache.hadoop.hbase.client.Connection;
import org.apache.hadoop.hbase.client.ConnectionFactory;
import org.apache.hadoop.hbase.client.Get;
import org.apache.hadoop.hbase.client.Put;
import org.apache.hadoop.hbase.client.Result;
import org.apache.hadoop.hbase.client.Table;
import org.apache.hadoop.hbase.util.Bytes;
import util.Utils;

public class putBlog {
    private static Configuration conf;
    ##定义命名空间和表的名称
    private static final byte[] NS_BLOG = Bytes.toBytes("blog2");
    private static final byte[] TABLE_CONTENT = Bytes.toBytes("blog2:content");
    private static final byte[] TABLE_RELATIONSHIP = Bytes.toBytes("blog2: relationship");
    private static final byte[] TABLE_FOLLOWING=Bytes.toBytes("blog2:following");
    public static void main(String[] args) throws IOException {
        ##定义HBase 设置参数的对象
        conf = Utils.getConf();
        Connection conn = ConnectionFactory.createConnection(conf);
        String file2 = "hdfs://master:8020/blog2/content2.csv";
        Configuration conf2 = new Configuration();
        FileSystem fs = FileSystem.get(URI.create(file2), conf2);
        FSDataInputStream in = fs.open(new Path(file2));
        TableName tableName = TableName.valueOf(TABLE_CONTENT);
        Table table = conn.getTable(tableName);
        ##读取content2.csv文件
        BufferedReader br = new BufferedReader(new InputStreamReader(in));
        String line;
        while ((line = br.readLine()) != null) {
            String[] lines = line.split(",");   ##将每一行的数据进行切割，分隔符为 ","
            putblogdata(lines[0], lines[1]);
        }
        System.out.println("putBlog finished!");
    }

    public static void putblogdata(String user_id, String content) throws IOException {
        ##连接数据库
        Connection conn = ConnectionFactory.createConnection(conf);
        ##连接content表
        Table contentTable = conn.getTable(TableName.valueOf(TABLE_CONTENT));
        ##定义RowKey，避免热点问题
        long timestamp = System.currentTimeMillis();
        long salting = (long) ((Math.random() * 9 + 1) * 100000000);
        String Rowkey = user_id + "_" + salting;
        ##向content表中写入数据
        Put contentAdd = new Put(Bytes.toBytes(Rowkey));
        contentAdd.addColumn(Bytes.toBytes("info"), Bytes.toBytes("content"), timestamp, Bytes.toBytes
(content));
        contentTable.put(contentAdd);
        ##连接relationship表
        Table relationshipTable = conn.getTable(TableName.valueOf(TABLE_RELATIONSHIP));
        ##定义列表存储粉丝ID
        List<byte[]> followers = new ArrayList<>();
        ##查询粉丝ID
```

```
            Get get = new Get(Bytes.toBytes(user_id));
            get.addFamily(Bytes.toBytes("followers"));
            Result result = relationshipTable.get(get);
            for (Cell cell : result.rawCells()) {
                followers.add(CellUtil.cloneValue(cell));
            }
            ##连接following表
            Table followingTable = conn.getTable(TableName.valueOf(TABLE_FOLLOWING));
            List<Put> puts = new ArrayList<>();
            for (byte[] followersRowkey : followers) {
                Put put = new Put(followersRowkey);
                put.addColumn(Bytes.toBytes("info"), Bytes.toBytes(user_id), timestamp, Bytes.toBytes(Rowkey));
                puts.add(put);
            }
            followingTable.put(puts);
            followingTable.close();
            relationshipTable.close();
            contentTable.close();
            conn.close();
        }
}
```

插入用户关系数据的代码如下。

```
import java.io.BufferedReader;
import java.io.IOException;
import java.io.InputStreamReader;
import java.net.URI;
import java.util.ArrayList;
import java.util.Iterator;
import java.util.List;
import org.apache.hadoop.conf.Configuration;
import org.apache.hadoop.fs.FSDataInputStream;
import org.apache.hadoop.fs.FileSystem;
import org.apache.hadoop.fs.Path;
import org.apache.hadoop.hbase.Cell;
import org.apache.hadoop.hbase.CellUtil;
import org.apache.hadoop.hbase.TableName;
import org.apache.hadoop.hbase.client.Connection;
import org.apache.hadoop.hbase.client.ConnectionFactory;
import org.apache.hadoop.hbase.client.Put;
import org.apache.hadoop.hbase.client.Result;
import org.apache.hadoop.hbase.client.ResultScanner;
import org.apache.hadoop.hbase.client.Scan;
import org.apache.hadoop.hbase.client.Table;
import org.apache.hadoop.hbase.filter.CompareFilter.CompareOp;
import org.apache.hadoop.hbase.filter.RowFilter;
import org.apache.hadoop.hbase.filter.SubstringComparator;
import org.apache.hadoop.hbase.util.Bytes;
import util.Utils;

public class putUser {
    ##定义命名空间和表的名称
    private static final byte[] NS_BLOG = Bytes.toBytes("blog2");
    private static final byte[] TABLE_CONTENT = Bytes.toBytes("blog2:content");
    private static final byte[] TABLE_RELATIONSHIP = Bytes.toBytes("blog2:relationship");
```

```
            private static final byte[] TABLE_FOLLOWING = Bytes.toBytes("blog2:following");
            private static Configuration conf;
            public static void main(String[] args) throws IOException {
                ##配置数据库连接参数
                conf=Utils.getConf();
                Connection conn = ConnectionFactory.createConnection(conf);
                String file2 = "hdfs://master:8020/blog2/relationship2.csv";
                Configuration conf2 = new Configuration();
                FileSystem fs = FileSystem.get(URI.create(file2), conf2);
                FSDataInputStream in = fs.open(new Path(file2));
                TableName tableName = TableName.valueOf(TABLE_RELATIONSHIP);
                Table table = conn.getTable(tableName);
                ##读取relationship2.csv
                BufferedReader br = new BufferedReader(new InputStreamReader(in));
                String line;
                while ((line = br.readLine()) != null) {
                    String[] lines = line.split(",");    ##将每一行的数据进行拆分
                    addFollowing(lines[0],lines[1]);
                }
                System.out.println("putUser finished!");
            }
            private static void addFollowing(String user_id, String ...followings) throws IOException {
                if(user_id==null || followings.length<=0 || followings==null) return;
                Connection conn = ConnectionFactory.createConnection(conf);
                Table relationshipTable = conn.getTable(TableName.valueOf(TABLE_RELATIONSHIP));
                List<Put> puts = new ArrayList<>();
                Put user_put = new Put(Bytes.toBytes(user_id));
                for(String following:followings) {
                    ##添加当前用户所关注的用户
                    user_put.addColumn(Bytes.toBytes("followings"), Bytes.toBytes(following), Bytes.toBytes(following));
                    puts.add(user_put);
                    ##添加当前用户的粉丝
                    Put put = new Put(Bytes.toBytes(following));
                    put.addColumn(Bytes.toBytes("followers"), Bytes.toBytes(user_id), Bytes.toBytes(user_id));
                    puts.add(put);
                }
                ##添加用户关系到relationship表中
                relationshipTable.put(puts);
                Table contentTable = conn.getTable(TableName.valueOf(TABLE_CONTENT));
                List<byte[]> contentRowkey = new ArrayList<>();
                Scan scan = new Scan();
                for(String following:followings) {
                    RowFilter RowkeyFilter = new RowFilter(CompareOp.EQUAL, new SubstringComparator
(following+"_"));
                    scan.setFilter(RowkeyFilter);
                    ResultScanner scanner = contentTable.getScanner(scan);
                    Iterator<Result> itscan = scanner.iterator();
                    while(itscan.hasNext()) {
                        for(Cell cell:itscan.next().rawCells()) {
                            contentRowkey.add(CellUtil.cloneRow(cell));
                        }
                    }
                }
                if(contentRowkey.size()<=0) return;
                Table followingable = conn.getTable(TableName.valueOf(TABLE_FOLLOWING));
                Put followingput = new Put(Bytes.toBytes(user_id));
```

```
        for(byte[] rk:contentRowkey) {
                followingput.addColumn(Bytes.toBytes("info"),Bytes.toBytes(Bytes.toString(rk).split("_")[0]),
Long.valueOf (Bytes.toString(rk).split("_")[1]), rk);
        }
        followingable.put(followingput);
        contentTable.close();
        followingable.close();
        relationshipTable.close();
        conn.close();
    }
}
```

步骤 4　查询数据

利用 HBase Java API 提供的 Get 类对 relationship 表进行查询，查询用户"央视新闻"的关注用户和粉丝，代码如下，部分返回结果如图 4-29 所示。

```
import java.io.IOException;
import org.apache.hadoop.conf.Configuration;
import org.apache.hadoop.hbase.*;
import org.apache.hadoop.hbase.client.*;
import org.apache.hadoop.hbase.util.Bytes;
import util.Utils;

public class getUser {
    ##定义命名空间和表的名称
    private static final byte[] NS_BLOG = Bytes.toBytes("blog2");
    private static final byte[] TABLE_CONTENT = Bytes.toBytes("blog2:content");
    private static final byte[] TABLE_RELATIONSHIP = Bytes.toBytes("blog2:relationship");
    private static final byte[] TABLE_FOLLOWING = Bytes.toBytes("blog2:following");
    private static Configuration conf;
    public static void main(String[] args) throws IOException {
        conf = Utils.getConf();
        getData("央视新闻");
    }
    private static void getData(String name) throws IOException {
        Connection conn = ConnectionFactory.createConnection(conf);
        Admin admin = conn.getAdmin();
        TableName tableName = TableName.valueOf(TABLE_RELATIONSHIP);
        Table table = conn.getTable(tableName);
        ##查看数据
        System.out.println("-----使用 Get 类查看数据-----");
        Get get1 = new Get(name.getBytes());
        Result result = table.get(get1);
        for (Cell cell:result.rawCells()) {System.out.println(new String(CellUtil.cloneRow(cell)) + "\t" + new String
(CellUtil.cloneFamily(cell)) + ":" + new String(CellUtil.cloneQualifier(cell)) + "\t" + "value=" + new String(CellUtil. Clone
Value(cell)));
        }
        ##关闭连接，释放资源
        admin.close();
        conn.close();
    }
}
```

央视新闻	followers:IT科技圈大佬	value=IT科技圈大佬
央视新闻	followers:captain龙	value=captain龙
央视新闻	followers:中国日报网	value=中国日报网
央视新闻	followers:中国航天科技集团	value=中国航天科技集团
央视新闻	followers:中国青年报	value=中国青年报
央视新闻	followers:人民日报	value=人民日报
央视新闻	followers:人须在事上磨	value=人须在事上磨
央视新闻	followers:仓灵之雨	value=仓灵之雨
央视新闻	followers:光明日报	value=光明日报
央视新闻	followers:同学你好吗	value=同学你好吗
央视新闻	followers:奥林匹克运动会	value=奥林匹克运动会
央视新闻	followers:张文宏医生	value=张文宏医生
央视新闻	followers:新华社	value=新华社
央视新闻	followers:新浪体育	value=新浪体育
央视新闻	followers:科学探索	value=科学探索

图 4-29　查询数据的部分返回结果

步骤 5　全表查询

使用 Scan 类对 content 表进行全表查询，同时限制返回结果的行数为 45 条，代码如下，部分返回结果如图 4-30 所示。

```java
import java.io.IOException;
import org.apache.hadoop.conf.Configuration;
import org.apache.hadoop.hbase.*;
import org.apache.hadoop.hbase.client.*;
import org.apache.hadoop.hbase.util.Bytes;
import util.Utils;

public class scanContent {
    private static Configuration conf;
    ##定义命名空间和表的名称
    private static final byte[] NS_BLOG = Bytes.toBytes("blog2");
    private static final byte[] TABLE_CONTENT = Bytes.toBytes("blog2:content");
    private static final byte[] TABLE_RELATIONSHIP = Bytes.toBytes("blog2:relationship");
    private static final byte[] TABLE_FOLLOWING = Bytes.toBytes("blog2:following");

    public static void main(String[] args) throws IOException {
        conf = Utils.getConf();
        scanData(TABLE_CONTENT);
    }

    private static void scanData(byte[] tName) throws IOException {
        Connection conn = ConnectionFactory.createConnection(conf);
        Admin admin = conn.getAdmin();
        TableName tableName = TableName.valueOf(tName);
        Table table = conn.getTable(tableName);
        ##查看数据
        System.out.println("-----使用Scan类查看" + tableName.toString() + "表-----");
        Scan scan1 = new Scan();
        ##scan1.setMaxVersions(2);
        ##设置返回结果的行数
        scan1.setLimit(45);
```

```
        ResultScanner result2 = table.getScanner(scan1);
        Result rs2;
        while ((rs2 = result2.next()) != null) {
            for (Cell cell : rs2.rawCells()) {System.out.println(new String(CellUtil.cloneRow(cell)) + "\t" + new
String (CellUtil.cloneFamily(cell)) + ":" + new String(CellUtil.cloneQualifier(cell)) + "\t" + "value=" + new String(CellUtil.
cloneValue(cell)));
            }
        }
        ##关闭连接，释放资源
        admin.close();
        conn.close();
    }
}
```

```
-----使用scan查看blog2:content表-----
IT互联网大佬_157306156     info:content     value=迈入计算机时代，电脑鼠标是我们常用的工具之一。那么你知道电脑鼠标的滚轮是如何工作的吗？
IT互联网大佬_180215561     info:content     value=科技产品内心，不止一颗"芯"！#把旧家电玩明白了# 只要动动手，旧爱变新宠！拆解旧物寻宝藏，这手艺，杠杠的！
IT互联网大佬_228781597     info:content     value=惊人的智能化技术，科技感太强了。
IT互联网大佬_411016845     info:content     value=#北京冬奥村泡茶机器人火出圈#维北京冬奥村的自动调酒机器人火了之后，能自动泡茶的机器人又吸引了一大波外国人。
IT互联网大佬_877492348     info:content     value=#无人机鸡蛋还轻#侦察无人机"蜂鸟"，起飞重量仅35克，便于携带和部署。可通过窗户、烟囱等狭小空间，进入建筑
IT互联网大佬_917651203     info:content     value=#520架无人机表白冬奥健儿#广州，520架无人机组成编队表演，为北京冬奥运动健儿加油助威。
IT科技圈大佬_148434486     info:content     value=冬奥志愿者胸牌里暗藏黑科技#它内部搭载的人工智能算法，可对胸牌的图文内容自动编排，不仅用户可以随心设置胸牌
IT科技圈大佬_446182491     info:content     value=从太空看除夕夜的中国#中国空间站过境祖国上空，神舟十三号航天员从太空拍下灯火璀璨的神州大地，城市的灯火像火
IT科技圈大佬_477371045     info:content     value=#北京冬奥黑科技玩#冬奥的比赛已经能360度实时全景观看了？听说这个功能是用的中国云技术实现的。
IT科技圈大佬_929252538     info:content     value=巨型冰墩墩，天津科技大学的同学们在雪地里画出一个巨大的冰墩墩，为中国健儿加油！
captain龙_377508411  info:content     value=乒乓大家庭收官再战，提前祝大家虎年快乐  虎虎生威
```

图 4-30　全表查询的部分返回结果

任务实训

创建订单表并
插入数据

实训内容：创建 HBase 表并插入数据

1. 训练要点

（1）掌握使用 HBase Java API 创建 HBase 表的方法。

（2）掌握使用 HBase Java API 将数据导入 HBase 表中的方法。

2. 需求说明

现有一份来自某电商平台的订单数据，部分数据如表 4-9 所示，新建 sale 命名空间，将订单数据插入 sale 命名空间的 salesinfo 表中。表中使用名为 "info" 的列族并设计多个列，同时设计 RowKey，保证遵循唯一原则且避免热点问题。

表 4-9　部分订单数据

info							
order_id	event_time	category_code	brand	price	age	sex	local
2268105442636850000	2022-3-6	furniture.kitchen.table	maestro	247.78	20	男	云南
2268105393848710000	2022-2-28	appliances.kitchen.refrigerators	lg	2916.52	24	男	宁夏
2268105402447030000	2022-1-7	appliances.personal.scales	polaris	189.44	32	男	山东
2374498914000590000	2022-2-11	electronics.video.tv	samsung	2624.83	16	女	山东
2268105407220150000	2022-1-24	computers.notebook	asus	3208.21	43	女	广东
2268105428166500000	2022-3-4	electronics.smartphone	samsung	1895.67	28	女	山东

info							
order_id	event_time	category_code	brand	price	age	sex	local
2268105438778090000	2022-3-3	appliances.kitchen.kettle	tefal	49.46	41	男	辽宁
2268105428166500000	2022-3-5	electronics.smartphone	samsung	1895.67	41	女	广西
2268105409938060000	2022-1-5	computers.components.memory	kingston	314.87	22	男	河南
2268105393462830000	2022-3-7	country_yard.weather_station	beurer	145.66	44	男	西藏

3. 实现思路和步骤

（1）使用 HBase Java API 创建 sale 命名空间以及 salesinfo 表。

（2）使用 local 与 order_id 字段拼接成形如"云南_2268105442636850000"的格式，将其作为 RowKey。

（3）使用 HBase Java API 将数据导入 HBase 数据表中。

任务 3　查询符合指定条件的数据

任务描述

本任务是应用过滤器，模拟查看关注用户最新发布的博客，并使用多重过滤器查询指定的博客内容及用户。

任务要求

1. 模拟查看关注用户最新发布的博客。
2. 查询用户"奥林匹克运动会"发布的博客，要求博客内容包含"冬奥"。
3. 查询指定用户的所有粉丝，要求该用户的名称包含"IT"。

相关知识

4.3.1　Hbase 过滤器 API

HBase Shell 提供的高级查询方法 Filter 也可以使用 HBase Java API 实现。HBase 过滤器 API 允许用户根据不同的需求自定义单个或多个 Filter 对 HBase 表进行过滤查询。要完成过滤查询，需要声明并且实例化过滤器，给定抽象操作符与比较器。

1. 抽象操作符

要使用过滤器，至少需要两个参数，其中一个是抽象操作符（也称为比较运算符），HBase Java API 提供枚举类型的常量，用于表示这些抽象操作符。抽象操作符用于定义比较关系，位于 org.apache.hadoop.hbase.CompareOperator，抽象操作符常量及其说明如表 4-10

所示。

表 4-10　抽象操作符常量及其说明

抽象操作符常量	说明
LESS	小于
LESS_OR_EQUAL	小于等于
EQUAL	等于
NOT_EQUAL	不等于
GREATER_OR_EQUAL	大于等于
GREATER	大于

2. 比较器

使用过滤器需要的另一个参数是比较器（Comparator），代表具体的比较逻辑，通过比较器能够实现多样化的目标匹配效果。通过抽象操作符和比较器这两个参数，可以清晰地定义筛选条件，过滤数据。

3. 多重过滤器

FilterList 代表一个过滤器链，它可以包含一组即将应用于目标数据集的过滤器，用于综合使用多个过滤器，过滤器间具有"与"和"或"的关系。例如，使用多重过滤器查看姓名以"J"或"M"开头，而且出生年份为 1981 年的员工的信息，代码如下。

```
private static void scanData(byte[] tName) throws IOException {
    Connection conn = ConnectionFactory.createConnection(conf);
    Admin admin = conn.getAdmin();
    TableName tableName = TableName.valueOf(tName);
    Table table = conn.getTable(tableName);
    ##查看姓名以"J"或"M"开头，而且出生年份为1981年的员工的信息
    System.out.println("-----RowFilter与SingleColumnValueFilter组合成FilterList-----");
    Scan scan1 = new Scan();
    FilterList filterList = new FilterList(FilterList.Operator.MUST_PASS_ALL);
    Filter filter1 = new RowFilter(
        CompareOperator.EQUAL, new RegexStringComparator("(^J.*$)|(^M.*$)")
    );
    Filter filter2 = new SingleColumnValueFilter(
        Bytes.toBytes("info"),
        Bytes.toBytes("hiredate"),
        CompareOperator.EQUAL, new SubstringComparator("1981")
    );
    ##将过滤器加入FilterList中
    filterList.addFilter(filter1);
    filterList.addFilter(filter2);
    scan1.setFilter(filterList);
    scan1.setMaxVersions(2);
    ResultScanner result2 = table.getScanner(scan1);
    Result rs2;
    while ((rs2 = result2.next()) != null) {
        for (Cell cell : rs2.rawCells()) {
            System.out.println(new String(CellUtil.cloneRow(cell)) + "\t"
                + new String(CellUtil.cloneFamily(cell))
```

```
                              + ":"
                              + new String(CellUtil.cloneQualifier(cell)) + "\t" + "value="
                              + new String(CellUtil.cloneValue(cell))
                    );
               }
          }
     ##关闭连接，释放资源
     admin.close();
     conn.close();
     }
```

除了使用 FilterList 将多个过滤器进行组合，HBase Java API 还提供 SkipFilter 和 WhileMatchFilter 过滤器，详细说明如下。

（1）SkipFilter 是一种附加过滤器，只作用于 ValueFilter。ValueFilter 会返回所有满足条件的行以及对应的列，而加上 SkipFilter 后，若某一行的某一列不符合条件，则该行将全部被过滤。

（2）WhileMatchFilter 过滤器类似于 Python 和 C 语言中的 While 循环。当过滤器检索到不满足条件的单元格时，则终止检索，并返回检索结果。

任务实施

步骤 1 查看关注用户发布的博客

要查看关注用户发布的博客，需要先创建 BlogText 类，代码如下。

```
package util;
import java.sql.Date;
import java.text.SimpleDateFormat;
public class BlogText {
     private String user_id;
     private long timestamp;
     private String content;

     public BlogText() {
          super();
     }

     public BlogText(String user_id, long timestamp, String content) {
          super();
          this.user_id = user_id;
          this.timestamp = timestamp;
          this.content = content;
     }

     public String getUser_id() {
          return user_id;
     }

     public void setUser_id(String user_id) {
          this.user_id = user_id;
     }
```

```java
    public long getTimestamp() {
        return timestamp;
    }

    public void setTimestamp(long timestamp) {
        this.timestamp = timestamp;
    }

    public String getContent() {
        return content;
    }

    public void setContent(String content) {
        this.content = content;
    }

    public String toString() {
        Date date = new Date(timestamp);
        SimpleDateFormat sd = new SimpleDateFormat("yyyy-MM-dd HH:mm:ss");
        String datetime = sd.format(date);
        return "BlogText:[\n 发布用户：" + user_id + "\n 发布时间：" + datetime + "\n 博客内容：" +
content +"\n]";
    }
}
```

　　首先从 following 表中获取关注用户的 ID，使用 for 循环将其保存在表中。之后为每一个用户 ID 定义一个查询的 Get 对象，同样使用 for 循环将这些 Get 对象存入另一个表中。对 content 表调用 get( )方法进行查询，将查询结果存入 Result 数组中，最后将关注用户发布的博客内容转化为 BlogText 对象，使用 for 循环遍历输出，代码如下，部分返回结果如图 4-31 所示。

```java
import java.io.IOException;
import java.util.ArrayList;
import java.util.List;
import org.apache.hadoop.conf.Configuration;
import org.apache.hadoop.hbase.Cell;
import org.apache.hadoop.hbase.CellUtil;
import org.apache.hadoop.hbase.TableName;
import org.apache.hadoop.hbase.client.Connection;
import org.apache.hadoop.hbase.client.ConnectionFactory;
import org.apache.hadoop.hbase.client.Get;
import org.apache.hadoop.hbase.client.Result;
import org.apache.hadoop.hbase.client.Table;
import org.apache.hadoop.hbase.util.Bytes;
import util.BlogText;
import util.Utils;

public class getBlogText {
    private static Configuration conf;
    ##定义命名空间和表的名称
    private static final byte[] NS_BLOG = Bytes.toBytes("blog2");
    private static final byte[] TABLE_CONTENT = Bytes.toBytes("blog2:content");
    private static final byte[] TABLE_RELATIONSHIP = Bytes.toBytes("blog2:relationship");
```

```java
private static final byte[] TABLE_FOLLOWING = Bytes.toBytes("blog2:following");

public static void main(String[] args) throws IOException {
    conf = Utils.getConf();
    List<BlogText> blogs = getblog("中国青年报");
    for (BlogText blog : blogs) {
        System.out.println(blog.toString());
    }
}
public static List<BlogText> getblog(String user_id) throws IOException {
    ##连接数据库
    Connection conn = ConnectionFactory.createConnection(conf);
    ##连接following表
    Table followingTable = conn.getTable(TableName.valueOf(TABLE_FOLLOWING));
    List<byte[]> contentRowkey = new ArrayList<>();
    ##定义获取数据的Get对象
    Get get = new Get(Bytes.toBytes(user_id));
    get.addFamily(Bytes.toBytes("info"));
    get.setMaxVersions(45);
    ##获取关注用户发布的博客内容
    Result followingRowkey = followingTable.get(get);
    for (Cell cell : followingRowkey.rawCells()) {
        ##将关注用户发布的博客内容添加到表中
        contentRowkey.add(CellUtil.cloneValue(cell));
    }
    ##连接content表
    Table contentTable = conn.getTable(TableName.valueOf(TABLE_CONTENT));
    List<BlogText> blogTexts = new ArrayList<>();
    List<Get> contentRowkeygets = new ArrayList<>();
    for (byte[] rk : contentRowkey) {
        Get contentRowkeyget = new Get(rk);
        contentRowkeygets.add(contentRowkeyget);
    }
    Result[] results = contentTable.get(contentRowkeygets);
    for (Result result : results) {
        for (Cell c : result.rawCells()) {
            String Rowkey = Bytes.toString(CellUtil.cloneRow(c));
            String following = Rowkey.split("_")[0];
            long timestamp=c.getTimestamp();
            ##将关注用户发布的博客内容转化为 BlogText 对象
            BlogText blogtext = new BlogText();
            blogtext.setUser_id(following);
            blogtext.setTimestamp(timestamp);
            blogtext.setContent(Bytes.toString(CellUtil.cloneValue(c)));
            blogTexts.add(blogtext);
        }
    }
    System.out.println(user_id + "的博客主页");
    return blogTexts;
}
}
```

```
中国青年报的博客主页
BlogText:[
发布用户：captain龙
发布时间：2022-04-24 17:04:46
博客内容：乒乓大家庭收官再战，提前祝大家虎年快乐 虎虎生威
]
BlogText:[
发布用户：中国航天科技集团
发布时间：2022-04-24 17:04:50
博客内容：北京冬奥会火炬接力开始了，前三棒分别是第一棒：罗致焕，第一个获得冬季项目世界冠军的中国选手；第二棒：景海鹏，中国人民解放军航天员大队航天员；第三棒：叶培建，
]
BlogText:[
发布用户：中国航天科技集团
发布时间：2022-04-24 17:04:50
博客内容：航天科技集团是#北京冬奥会#开幕式重要保障单位，共承担了地面舞台（含旗杆设备）、威亚、火炬、冰立方（含五环）、指挥监控、通信系统、地面显示系统、冰瀑、指挥中心
]
```

图 4-31　部分返回结果

步骤 2　查询包含指定字符串的博客内容

使用 HBase Java API 提供的多重过滤器查询用户“奥林匹克运动会”发布的博客内容，且要求博客内容包含“冬奥”，代码如下，部分返回结果如图 4-32 所示。

```
import java.io.IOException;
import org.apache.hadoop.conf.Configuration;
import org.apache.hadoop.hbase.*;
import org.apache.hadoop.hbase.client.*;
import org.apache.hadoop.hbase.filter.*;
import org.apache.hadoop.hbase.util.Bytes;
import util.Utils;

public class useFilterList {
    ##定义命名空间和表的名称
    private static final byte[] NS_BLOG = Bytes.toBytes("blog2");
    private static final byte[] TABLE_CONTENT = Bytes.toBytes("blog2:content");
    private static final byte[] TABLE_RELATIONSHIP = Bytes.toBytes("blog2:relationship");
    private static final byte[] TABLE_FOLLOWING = Bytes.toBytes("blog2:following");
    private static Configuration conf;

    public static void main(String[] args) throws IOException {
        conf = Utils.getConf();
        ##进行全表查询
        scanData(TABLE_CONTENT);
    }

    private static void scanData(byte[] tName) throws IOException {
        Connection conn = ConnectionFactory.createConnection(conf);
        Admin admin = conn.getAdmin();
        TableName tableName = TableName.valueOf(tName);
        Table table = conn.getTable(tableName);
        ##查看数据
        System.out.println("-----RowFilter与SingleColumnValueFilter组合成FilterList-----");
        Scan scan1 = new Scan();
        FilterList filterList = new FilterList(FilterList.Operator.MUST_PASS_ALL);
        Filter filter1 = new RowFilter(
            CompareOperator.EQUAL, new BinaryPrefixComparator(Bytes.toBytes("奥林匹克运动会"))
        );
        Filter filter2 = new SingleColumnValueFilter(
```

```
                Bytes.toBytes("info"),
                Bytes.toBytes("content"),
                CompareOperator.EQUAL, new SubstringComparator("冬奥")
        );
        ##将过滤器加入到FilterList中
        filterList.addFilter(filter1);
        filterList.addFilter(filter2);
        scan1.setFilter(filterList);
        scan1.setMaxVersions(45);
        ResultScanner result2 = table.getScanner(scan1);
        Result rs2;
        while ((rs2 = result2.next()) != null) {
            for (Cell cell : rs2.rawCells()) {
                System.out.println(new String(CellUtil.cloneRow(cell)) + "\t"
                    + new String(CellUtil.cloneFamily(cell))
                    + ":"
                    + new String(CellUtil.cloneQualifier(cell)) + "\t" + "value="
                    + new String(CellUtil.cloneValue(cell))
                );
            }
        }
        ##关闭连接，释放资源
        admin.close();
        conn.close();
    }
}
```

```
-----RowFilter与SingleColumnValueFilter组合成FilterList-----
奥林匹克运动会_204038242   info:content    value=在@北京2022年冬奥会 上各个冰雪项目精彩纷呈。那么在这个雪季，你（打算）参加了哪些冰雪运动呢？
奥林匹克运动会_213610323   info:content    value=还有不到一小时，#北京冬奥会开幕式# 就将正式拉开帷幕！奥运圣火将又一次在北京燃起，你们是否也在热切期待呢？
奥林匹克运动会_230059185   info:content    value=【冬奥项目演变史】高山滑雪的进化-高山滑雪是冬奥会的标志性项目之一，男子和女子高山滑雪都于1936年在加米施-帕
奥林匹克运动会_337731599   info:content    value=短道速滑与速度滑冰比赛，这两项运动有哪些区别呢？今天是这项运动的首个比赛日，速度滑冰项目将先于短道速滑亮相
奥林匹克运动会_431234376   info:content    value=谢谢你们，把天赋尽情挥洒在北京冬奥赛场上！#颁奖仪式#
奥林匹克运动会_571831957   info:content    value=冬奥梦，北京圆，2022 鸿运当头！
奥林匹克运动会_680288364   info:content    value=冰上竞速赛的进化-早在13世纪，速度滑冰就出现在荷兰的运河上，并在1924年成为冬奥项目。之后，短道速滑也在19
奥林匹克运动会_696077620   info:content    value=君不见黄河之水天上来！翻涌的波涛，汇聚成冰品玉砌！曾经的冬奥城市渐渐浮现，这是奥林匹克的辉煌与传承！
奥林匹克运动会_755989377   info:content    value=冰壶的进化-冰壶运动被认为诞生在16世纪。1924年夏慕尼冬奥会上，冰壶就作为一项完整的奖牌项目出现了。一起期待
奥林匹克运动会_947047856   info:content    value=谁说雪车只能是团队运动？北京2022年冬奥会将首次推出女子单人雪车比赛，这是女性运动员独有的比赛项目。
奥林匹克运动会_965362299   info:content    value=如今，裁判宣雪已经是冬奥会开幕式的常见环节了。你知道，冬奥裁判宣誓环节在哪一届冬奥会上首次出现吗？
奥林匹克运动会_972022704   info:content    value=越野滑雪的进化-越野滑雪在1924年夏慕尼冬奥会时，就成为了正式的奖牌项目，是冬奥会上最艰苦的耐力项目之一。#
```

图 4-32　部分包含"冬奥"的博客内容

步骤 3　查询指定用户的粉丝

找出名称以"中国"开头的用户，查询指定用户的所有粉丝。要实现这一查询，同样需要使用多重过滤器，代码如下，部分返回结果如图 4-33 所示。

```
import java.io.IOException;
import org.apache.hadoop.conf.Configuration;
import org.apache.hadoop.hbase.*;
import org.apache.hadoop.hbase.client.*;
import org.apache.hadoop.hbase.filter.*;
import org.apache.hadoop.hbase.util.Bytes;
import util.Utils;

public class getUserFollower {
    ##定义命名空间和表的名称
    private static final byte[] NS_BLOG = Bytes.toBytes("blog2");
```

```java
private static final byte[] TABLE_CONTENT = Bytes.toBytes("blog2:content");
private static final byte[] TABLE_RELATIONSHIP = Bytes.toBytes("blog2:relationship");
private static final byte[] TABLE_FOLLOWING = Bytes.toBytes("blog2:following");
private static Configuration conf;

public static void main(String[] args) throws IOException {
    conf = Utils.getConf();
    ##进行全表查询
    scanData(TABLE_RELATIONSHIP);
}
private static void scanData(byte[] tName) throws IOException {
    Connection conn = ConnectionFactory.createConnection(conf);
    Admin admin = conn.getAdmin();
    TableName tableName = TableName.valueOf(tName);
    Table table = conn.getTable(tableName);
    ##查看数据
    System.out.println("-----RowFilter与SingleColumnValueFilter组合成FilterList-----");
    Scan scan1 = new Scan();
    FilterList filterList = new FilterList(FilterList.Operator.MUST_PASS_ALL);
    Filter filter1 = new RowFilter(
        CompareOperator.EQUAL, new RegexStringComparator("(^中国.*$)")
    );
    Filter filter2 = new FamilyFilter(
        CompareOperator.EQUAL, new BinaryComparator(Bytes.toBytes("followers"))
    );
    ##将过滤器加入FilterList中
    filterList.addFilter(filter1);
    filterList.addFilter(filter2);
    scan1.setFilter(filterList);
    scan1.setMaxVersions(45);
    ResultScanner result2 = table.getScanner(scan1);
    Result rs2;
    while ((rs2 = result2.next()) != null) {
        for (Cell cell : rs2.rawCells()) {
            System.out.println(new String(CellUtil.cloneRow(cell)) + "\t"
                + new String(CellUtil.cloneFamily(cell))
                + ":"
                + new String(CellUtil.cloneQualifier(cell)) + "\t" + "value="
                + new String(CellUtil.cloneValue(cell))
            );
        }
    }
    ##关闭连接，释放资源
    admIn.close();
    conn.close();
}
}
```

```
-----RowFilter与SingleColumnValueFilter组合成FilterList-----
中国日报网      followers:人须在事上磨      value=人须在事上磨
中国日报网      followers:光明日报      value=光明日报
中国航天科技集团    followers:IT互联网大佬      value=IT互联网大佬
中国航天科技集团    followers:中国日报网   value=中国日报网
中国航天科技集团    followers:中国青年报   value=中国青年报
中国航天科技集团    followers:人民日报   value=人民日报
中国航天科技集团    followers:仑灵之雨   value=仑灵之雨
中国航天科技集团    followers:光明日报   value=光明日报
中国航天科技集团    followers:全球IT科技君      value=全球IT科技君
中国航天科技集团    followers:博物杂志   value=博物杂志
中国航天科技集团    followers:奥林匹克运动会   value=奥林匹克运动会
中国航天科技集团    followers:科学探索   value=科学探索
中国青年报      followers:人民日报   value=人民日报
```

图 4-33　部分返回结果

任务实训

过滤查询订单
信息

实训内容：使用多重过滤器查询订单信息

1. 训练要点

（1）掌握使用 HBase Java API 实现高级查询的方法。
（2）掌握多重过滤器的使用方法。

2. 需求说明

近年来，随着互联网技术的高速发展，电子商务行业迅速崛起，走进了大众的视野。我国电子商务行业已形成了一套完整的产业体系，影响着人们生活的方方面面。

现基于表 4-9 中的部分订单数据，根据 sale 命名空间中的 salesinfo 表实现以下高级查询操作。

（1）查询 2022 年 3 月的订单信息。
（2）查询男性顾客购买智能手机的订单信息。

3. 实现思路和步骤

（1）使用 SingleColumnValueFilter 过滤器和 SubstringComparator 比较器查找数据。
（2）使用多重过滤器，筛选男性顾客以及 category_code 字段包含 smartphone 的订单信息。

任务 4　实现 MapReduce 与 HBase 表的集成

任务描述

HBase 的特点之一就是可以紧密地与 Hadoop 的 MapReduce 框架集成。在实际开发环境中，HBase 可作为数据源或目标库，结合 MapReduce 框架进行数据处理。本任务是编写

MapReduce 代码，将 content2.csv 文件中的数据导入 HBase 数据表中，并将 blog2 命名空间中的 content 表导出到 HDFS 中。

任务要求

1. 编写 MapReduce 代码，将博客内容数据从 HDFS 导入 HBase 表中。
2. 编写 MapReduce 代码，将博客内容数据从 HBase 表导出到 HDFS 中。

相关知识

通过 MapReduce
编程实现 HBase
表数据导入

4.4.1　Hadoop 集群运行 MapReduce 程序

1. 打包项目实例

要将 HBase 与 MapReduce 集成，需要将 MapReduce 程序打包生成 JAR 文件并上传到 master 虚拟机中，再调用 Hadoop 集群，具体步骤如下。

（1）在 IDEA 中单击左上角的"File"选项卡，选择"Project Structure"，如图 4-34 所示。

（2）在"Project Structure"界面中依次单击"Artifacts" → "JAR" → "From modules with dependencies"，新建项目，如图 4-35 所示。之后在"Create JAR from Modules"界面中选择主类（Main Class），完成后单击"OK"按钮即可创建 JAR 文件，如图 4-36 所示。

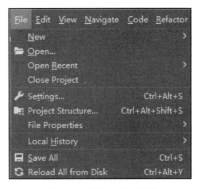

图 4-34　选择项目结构

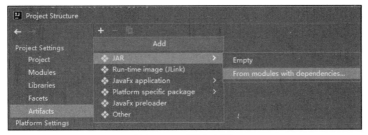

图 4-35　新建项目

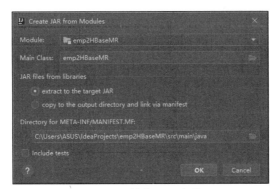

图 4-36　创建 JAR 文件

（3）在 IDEA 中单击"Build"选项卡，选择"Build Artifacts"，如图 4-37 所示。在跳出的界面中选择对应的 JAR 文件，单击 Action 选项中的"Build"，IDEA 会自动将项目打包生成 JAR 文件并保存至 artifacts 文件夹，如图 4-38 所示。

图 4-37　构建组件

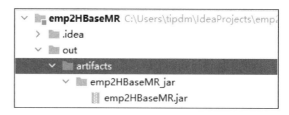

图 4-38　生成 JAR 文件

2.　上传并运行 MapReduce 程序

（1）使用 Xshell 提供的"新建文件传输"功能，将生成的 JAR 文件上传至 master 虚拟机中，如图 4-39 所示。

```
[root@master downloads2]# ll
total 110312
-rw-r--r--. 1 root root 112958178 Mar  7 23:08 emp2HBaseMR.jar
```

图 4-39　上传 JAR 文件

（2）使用 hadoop jar 命令运行 MapReduce 程序，语法格式如下。

```
hadoop jar 'JAR File' 'Main Class'
```

运行上传至虚拟机的 JAR 文件，代码如下。

```
hadoop jar /downloads2/emp2HBaseMR.jar emp2HBaseMR
```

如果在程序运行的输出日志中提示"Job XX completed successfully"，说明 MapReduce 程序执行成功，如图 4-40 所示。

```
2022-03-07 19:11:17.865 INFO mapreduce.Job: Job job_1646645552544_0001 completed successfully
```

图 4-40　MapReduce 程序执行成功的提示信息

4.4.2　将数据导入 Hbase 表中

1.　使用 HBase Java API

数据量较少（不超过 1 万条）时，该方法可以简单、快捷地将数据导入 HBase 表中。缺点是在写入大量数据时效率低下，原因在于该方法通过请求 RegionServer 写入数据，这期间数据会先写入 MemStore 缓存中，MemStore 缓存达到阈值后会生成 HFile 文件，HFile 文件过多时会合并 HFile 文件。如果 Region 过大，也会对表进行水平拆分。这些因素都会影响写入数据的效率。

2.　编写 MapReduce 程序

MapReduce 是 Hadoop 框架的重要组成部分，它遵循"分而治之"的原则，将数据拆分到分布式文件系统中的不同机器上，让服务器能尽快访问和处理数据，最终合并出全局结果。在实际开发环境中，HBase 可以作为数据源。此外，HBase 可以在 MapReduce 任务结束时接收数据，甚至在 MapReduce 任务过程中使用 HBase 来共享资源。这种方法的缺点是如果数据量过大，可能耗时较长或占用 HBase 集群资源。

3. 使用 HBase BulkLoad

使用 HBase Java API 或 MapReduce 导入数据时，如果数据量过大，会遇到导入数据耗时过长以及消耗较多资源的问题。为了解决此问题，可以改用 HBase BulkLoad 将海量数据批量写入 HBase 集群中。具体方法是先使用 HBase BulkLoad 将数据直接写入 HFile 文件中，写入完毕后再通知 HBase 加载已写入数据的 HFile 文件。与前两种方法相比，这种方法的效率更高且占用的 HBase 集群资源更少。

4.4.3　导出 HBase 表中的数据

在实际应用 HBase 的过程中，数据的导出是必不可少的。用户可以编写 MapReduce 程序，将数据从 HBase 表导出至 HDFS。具体步骤是先为 MapReduce 程序构建 JAR 组件，将 JAR 组件上传至虚拟机集群，同样使用 hadoop jar 命令运行 MapReduce 程序。例如，运行名为 HBase2HDFSV2 的 MapReduce 程序，代码如下。

```
hadoop jar /downloads2/HBase2HDFSV2.jar HBase2HDFSV2
```

完成后即可使用 HDFS 命令将输出的文件合并，同时转换为 CSV 文件保存至本地，代码如下。

```
Hdfs dfs -getmerge /hbase2hdfs/output/downloads/output.csv
```

任务实施

步骤 1　使用 MapReduce 将数据从 HDFS 导入 HBase 表中

在 HDFS 中创建 blog3 目录，将 content2.csv 文件上传至 blog3 目录下。在 HBase 中创建新的命名空间 blog3 以及 3 个数据表，之后编写 MapReduce 程序并构建 JAR 组件，提交到虚拟机集群中运行，运行命令如下。

```
hadoop jar /downloads/contentBulkload.jar HFileGenerator
```

HFileGenerator 类的代码如下。

```
import java.io.IOException;
import org.apache.hadoop.conf.Configuration;
import org.apache.hadoop.fs.FileSystem;
import org.apache.hadoop.fs.Path;
import org.apache.hadoop.hbase.HBaseConfiguration;
import org.apache.hadoop.hbase.HColumnDescriptor;
import org.apache.hadoop.hbase.HTableDescriptor;
import org.apache.hadoop.hbase.TableName;
import org.apache.hadoop.hbase.client.*;
import org.apache.hadoop.hbase.io.ImmutableBytesWritable;
import org.apache.hadoop.hbase.mapreduce.HFileOutputFormat2;
import org.apache.hadoop.hbase.mapreduce.LoadIncrementalHFiles;
```

```
import org.apache.hadoop.hbase.mapreduce.PutSortReducer;
import org.apache.hadoop.hbase.mapreduce.SimpleTotalOrderPartitioner;
import org.apache.hadoop.hbase.util.RegionSplitter.HexStringSplit;
import org.apache.hadoop.mapreduce.Job;
import org.apache.hadoop.mapreduce.lib.input.MultipleInputs;
import org.apache.hadoop.mapreduce.lib.input.TextInputFormat;
import org.apache.hadoop.mapreduce.lib.output.FileOutputFormat;
import org.apache.hadoop.hbase.mapreduce.ImportTsv;
import org.apache.log4j.Logger;

public class HFileGenerator {
    private static Logger logger = Logger.getLogger(HFileGenerator.class);

    public static void main(String[] args) {
        long startTime = System.currentTimeMillis();
        try {
            logger.info("set Conf......................");
            ##设置输入与输出路径
            String inputpath = "/blog3/";
            String outpath = "/blog3/output/";
            Configuration conf = HBaseConfiguration.create();
            conf.set("fs.defaultFS", "hdfs://master:8020");
            conf.set("hbase.master", "master:16010");
            conf.set("hbase.rootdir", "hdfs://master:8020/hbase");
            conf.set("hbase.zookeeper.quorum", "slave1,slave2,slave3");
            conf.set("hbase.zookeeper.property.clientPort", "2181");
            conf.addResource(new Path(args[0]));
            Connection conn = ConnectionFactory.createConnection(conf);
            Table t = conn.getTable(TableName.valueOf("blog3:content"));
            RegionLocator locator = conn.getRegionLocator(TableName.valueOf("blog3:content"));
            Admin admin = conn.getAdmin();
            FileSystem fs = FileSystem.get(conf);
            ##设置表名
            TableName tableName = TableName.valueOf("blog3:content");
            logger.info("create hbase table..................");
            createTable(teableName, conn);
            logger.info("set hadoop job......................");

            HTable hbaseTable = (HTable) conn.getTable(tableName);
            Job job = getHadoopJob(conf, outpath, hbaseTable, t, locator);

            logger.info("set multi inputs......................");
            setMultiInputs(inputpath, job);

            logger.info("remove outpath......................");
            removeOutPath(conf, outpath);

            logger.info("start hadoop job......................");
            if (job.waitForCompletion(true)) {
                ##HFile写入完毕后，将 HBase BulkLoad 加载到 HBase 表中
                logger.info("end hadoop job......................");
                logger.info("start hbase bulkload......................");
                LoadIncrementalHFiles loader = new LoadIncrementalHFiles(conf);
                loader.doBulkLoad(new Path(outpath), admin, t, locator);
                logger.info("end hbase bulkload......................");
```

```
        }

            long endTime = System.currentTimeMillis();
            logger.info("task   end,use time :" + (endTime - startTime) / 1000 + "s");

            System.exit(0);
        } catch (Exception e) {
            logger.info(e.getMessage());
        }
    }

    private static void setMultiInputs(String inputPath, Job job) {
        MultipleInputs.addInputPath(job, new Path(inputPath), TextInputFormat.class, HbaseMapper.class);
    }

    private static void removeOutPath(Configuration conf, String outpath) throws IOException {
        FileSystem fs = FileSystem.get(conf);
        Path outputDir = new Path(outpath);
        if (fs.exists(outputDir)) {
            fs.delete(outputDir, true);
        }
    }

    private static Job getHadoopJob(Configuration conf, String outpath, HTable table, Table t, RegionLocator
locator) throws IOException {
        Job job = Job.getInstance(conf);
        job.setJarByClass(HFileGenerator.class);
        job.setReducerClass(PutSortReducer.class);
        job.setMapOutputKeyClass(ImmutableBytesWritable.class);
        job.setMapOutputValueClass(Put.class);
        job.setPartitionerClass(SimpleTotalOrderPartitioner.class);
        FileOutputFormat.setOutputPath(job, new Path(outpath));
        HFileOutputFormat2.configureIncrementalLoad(job, t, locator);
        return job;
    }
}
```

HBaseMapper 类的代码如下。导入完成后，对命名空间 blog3 中的 content 表进行全表查询，部分返回结果如图 4-41 所示。

```
import org.apache.commons.lang.StringUtils;
import org.apache.hadoop.hbase.client.Put;
import org.apache.hadoop.hbase.io.ImmutableBytesWritable;
import org.apache.hadoop.hbase.util.Bytes;
import org.apache.hadoop.io.LongWritable;
import org.apache.hadoop.io.Text;
import org.apache.hadoop.mapreduce.Mapper;

import java.io.IOException;
import java.util.ArrayList;
import java.util.List;

public class HbaseMapper extends Mapper<LongWritable, Text, ImmutableBytesWritable, Put> {
    private String family;    ##列族
    private List<String> columns = new ArrayList<String>();    ##列
```

```
private ImmutableBytesWritable hkey = new ImmutableBytesWritable();

protected void setup(Context context) throws IOException, InterruptedException {
    super.setup(context);
    ##根据需要修改列族
    family = "info";
    columns.add("content");
}

public void map(LongWritable key, Text value, Context context) throws IOException, InterruptedException {
    String[] values = StringUtils.split(value.toString(), ",");
    ##生成随机数并添加至 RowKey 中，用于避免热点问题
    long salting = (long) ((Math.random() * 9 + 1) * 100000000);
    String Rowkey = values[0] + "_" + salting;
    byte[] r = Bytes.toBytes(Rowkey);
    byte[] f = Bytes.toBytes(family);
    Put put = new Put(r);
    hkey.set(r);
    for (int i = 0; i < columns.size(); i++) {
        String column = columns.get(i);
        put.addColumn(f, Bytes.toBytes(column), Bytes.toBytes(values[i + 1]));
    }
    context.write(hkey, put);
}
}
```

```
-----使用scan查看blog3:content表-----
IT互联网大佬_495666089      info:content    value=#520架无人机表白冬奥健儿#广州，520架无人机组成编队表演，为北京冬奥运动健儿加油助威。
IT互联网大佬_661985661      info:content    value=科技产品内心，不止一颗"芯"!#把旧家电玩明白了# 只要动动手，旧爱变新宠! 拆解旧物寻宝藏，这手艺，杠杠的!
IT互联网大佬_829122099      info:content    value=惊人的智能化技术，科技感太强了。
IT互联网大佬_831701111      info:content    value=#无人机比鸟蛋还轻#侦察无人机"蜂鸟"，起飞重量仅35克，便于携带和部署。可通过窗户、烟囱等狭小空间，进入建筑物内
IT互联网大佬_831767326      info:content    value=迈入计算机时代，电脑鼠标是我们常用的工具之一。那么你知道电脑鼠标的滚轮是如何工作的吗?
IT互联网大佬_898353332      info:content    value=#北京冬奥村泡茶机器人火出圈#继北京冬奥村的自动调酒机器人火了之后，能自动泡茶的机器人又吸引了一大波外国人。
IT科技圈大佬_519976933      info:content    value=#北京冬奥黑科技玩#冬奥的比赛已经能360度实时全景观看了? 听说这个功能是用的中国云技术实现的。
IT科技圈大佬_575367432      info:content    value=从太空看除夕夜的中国#中国空间站过境祖国上空，神舟十三号航天员从太空拍下灯火璀璨的神州大地，城市的灯光像火焰
IT科技圈大佬_605539014      info:content    value=冬奥志愿者胸牌里暗藏黑科技#它内部搭载的人工智能算法，可对胸牌的图文内容组合编辑，不仅用户可以随心设置胸牌，
IT科技圈大佬_914024923      info:content    value=巨型冰雪墩墩，天津科技大学的同学们在雪地里画出一个巨大的冰墩墩，为中国健儿加油!
captain龙_202513767 info:content    value=乒乓大家庭欢聚再战，提前祝大家虎年快乐 虎虎生威
captain龙_344688032 info:content    value=又一次伟大的运动盛宴，体育让大家相聚!
中国口报网_130738786 info:content    value=一群小朋友一起做了个红灯笼，当神奇雪花融进其中，红灯笼就变身成了雪容融。滑冰、冰壶、滑雪……雪容融玩得好开心! 还有9
```

图 4-41   部分返回结果

步骤 2　导出 HBase 表中的数据

编写 MapReduce 程序并构建 JAR 组件，提交到虚拟机集群中运行，将 HBase 表中的数据导出。content2HDFS 类的代码如下。

```
import java.net.URI;
import org.apache.hadoop.conf.Configuration;
import org.apache.hadoop.fs.FileSystem;
import org.apache.hadoop.fs.Path;
import org.apache.hadoop.hbase.HBaseConfiguration;
import org.apache.hadoop.hbase.client.Connection;
import org.apache.hadoop.hbase.client.ConnectionFactory;
import org.apache.hadoop.hbase.mapreduce.TableInputFormat;
import org.apache.hadoop.io.Text;
import org.apache.hadoop.mapreduce.Job;
import org.apache.hadoop.mapreduce.lib.output.FileOutputFormat;
```

```
public class content2HDFS {
    private static final String OUTPUT_PATH = "/content2hdfs/output/";
    public static void main(String[] args) throws Exception {
        Configuration conf = HBaseConfiguration.create();
        conf.set("fs.defaultFS", "hdfs://master:8020");
        conf.set("hbase.master", "master:16010");
        conf.set("hbase.rootdir", "hdfs://master:8020/hbase");
        conf.set("hbase.zookeeper.quorum", "slave1,slave2,slave3");
        conf.set("hbase.zookeeper.property.clientPort", "2181");
        conf.set("mapred.textoutputformat.separator", ",");
        conf.set(TableInputFormat.INPUT_TABLE, "blog2:content");
        Connection conn = ConnectionFactory.createConnection(conf);

        Job job = new Job(conf);
        job.setJarByClass(content2HDFS.class);
        job.setInputFormatClass(TableInputFormat.class);
        job.setMapperClass(content2HDFSMapper.class);
        job.setMapOutputKeyClass(Text.class);
        job.setMapOutputValueClass(Text.class);

        FileOutputFormat.setOutputPath(job, new Path(OUTPUT_PATH));

        FileSystem fs = FileSystem.get(new URI(OUTPUT_PATH), conf);
        if (fs.exists(new Path(OUTPUT_PATH))) {
            fs.delete(new Path(OUTPUT_PATH), true);
        }

        job.waitForCompletion(true);
    }
}
```

content2HDFSMapper 类的代码如下。

```
import java.io.IOException;
import org.apache.hadoop.hbase.client.Result;
import org.apache.hadoop.hbase.io.ImmutableBytesWritable;
import org.apache.hadoop.hbase.mapreduce.TableMapper;
import org.apache.hadoop.hbase.util.Bytes;
import org.apache.hadoop.io.Text;
import org.apache.hadoop.mapreduce.Mapper;

public class content2HDFSMapper extends TableMapper<Text, Text>{
    private Text value = new Text();
    protected void map(ImmutableBytesWritable key,
        Result result,
        Mapper<ImmutableBytesWritable, Result,Text,Text>.Context context) throws IOException ,
Interrupted Exception {
            byte[] tmp = key.get();
            String fullRowkey = Bytes.toString(tmp);
            String[] tempArray=fullRowkey.split("_");
            String user_id=tempArray[0];
            String content=new String(result.getValue(Bytes.toBytes("info"),Bytes.toBytes("content")));
            value.set(content);
            context.write(new Text(user_id), value);
        }
}
```

content2HDFSReducer 类的代码如下。

```
import java.io.IOException;
import org.apache.hadoop.io.LongWritable;
import org.apache.hadoop.io.Text;
import org.apache.hadoop.mapreduce.Reducer;

public class content2HDFSReducer extends Reducer<Text, LongWritable, Text, LongWritable> {
    protected void reduce(Text arg0,Iterable<LongWritable>arg1,Reducer<Text,LongWritable,Text,LongWritable
>.Context arg2)throws IOException,Interrupted Exception {
    }
}
```

将生成的 JAR 文件上传至 master 虚拟机中，并使用 hadoop jar 命令运行，代码如下。

```
hadoop jar/downloads/content2HDFS.jar content2HDFS
```

完成后即可使用 HDFS 命令将导出的文件合并，同时转换为 CSV 文件保存至本地并查看此文件，如图 4-42 所示。

```
[root@master ~]# hdfs dfs -getmerge /content2hdfs/output/   /downloads/contentOutput.csv

[root@master ~]# cat /downloads/contentOutput.csv
IT互联网大佬,科技产品内心，不止一颗 芯"！#把旧家电玩明白了# 只要动动手，旧爱变新宠！拆解旧物寻宝藏，这手艺，杠杠的！
IT互联网大佬，惊人的智能化技术，科技感太强了。
IT互联网大佬，#北京冬奥村泡澡机器人火出圈#继北京冬奥村的自动调酒机器人火了之后，能自动泡茶的机器人又吸引了一大波外国人
IT互联网大佬，#无人机比鸡蛋还轻#侦察无人机 蜂鸟"，起飞重量仅35克，便于携带和部署。可通过窗户、烟囱等狭小空间，进入建筑物内抵近侦察。
IT互联网大佬，#520架无人机表白冬奥健儿#广州，520架无人机组成编队表演，为北京冬奥运动健儿加油助威。
IT互联网大佬,迈入计算机时代，电脑鼠标是我们常用的工具之一。那么你知道电脑鼠标的滚轮是如何工作的吗？
IT科技圈大佬,#冬奥志愿者胸牌里暗藏黑科技#它内部搭载的人工智能算法，可对胸牌的图文内容组合编辑，不仅用户可以随心设置胸牌，数字胸牌还搭载了近距离无线通讯技术，从制卡到拿卡仅需要10秒，还能回收重复使用。
IT科技圈大佬,#从太空看除夕夜的中国#中国空间站过境祖国上空，神舟十三号航天员从太空拍下灯火璀璨的神州大地，城市的灯光像火焰一样，惊艳又壮观！
IT科技圈大佬,#北京冬奥黑科技玩#冬奥的比赛已经能360度实时全景观看了？听说这个功能是用的中国云技术实现的。
IT科技圈大佬,巨型冰墩墩，天津科技大学的同学们在雪地里画出一个巨大的冰墩墩，为中国健儿加油！
captain龙,乒乓大家庭收官再战，提前祝大家虎年快乐 虎虎生威
中国日报网,From small beginning come great things. 伟大始于渺小。
```

图 4-42　导出的文件

任务实训

导出订单表数据

实训内容：导出订单数据

1. 训练要点

（1）熟练掌握使用 MapReduce 程序导出数据的方法。

（2）熟练掌握项目的打包过程及任务提交操作。

2. 需求说明

编写 MapReduce 程序，提交到 Hadoop 集群中运行，将 sale 命名空间中的 salesinfo 表导出至 HDFS 的/sale 目录下。

3. 实现思路和步骤

（1）编写 saleDriver 类作为执行类，设置 HBase 连接的参数、数据输入和输出的路径以及数据类型。

（2）使用 Map 类读取 HBase 表的数据，从 RowKey 中拆分出 order_id，并且从结果中提取所需要的字段，写入 HDFS 中。

（3）打包项目实例并提交到虚拟机集群中运行。

项目总结

本项目首先介绍了在 Windows 中搭建 HBase 开发环境的方法，接着详细介绍了 HBase Java API 的使用方法，以及如何使用 MapReduce 与 HBase 集成进行数据的导入与导出；之后，结合博客内容和用户关系数据，实现博客数据库系统的创建与管理、表数据查询，以及表数据的导入与导出。

通过本项目的学习，读者可以对 HBase Java API 的使用有更深层次的理解，并综合实际需求提升对表数据的过滤、查询能力，掌握 HBase 表数据的导入与导出方法。

课后习题

1. 选择题

（1）下列有关 Admin 接口的表述中，正确的是（　　）。

A．Admin 接口用于管理 HBase 数据库的表消息

B．Admin 接口提供的方法可以实现表的创建与删除

C．tableExists( )方法可以确认表存在与否，返回数据的类型为 int

D．listTables( )方法可以列出所有表

（2）下列有关 HTableDescriptor 类的描述中，错误的是（　　）。

A．调用 HTableDescriptor 类的 modifyColumn( )方法可以修改列族

B．HTableDescriptor 类可用于定义表描述器

C．HTableDescriptor 类提供的方法可以增加、修改和删除列族

D．调用 HTableDescriptor 类的 setValue( )方法可以设置属性的值

（3）使用 HBase Java API 进行全表扫描时，下列代码书写正确的是（　　）。

A．table.getScanner(scan);　　　　　　B．table.scan(table);

C．table.get(table).scan( );　　　　　　D．table.Scanner(get);

（4）下列有关 Put 类的说法中，正确的是（　　）。

A．Put 类可用于对多行数据进行添加操作

B．实例化一个 Put 对象时，需要提供对应行的列族

C．使用 getRow( )方法可以获取 Put 实例的行

D．使用 add( )方法可以将指定的列和对应的值添加到 Put 实例中

（5）下列有关 Scan 类的描述中，错误的是（　　）。

A．Scan 类用于获取整个表的数据或指定区间的数据

B．使用 setFilter( )方法可以在执行扫描操作时设置服务器端的过滤器

C．使用 addFamily( )方法可以扫描全表数据

D．使用 addColumn( )方法可以获取指定列族和列修饰符对应的所有列

2．操作题

现有一份中国高校统计数据集（college_data.csv 文件），数据结构如表 4-11 所示。

表 4-11　college_data.csv 文件的数据结构

字段名称	字段说明
name	学校名称
site	学校地址
title	学校标题
type	学校类型
belong	学校归属
nature	学校属性
website	学校网址

请基于 college_data.csv 文件，完成以下操作。

（1）使用 HBase Java API 创建命名空间 college 和数据表 cdata。

（2）编写 MapReduce 程序将数据导入 cdata 表中。

（3）使用 HBase Java API 查询位于北京的本科高校。

项目 5　安装与配置 Hive 结构化数据仓库

1. 知识目标

（1）了解 Hive 与传统数据库的区别。
（2）了解 Hive 结构化数据仓库的系统框架。
（3）了解 Hive 结构化数据仓库的工作原理。
（4）掌握 MySQL 和 Hive 的安装方法。

2. 技能目标

（1）能在虚拟机上安装 MySQL。
（2）能成功安装和启动 Hive。
（3）能在 Hive 中执行 Linux Shell 命令。
（4）能在 Hive 中查询 HDFS 数据。

3. 素养目标

（1）提升灵活变通、举一反三的能力。
（2）理解合作共赢的观念。
（3）树立"实践是检验真理的唯一标准"的正确价值观。
（4）养成一步一个脚印、不急功近利的习惯。

　　Hadoop 的核心计算模型 MapReduce 可以轻松处理海量数据，但当用户真正使用 Hadoop 的 API 来实现算法时，有很多底层细节需要用户自行控制。MapReduce 编程仅适用于 Java 开发人员，对其他语言的使用者来说，即使了解 MapReduce 算法的思想，使用 MapReduce 编程也绝非易事。如果现有的基础架构基于传统关系型数据库和结构化查询语句（SQL），则用户需要快速将现有的数据基础架构转移至 Hadoop 上，这对大量相关从业者、SQL 用户、数据库管理员来说是有难度的。

　　本项目将详细讲解 Hive 的发展、系统架构、工作原理及安装过程，首先介绍 Hive 的起源与发展、与传统数据库的对比、系统架构、工作原理；其次介绍安装前的准备工作，并采用本地模式安装 Hive；最后介绍几种 Hive 与 Linux 的简单交互方式，在 Hive 中查询 HDFS 的数据。

任务 1　安装与配置 Hive

任务描述

Hive 提供了数据存储、查询和分析功能，但其本质与传统数据库并不一样，Hive 更适用于对数据仓库中的历史数据进行统计和分析。由于 Hive 与 SQL 的相似性，Hive 成为了 Hadoop 与其他 BI 工具结合的理想交集。要使用 Hive 对数据进行查询和统计，首先需要拥有一个可靠的 Hive 集群环境。因此，本任务是安装并配置 Hive 集群，为后续使用 Hive 进行项目实战提供可用的技术环境。

任务要求

1. 在 Linux 上安装 MySQL。
2. 下载 Hive 安装包，上传至 Linux 系统中并进行安装。
3. 修改 Hive 的配置文件。
4. 设置 Hive 的环境变量。
5. 初始化元数据库并启动 Hive。

相关知识

Hive 集群架构
介绍

5.1.1　Hive 的起源与发展

Hive 起源于美国 Meta 公司，是基于 Hadoop 的数据仓库工具，能够将结构化的数据文件映射为一张表，并提供简单的 Hive 查询语言（HQL）实现数据的查询和统计。

Hive 已经成为 Apache 的顶级项目之一。经过几次版本更新，Hive 的功能更加完善。从 Hive 1.0.0 版本开始，后续版本的 Hive 引入了 HiveServer2（HiveServer2 可以支持多客户端并发和身份认证），为开放 API 客户端提供了支持。与之前的版本相比，Hive 2.0 的语法更加完善，使用要求更加严格，并且越来越接近 ANSI SQL 标准，从 HiveServer2 中移除了 HMS（Hive MetaStore）连接。Hive 拓宽了 Hadoop 的可扩展性，使用户可以专注于查询本身，数据的提取、转化、加载更加简便。

5.1.2　Hive 与传统数据库的对比

Hive 在许多方面有别于传统数据库，也优于传统数据库。Hive 与传统数据库的对比说明如表 5-1 所示。

表 5-1　Hive 与传统数据库的对比说明

对比内容	**Hive**	传统数据库
查询语言	HQL	SQL
数据存储位置	HDFS	本地文件系统
索引	Hive 0.8 版本之后支持位图索引	支持复杂索引
执行引擎	MapReduce、Tez、Spark	自身的执行引擎
执行延迟	高	低
可扩展性	好	有限
处理的数据规模	大	小

（1）查询语言不同。SQL 语句被广泛应用在数据库中，因此开发人员针对 Hive 的特性设计了类 SQL 的查询语言 HQL。用户可以编写 HQL 语句，而 HQL 语句在 Hive 底层会被转化成 MapReduce 任务再执行。因此，非 Java 程序员也能方便地使用 MapReduce 处理海量数据，对数据进行挖掘和分析，熟悉 SQL 语句的开发者也可以方便地使用 Hive 进行开发。

（2）数据存储位置不同。Hive 是基于 Hadoop 构建的，因此 Hive 的数据存储在 HDFS 中，而传统数据库则将数据保存在块设备或本地文件系统中。

（3）索引不同。Hive 在加载数据的过程中不会对数据进行任何处理，甚至不会对数据进行扫描，因此也不会建立索引。Hive 0.8 版本之前没有索引，若要访问数据中满足条件的特定值，需要"暴力"扫描整个表的数据，因此延迟较高。而传统数据库通常会针对一个或多个列建立索引，因此在访问基于特定条件的少量数据时，传统数据库有很高的效率且延迟较低。

（4）执行引擎不同。Hive 中大多数查询语句的执行是通过 Hadoop 的 MapReduce 框架实现的，引入的 MapReduce 使 Hive 可以并行访问数据。因此，即使没有索引，Hive 仍然可以体现出自己的优势，而传统数据库通常有自身的执行引擎。

（5）执行延迟不同。Hive 在查询数据时延迟性高有两方面原因，一是因为没有索引，需要扫描整个表；二是因为 MapReduce 本身具有较高的延迟。当数据规模较小时，传统数据库的执行延迟较低，但是当数据规模大到超过传统数据库的处理能力时，Hive 的并行计算显然能体现出优势。

（6）可扩展性不同。Hive 是建立在 Hadoop 之上的，因此 Hive 的可扩展性和 Hadoop 的可扩展性是一致的。而传统数据库由于语义的严格限制，扩展能力非常有限。

（7）处理的数据规模不同。Hive 建立在 Hadoop 集群上，可以利用 MapReduce 进行并行计算，因此可以处理超大规模的数据。

5.1.3　Hive 的系统架构

Hive 是典型的客户端/服务器（Client/Server，C/S）模式，其底层执行引擎使用的是 Hadoop 的 MapReduce 框架。Hive 的系统架构如图 5-1 所示。

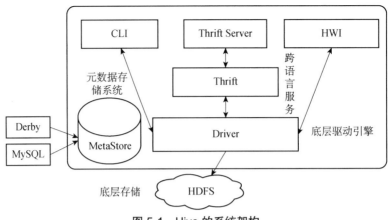

图 5-1 Hive 的系统架构

（1）用户接口层。用户接口层主要有 CLI（Command Line Interface）、Thrift Server、HWI（Hive Web Interface）。CLI 是较为常用的一种方式，CLI 启动时，会同时启动一个 Hive 副本。Client 是 Hive 的客户端，Hive 启动后，用户连接至 HiveServer。在启动 Client 模式时，需要指出 HiveServer 所在的节点，并且在该节点上启动 HiveServer。

（2）跨语言服务。Thrift 用于开发可扩展且跨语言的服务，Hive 集成了 Thrift 服务，能让不同的编程语言调用 Hive 的接口。

（3）元数据存储系统。Hive 将元数据存储在数据库中，例如 Derby、MySQL 等。Hive 中的元数据包括表的名称、列和分区及其属性、表的属性（是否为外部表等）、表数据所在目录等。元数据默认存储在 Hive 自带的 Derby 数据库中，但 Derby 数据库不适合多用户操作，并且数据存储目录不固定，不方便管理，因此通常将元数据存储在 MySQL 中。

（4）底层驱动引擎（Driver）。底层驱动引擎实现了将 HQL 语句转化为 MapReduce 任务的过程。Hive 的底层驱动引擎主要包括解释器、编译器、优化器和执行器，它们共同完成 HQL 查询语句的词法分析、语法分析、编译、优化等过程。

（5）底层存储。Hive 的数据存储在 HDFS 中。

5.1.4 Hive 的工作原理

Hive 是建立在 Hadoop 之上的，其工作原理就是将简单的 HQL 语句通过编译器（Compiler）驱动，最终转换成 MapReduce 任务，如图 5-2 所示。

基于 Hive 的工作原理，Hive 的整体工作流程如下。

（1）用户将查询操作等任务发送给 Driver 执行。

（2）Driver 借助编译器对查询语句进行解析，检查语句的语法、查询计划和查询需求。

（3）编译器将元数据请求发送给元数据库，根据用户任务获取需要的元数据信息。

（4）编译器获取元数据信息后，对任务进行编译并将 HQL 语句转换为抽象语法树，然后将抽象语法树转换成查询块，接着将查询块转化为逻辑查询计划，再将逻辑查询计划转化为物理计划（MapReduce），最后选择出最佳策略。

（5）编译器将最终的计划提交给 Driver。

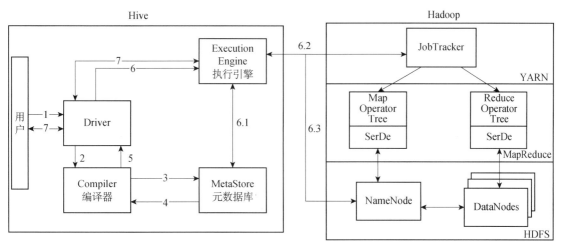

图 5-2　Hive 的工作原理

（6）Driver 将计划转交给执行引擎（Execution Engine），并获取元数据信息，提交给
Hadoop 的 YARN 框架，由 JobTracker 执行该任务。

（7）执行引擎获取 Hadoop 上的执行结果，并将执行结果发送给用户和 Driver。

5.1.5　安装前的准备工作

Hive 只是一个数据仓库工具，它的数据管理依赖于外部系统，其产生的数据储存在
metastore_db 文件所在的目录下。如果每次执行 Hive 指令的路径不同，则会在不同路径下生
成 metastore_db 文件，这样极不方便，而且会显得非常混杂。

在正式安装 Hive 前，需要考虑 Hadoop 的安装情况并提前确定 MySQL 和 Hive 的版
本，以及 MySQL 驱动包的版本，如表 5-2 所示。

表 5-2　安装前的准备工作

组件/软件	版本	安装包	备注说明
MySQL	8.0	mysql-community-server.x86_64	安装在 master 节点上
MySQL 驱动包		mysql-connector-Java-8.0.20.jar	Hive 元数据将保存在 MySQL 中
Hive	3.1.2	apache-hive-3.1.2-bin.tar.gz	安装在 master 节点上

任务实施

步骤 1　在 Linux 系统中安装 MySQL

搭建 Hive 集群
之安装 MySQL

Hive 客户端有三种安装模式：内嵌模式、本地模式和远程模式。内嵌模式是指元数据保
存在内嵌的 Derby 中，只允许一个会话连接；本地模式是指在本地安装 MySQL，将元数据
保存到 MySQL 中；远程模式是指将元数据保存在远程的 MySQL 中。不同模式适用于不同
的场景，应结合具体问题分析，在多种解决方案中评估出适用的方案。

下面以本地模式为例，在安装 Hive 之前先安装 MySQL。

1．下载 MySQL 的 yum 源

（1）在使用 yum 插件前，需要重新挂载 yum 源，代码如下，挂载成功的提示信息如图 5-3 所示。

mount /dev/sr0 /media

```
[root@master ~]# mount /dev/sr0 /media
mount: /dev/sr0 is write-protected, mounting read-only
```

图 5-3　yum 源挂载成功的提示信息

wget 是一个自动下载文件的工具，用于通过指定的 URL 下载文件。wget 的体积小但功能完善，支持断点下载，同时支持 FTP、HTTP、HTTPS 三种下载方式，支持代理服务器，具有下载稳定、带宽适应性强等特点。下载 wget 的代码如下，下载成功的提示信息如图 5-4 所示。

yum -y install wget

```
[root@master ~]# mount /dev/sr0 /media
mount: /dev/sr0 is write-protected, mounting read-only
[root@master ~]# yum -y install wget
Loaded plugins: fastestmirror
Loading mirror speeds from cached hostfile
c7-media                                                              | 3.6 kB  00:00:00
Resolving Dependencies
--> Running transaction check
---> Package wget.x86_64 0:1.14-18.el7_6.1 will be installed
--> Finished Dependency Resolution

Dependencies Resolved

================================================================================
 Package           Arch            Version                 Repository       Size
================================================================================
Installing:
 wget              x86_64          1.14-18.el7_6.1         c7-media         547 k

Transaction Summary
================================================================================
Install  1 Package

Total download size: 547 k
Installed size: 2.0 M
Downloading packages:
Running transaction check
Running transaction test
Transaction test succeeded
Running transaction
  Installing : wget-1.14-18.el7_6.1.x86_64                                   1/1
  Verifying  : wget-1.14-18.el7_6.1.x86_64                                   1/1

Installed:
  wget.x86_64 0:1.14-18.el7_6.1

Complete!
```

图 5-4　wget 下载成功的提示信息

（2）使用 wget 命令下载 MySQL 8.0 版本的 yum 源文件，代码如下。

wget https://repo.mysql.com/mysql80-community-release-el7-3.noarch.rpm

若出现图 5-5 所示的提示信息，则表示 MySQL 的 yum 源文件下载成功。

```
[root@master ~]# wget https://repo.mysql.com//mysql80-community-release-el7-3.noarch.rpm
--2022-02-11 22:15:17--  https://repo.mysql.com//mysql80-community-release-el7-3.noarch.rpm
Resolving repo.mysql.com (repo.mysql.com)... 2.21.141.213
Connecting to repo.mysql.com (repo.mysql.com)|2.21.141.213|:443... connected.
HTTP request sent, awaiting response... 200 OK
Length: 26024 (25K) [application/x-redhat-package-manager]
Saving to: ' mysql80-community-release-el7-3.noarch.rpm'

100%[===========================================================>] 26,024      148KB/s   in 0.2s

2022-02-11 22:15:18 (148 KB/s) - ' mysql80-community-release-el7-3.noarch.rpm' saved [26024/26024]
```

图 5-5　MySQL 的 yum 源文件下载成功的提示信息

2．使用 yum 下载并安装 MySQL

（1）使用 yum 下载对应版本的 RPM 包，代码如下。

```
yum localinstall mysql80-community-release-el7-3.noarch.rpm
```

若出现图 5-6 所示的提示信息，则表示 MySQL 的 RPM 包下载成功。

```
[root@master ~]# yum localinstall mysql80-community-release-el7-3.noarch.rpm
Loaded plugins: fastestmirror
Examining mysql80-community-release-el7-3.noarch.rpm: mysql80-community-release-el7-3.noarch
Marking mysql80-community-release-el7-3.noarch.rpm to be installed
Resolving Dependencies
--> Running transaction check
---> Package mysql80-community-release.noarch 0:el7-3 will be installed
--> Finished Dependency Resolution

Dependencies Resolved

================================================================================
 Package                    Arch      Version    Repository                          Size
================================================================================
Installing:
 mysql80-community-release  noarch    el7-3      /mysql80-community-release-el7-3.noarch   31 k

Transaction Summary
================================================================================
Install  1 Package

Total size: 31 k
Installed size: 31 k
Is this ok [y/d/N]: y
Downloading packages:
Running transaction check
Running transaction test
Transaction test succeeded
Running transaction
  Installing : mysql80-community-release-el7-3.noarch                          1/1
  Verifying  : mysql80-community-release-el7-3.noarch                          1/1

Installed:
  mysql80-community-release.noarch 0:el7-3

Complete!
```

图 5-6　RPM 包下载成功的提示信息

（2）检测是否已经存在 mysql-community-server.x86_64 安装包，代码如下。如果已经存在，则会出现图 5-7 所示的提示信息。

```
yum search mysql
```

（3）使用 rpm 命令在本地安装 community 组件，代码如下，安装成功的提示信息如图 5-8 所示。

```
rpm -ivh ./mysql80-community-release-el7-3.noarch.rpm
```

```
qt-mysql.x86_64 : MySQL driver for Qt's SQL classes
qt3-MySQL.x86_64 : MySQL drivers for Qt 3's SQL classes
qt5-qtbase-mysql.x86_64 : MySQL driver for Qt5's SQL classes
rsyslog-mysql.x86_64 : MySQL support for rsyslog
mariadb.x86_64 : A community developed branch of MySQL
mariadb-devel.x86_64 : Files for development of MariaDB/MySQL applications
mariadb-libs.x86_64 : The shared libraries required for MariaDB/MySQL clients
mysql-community-server.x86_64 : A very fast and reliable SQL database server

  Name and summary matches only, use "search all" for everything.
```

图 5-7   mysql-community-server.x86_64 安装包已存在的提示信息

```
[root@master ~]# rpm -ivh ./mysql80-community-release-el7-3.noarch.rpm
warning: ./mysql80-community-release-el7-3.noarch.rpm: Header V3 DSA/SHA1 Signature, key ID 5072e1f5: NOKEY
Preparing...                          ################################# [100%]
        package mysql80-community-release-el7-3.noarch is already installed
```

图 5-8   community 组件安装成功的提示信息

（4）使用 yum 下载 mysql-community-server.x86_64 安装包，代码如下，下载成功的提示信息如图 5-9 所示。

```
yum -y install mysql-community-server --nogpgcheck
```

```
Installed:
  mysql-community-libs.x86_64 0:8.0.28-1.el7          mysql-community-libs-compat.x86_64 0:8.0.28-1.
  mysql-community-server.x86_64 0:8.0.28-1.el7

Dependency Installed:
  mysql-community-client.x86_64 0:8.0.28-1.el7        mysql-community-client-plugins.x86_64 0:8.0.28-
  mysql-community-common.x86_64 0:8.0.28-1.el7        mysql-community-icu-data-files.x86_64 0:8.0.28-
  net-tools.x86_64 0:2.0-0.25.20131004git.el7

Replaced:
  mariadb-libs.x86_64 1:5.5.65-1.el7

Complete!
```

图 5-9   mysql-community-server.x86_64 安装包下载成功的提示信息

3. 修改 MySQL 的初始密码

（1）查询初始密码的代码如下，查询结果如图 5-10 所示。

```
sudo service mysqld start
sudo service mysqld status
sudo grep 'temporary password' /var/log/mysqld.log
```

```
[root@master ~]# sudo service mysqld start
Redirecting to /bin/systemctl start mysqld.service
[root@master ~]# sudo service mysqld status
Redirecting to /bin/systemctl status mysqld.service
● mysqld.service - MySQL Server
   Loaded: loaded (/usr/lib/systemd/system/mysqld.service; enabled; vendor preset: disabled)
   Active: active (running) since Fri 2022-02-11 23:36:33 CST; 8min ago
     Docs: man:mysqld(8)
           http://dev.mysql.com/doc/refman/en/using-systemd.html
  Process: 13939 ExecStartPre=/usr/bin/mysqld_pre_systemd (code=exited, status=0/SUCCESS)
 Main PID: 14014 (mysqld)
   Status: "Server is operational"
   CGroup: /system.slice/mysqld.service
           └─14014 /usr/sbin/mysqld

Feb 11 23:36:26 master systemd[1]: Starting MySQL Server...
Feb 11 23:36:33 master systemd[1]: Started MySQL Server.
[root@master ~]# sudo grep 'temporary password' /var/log/mysqld.log
2022-02-11T15:36:29.696958Z 6 [Note] [MY-010454] [Server] A temporary password is generated for root@
localhost: qtG5XhijgC*S
[root@master ~]#
```

图 5-10   MySQL 的初始密码

（2）通过初始密码登录 MySQL 数据库的代码如下，登录成功的提示信息如图 5-11 所示。

```
mysql -u root -p
```

```
[root@master ~]# mysql -u root -p
Enter password:
Welcome to the MySQL monitor.  Commands end with ; or \g.
Your MySQL connection id is 9
Server version: 8.0.28

Copyright (c) 2000, 2022, Oracle and/or its affiliates.

Oracle is a registered trademark of Oracle Corporation and/or its
affiliates. Other names may be trademarks of their respective
owners.

Type 'help;' or '\h' for help. Type '\c' to clear the current input statement.

mysql>
```

图 5-11   登录成功的提示信息

（3）MySQL 初始化后的 root 用户以及新创建的用户初次登录后需要修改密码。自定义密码"123456"不符合 MySQL 的密码规则，需要修改密码规则，代码如下。

```
--把密码改为复杂程度与规则一致的新密码
alter user 'root'@'localhost' identified by '@Root_123456';
--修改密码规则
set global validate_password.policy=0;
set global validate_password.length=1;
--把密码改为"123456"
alter user 'root'@'localhost' identified by '123456';
```

4. 授权远程连接

默认的 MySQL 账号不允许远程登录，授权远程连接的方法为：登录 MySQL 后更改 user 表中的"host"项，将"localhost"改成"%"（表示任意 IP），最后刷新权限即可，代码如下，运行结果如图 5-12 所示。

```
use mysql;
--授权用户权限
update user set host = '%' where user = 'root';
select host, user from user;
--刷新权限
FLUSH PRIVILEGES;
```

```
mysql> use mysql;
Reading table information for completion of table and column names
You can turn off this feature to get a quicker startup with -A

Database changed
mysql> update user set host = '%' where user = 'root';
Query OK, 1 row affected (0.00 sec)
Rows matched: 1  Changed: 1  Warnings: 0

mysql> select host, user from user;
+-----------+------------------+
| host      | user             |
+-----------+------------------+
| %         | root             |
| localhost | mysql.infoschema |
| localhost | mysql.session    |
| localhost | mysql.sys        |
+-----------+------------------+
4 rows in set (0.00 sec)

mysql> FLUSH PRIVILEGES
    -> ;
Query OK, 0 rows affected (0.00 sec)
```

图 5-12   授权远程连接的结果

步骤 2　下载和安装 Hive

搭建 Hive 集群
之安装部署 Hive

在 Hive 官网下载 Hive 安装包。将安装包 apache-hive-3.1.2-bin.tar.gz 和 MySQL 驱动包 mysql-connector-Java-8.0.20.jar 上传到/opt 目录下。

解压安装包并保存到/usr/local 目录下，将安装目录重命名为"hive"，代码如下。

```
cd /opt/
tar -zxf apache-hive-3.1.2-bin.tar.gz -C /usr/local/
mv /usr/local/apache-hive-3.1.2-bin/ /usr/local/hive
```

步骤 3　修改 Hive 配置文件

（1）进入 Hive 安装目录的/conf 目录下，将 hive-env.sh.template 重命名为 hive-env.sh，修改 hive-env.sh 文件。之后按下 Esc 键，输入":wq"保存并退出，代码如下。

```
--进入 /conf 目录下
cd /usr/local/hive/conf/
--重命名文件
mv hive-env.sh.template hive-env.sh
--修改 hive-env.sh 文件
vim hive-env.sh
--修改文件，添加以下内容
export HADOOP_HOME=/usr/local/hadoop-3.1.4
```

（2）将 hive-site.xml 配置文件上传到/usr/local/hive/conf 目录下。hive-site.xml 配置文件设置了 Hive 任务的 HDFS 根目录位置，配置文件的详细内容如下。

```xml
<?xml version="1.0"?>
<?xml-stylesheet type="text/xsl" href="configuration.xsl"?>
<configuration>
    <property>
        <name>hive.exec.scratchdir</name>
        <value>hdfs://master:8020/user/hive/tmp</value>
    </property>
    <property>
        <name>hive.metastore.warehouse.dir</name>
        <value>hdfs://master:8020/user/hive/warehouse</value>
    </property>
    <property>
        <name>hive.querylog.location</name>
        <value>hdfs://master:8020/user/hive/log</value>
    </property>
    <property>
        <name>hive.metastore.uris</name>
        <value>thrift://master:9083</value>
    </property>
    <property>
        <name>Javax.jdo.option.ConnectionURL</name>
        <value>jdbc:mysql://master:3306/hive?createDatabaseIfNotExist=true&amp;characterEncoding=UTF-8&amp;useSSL=false&amp;allowPublicKeyRetrieval=true</ value>
    </property>
        <property>
```

```
            <name>Javax.jdo.option.ConnectionDriverName</name>
            <value>com.mysql.cj.jdbc.Driver</value>
</property>
    <property>
            <name>Javax.jdo.option.ConnectionUserName</name>
            <value>root</value>
</property>
    <property>
            <name>Javax.jdo.option.ConnectionPassword</name>
            <value>123456</value>
</property>
    <property>
            <name>hive.metastore.schema.verification</name>
            <value>false</value>
</property>
<property>
            <name>datanucleus.schema.autoCreateAll</name>
            <value>true</value>
</property>
</configuration>
```

（3）将 MySQL 驱动包复制到 Hive 的/lib 目录下，代码如下。

```
cp /opt/mysql-connector-Java-8.0.20.jar/usr/local/hive/lib/
```

（4）将 Hadoop 的 Guava 包复制到 Hive 的/lib 目录下，再将/lib 目录下版本较低的 Guava 包删除。如果 Hive 中的 Guava 包不一致，启动 Hive 时会报错，因此要将版本较低的包删除，代码如下。

```
rm -rf /usr/local/hive/lib/guava-14.0.1.jar
rm -rf /usr/local/hive/lib/guava-19.0.jar
cp /usr/local/hadoop-3.1.4/share/hadoop/common/lib/guava-27.0-jre.jar/usr/ local/hive/lib/
```

步骤 4　设置环境变量

在/etc/profile 文件末尾添加 Hive 的环境变量，代码如下。保存并退出后，运行"source /etc/profile"命令使环境变量生效。

```
vim /etc/profile
--添加 Hive 的环境变量
export HIVE_HOME=/usr/local/hive
export PATH=$HIVE_HOME/bin:$PATH
```

步骤 5　初始化元数据库并启动 Hive

（1）第一次启动 Hive 前，需要进入 Hive 的/bin 目录下初始化元数据库，代码如下。

```
--进入 hive 的/bin 目录下
cd /usr/local/hive/bin
--初始化元数据库
schematool -dbType mysql -initSchema
```

如果运行结果显示"completed"，表示初始化成功，如图 5-13 所示。

```
Initialization script completed
schemaTool completed
```

图 5-13　初始化成功的提示信息

（2）启动 Hive。启动之前需要先启动 Hadoop 集群，然后启动元数据服务和 Hive，代码如下，成功启动 Hive 的提示信息如图 5-14 所示。

```
cd /usr/local/hadoop-3.1.4/sbin/
./start-all.sh
service metastore & /usr/local/hive/bin/hive
```

```
[root@master bin]# hive --service metastore &  /usr/local/hive/bin/hive
[1] 11067
2022-02-14 19:49:09: Starting Hive Metastore Server
SLF4J: Class path contains multiple SLF4J bindings.
SLF4J: Found binding in [jar:file:/usr/local/hive/lib/log4j-slf4j-impl-2.10.0.jar!/org/slf4j/impl/Sta
ticLoggerBinder.class]
SLF4J: Found binding in [jar:file:/usr/local/hadoop-3.1.4/share/hadoop/common/lib/slf4j-log4j12-1.7.2
5.jar!/org/slf4j/impl/StaticLoggerBinder.class]
SLF4J: See http://www.slf4j.org/codes.html#multiple_bindings for an explanation.
SLF4J: Actual binding is of type [org.apache.logging.slf4j.Log4jLoggerFactory]
SLF4J: Class path contains multiple SLF4J bindings.
SLF4J: Found binding in [jar:file:/usr/local/hive/lib/log4j-slf4j-impl-2.10.0.jar!/org/slf4j/impl/Sta
ticLoggerBinder.class]
SLF4J: Found binding in [jar:file:/usr/local/hadoop-3.1.4/share/hadoop/common/lib/slf4j-log4j12-1.7.2
5.jar!/org/slf4j/impl/StaticLoggerBinder.class]
SLF4J: See http://www.slf4j.org/codes.html#multiple_bindings for an explanation.
SLF4J: Actual binding is of type [org.apache.logging.slf4j.Log4jLoggerFactory]
Hive Session ID = 00ed51da-9b13-41dd-8aa0-cf99e9af8fb0

Logging initialized using configuration in jar:file:/usr/local/hive/lib/hive-common-3.1.2.jar!/hive-l
og4j2.properties Async: true
Hive-on-MR is deprecated in Hive 2 and may not be available in the future versions. Consider using a
different execution engine (i.e. spark, tez) or using Hive 1.X releases.
Hive Session ID = cb72e588-5694-45bf-9fa4-a176ce9595dd
```

图 5-14　成功启动 Hive 的提示信息

任务实训

实训内容：安装与部署 Hive（内嵌模式和远程模式）

1．训练要点

（1）掌握在 Linux 环境下安装 MySQL 的方法。
（2）掌握在 Linux 环境下使用内嵌模式安装 Hive 的方法。
（3）掌握在 Linux 环境下使用远程模式安装 Hive 的方法。

2．需求说明

除了常用的本地模式，读者还需要掌握另外两种安装方式，即内嵌模式和远程模式。内嵌模式是三种安装方式中最简单的，多用于开发和测试。远程模式用于在非 Java 客户端访问元数据库、在服务器端启动 MetaStore Server、在客户端利用 Thrift 协议通过 MetaStore Server 访问元数据库。

3．实现思路及步骤

使用内嵌模式安装 Hive 的步骤如下。
（1）将 Hive 安装包上传至虚拟机。

内嵌模式的 Hive
安装与部署

（2）修改 Hive 配置文件，配置 Hive 环境变量。

（3）初始化 MetaStore。

（4）进入 Hive，验证是否安装成功。

使用远程模式安装 Hive 的步骤如下。

（1）在 master 节点上安装并配置 MySQL。

（2）分别在 slave1、slave2 节点上安装 Hive 并修改 Hive 配置文件。

（3）配置 Hive 环境变量，初始化 MetaStore。

（4）进入 Hive，验证是否安装成功。

远程模式的 Hive
安装与部署

任务 2　在 Hive CLI 界面执行 Shell 命令和 dfs 命令

任务描述

用户不退出 Hive，在 Hive CLI 界面也可以执行 Linux Shell 命令和 Hadoop dfs 命令，在 Linux 中也可以执行 Hive 的脚本文件，实现建表、查询等任务。

任务要求

1. 启动并进入 Hive。

2. 将数据文件上传至 HDFS。

3. 在 Hive 中查询 HDFS 中的数据。

相关知识

5.2.1　在文件中执行 Hive 查询

现有一份顾客对上海餐饮店的点评数据文件，restaurant.csv 表记录了不同类别的餐饮店在口味、环境、服务等方面的评分，其字段说明如表 5-3 所示。将此表导入 Hive 中，在文件中执行 Hive 语句，对此表进行简单查询。

表 5-3　restaurant.csv 表的字段说明

字段名称	字段说明	字段名称	字段说明
classes	餐饮店的类别	environment	环境评分
region	餐饮店所在区域	service	服务评分
comments	点评人数	consumption	人均消费额
taste	口味评分	city	餐饮店所在城市

启动 Hadoop 集群和元数据服务（否则会报错，导致 Hive 无法使用），代码如下。

```
cd /usr/local/hadoop-3.1.4/sbin/
```

```
./start-all.sh
service metastore &
```

执行 Hive 查询之前，先将 restaurant.csv 表的数据导入 Linux 系统中。采用脚本建表的方法，在 Windows 系统中创建一个文本文档，将其命名为 restaurant.hql，代码如下。

```
create database test;
use test;
create table if not exists restaurants(
classes string,
region string,
comments int,
taste float,
environment float,
service float,
consumption int,
city string
)
row format delimited fields terminated by ",";
```

将 restaurant.hql 脚本文件上传至 Linux 主节点的/opt 目录下，使用 "hive -f" 命令执行脚本，代码如下。如果出现图 5-15 所示的提示信息，说明建表成功。

```
hive -f /opt/restaurant.hql
```

```
[root@master sbin]# hive -f /opt/restaurant.hql
SLF4J: Class path contains multiple SLF4J bindings.
SLF4J: Found binding in [jar:file:/usr/local/hive/lib/log4j-slf4j-impl-2.10.0.jar!/org/slf4j/impl/Sta
ticLoggerBinder.class]
SLF4J: Found binding in [jar:file:/usr/local/hadoop-3.1.4/share/hadoop/common/lib/slf4j-log4j12-1.7.2
5.jar!/org/slf4j/impl/StaticLoggerBinder.class]
SLF4J: See http://www.slf4j.org/codes.html#multiple_bindings for an explanation.
SLF4J: Actual binding is of type [org.apache.logging.slf4j.Log4jLoggerFactory]
Hive Session ID = 1fd13b2e-97c0-4caf-b766-cd66ecfa6364

Logging initialized using configuration in jar:file:/usr/local/hive/lib/hive-common-3.1.2.jar!/hive-l
og4j2.properties Async: true
Hive Session ID = bbd2d5b9-3b21-4471-a231-93c9a0d0216d
OK
Time taken: 0.781 seconds
OK
Time taken: 2.103 seconds
```

图 5-15　建表成功的提示信息

把 restaurant.csv 表上传至 Linux 主节点的/opt 目录下，进入 Hive 中导入数据。由于已经设置了 Hive 的环境变量，所以在任意目录下输入 "hive" 并按下回车键即可启动 Hive。在 Hive CLI 界面中写入的代码如下，注意不能省略 local 关键字，其表示在本地文件系统路径下，数据会被复制到目标位置。如果省略 local 关键字，则这个路径是 HDFS 中的路径。成功导入数据的提示信息如图 5-16 所示。

```
use test;
load data local inpath '/opt/restaurant.csv' overwrite into table restaurants;
```

```
hive> load data local inpath '/opt/restaurant.csv' overwrite into table restaurants;
Loading data to table test.restaurants
OK
Time taken: 0.886 seconds
```

图 5-16　成功导入数据的提示信息

成功导入数据后，输入 "quit;" 即可退出 Hive。在 Linux 系统中使用 "hive -f 文件名"

的方式执行 Hive 查询，代码如下，查询结果如图 5-17 所示。

```
hive -f /opt/hive_test1.hql
use test;
select * from restaurants order by comments desc limit 20;
```

```
2022-02-22 23:22:12,876 Stage-1 map = 0%,  reduce = 0%
2022-02-22 23:22:20,111 Stage-1 map = 100%,  reduce = 0%, Cumulative CPU 1.76 sec
2022-02-22 23:22:26,271 Stage-1 map = 100%,  reduce = 100%, Cumulative CPU 3.07 sec
MapReduce Total cumulative CPU time: 3 seconds 70 msec
Ended Job = job_1645539941866_0007
MapReduce Jobs Launched:
Stage-Stage-1: Map: 1  Reduce: 1   Cumulative CPU: 3.07 sec    HDFS Read: 4383947 HDFS Write: 1814 SUC
CESS
Total MapReduce CPU Time Spent: 3 seconds 70 msec
OK
川菜      黄浦区 38643    7.4     6.6     6.4     67      上海市
川菜      黄浦区 38643    7.4     6.6     6.4     67      上海市
火锅      浦东新区       35708   8.3     8.0     8.2     118         上海市
火锅      浦东新区       35708   8.3     8.0     8.2     118         上海市
快餐      黄浦区 33183    7.9     7.4     7.5     49      上海市
火锅      虹口区 33146    8.7     8.6     8.6     123     上海市
火锅      虹口区 33146    8.7     8.6     8.6     123     上海市
浙菜      长宁区 32881    8.5     8.9     8.3     82      上海市
浙菜      长宁区 32881    8.5     8.9     8.3     82      上海市
疆菜      杨浦区 30859    8.8     8.5     8.4     91      上海市
疆菜      杨浦区 30859    8.8     8.5     8.4     91      上海市
火锅      黄浦区 27893    9.0     8.3     8.8     144     上海市
火锅      黄浦区 27893    9.0     8.3     8.8     144     上海市
南菜      黄浦区 27861    8.4     8.8     8.6     95      上海市
南菜      黄浦区 27861    8.4     8.8     8.6     95      上海市
海鲜      虹口区 27604    8.6     8.5     8.4     112     上海市
海鲜      虹口区 27604    8.6     8.5     8.4     112     上海市
火锅      卢湾区 27043    9.1     8.7     8.9     135     上海市
火锅      徐汇区 26820    7.7     6.9     7.2     88      上海市
疆菜      浦东新区       26159   9.0     8.7     8.6     93          上海市
Time taken: 27.152 seconds, Fetched: 20 row(s)
```

图 5-17　查询结果

5.2.2　在 Hive 中执行 Linux Shell 命令

　　用户可以在 Linux 中使用"hive -f"命令实现 Hive 查询，也可以在 Hive CLI 界面执行简单的 Linux Shell 命令，只要在命令前加上"!"，并以";"结尾即可。Linux Shell 命令不包括需要用户输入的交互式命令，不支持 Shell 的"管道"功能和"Tab"键的自动补全功能。

　　（1）pwd 命令用于显示当前工作目录，可得知当前工作目录的绝对路径名称，代码如下，pwd 命令的查询结果如图 5-18 所示。

```
! pwd;
```

```
hive> ! pwd;
/usr/local/hadoop-3.1.4/sbin
```

图 5-18　pwd 命令的查询结果

　　（2）echo 命令用于输出字符串，代码如下，在 Hive 中输出字符串的结果如图 5-19 所示。

```
! echo "hello world";
```

```
hive> ! echo "hello world";
"hello world"
```

图 5-19　在 Hive 中输出字符串的结果

（3）ls 命令用于查看指定工作目录下的文件及子目录，代码如下，运行结果如图 5-20 所示。如果想显示指定目录，在"ls"后加上指定目录即可。

```
! ls;
```

```
hive> ! ls;
distribute-exclude.sh
FederationStateStore
hadoop-daemon.sh
hadoop-daemons.sh
httpfs.sh
kms.sh
mr-jobhistory-daemon.sh
refresh-namenodes.sh
start-all.cmd
start-all.sh
start-balancer.sh
start-dfs.cmd
start-dfs.sh
start-secure-dns.sh
start-yarn.cmd
start-yarn.sh
stop-all.cmd
stop-all.sh
stop-balancer.sh
stop-dfs.cmd
stop-dfs.sh
stop-secure-dns.sh
stop-yarn.cmd
stop-yarn.sh
workers.sh
yarn-daemon.sh
yarn-daemons.sh
```

图 5-20　查看指定工作目录下的文件及子目录

5.2.3　在 Hive 中使用 Hadoop 的 dfs 命令

Hadoop 的 dfs 命令用于进行查询、删除、创建等操作，常用的 dfs 命令如表 5-4 所示。

表 5-4　常用的 dfs 命令

命令	描述
-ls	列出具有权限的文件和其他详细信息
-mkdir	在 HDFS 中创建文件夹
-rm	删除文件或目录
-put	将文件/文件夹从本地磁盘上传至 HDFS
-cat	显示 HDFS 中的文件内容
-du	显示 HDFS 中的文件大小
-get	将文件/文件夹存储到本地文件中

命令	描述
-count	计算目录数、文件数、文件大小
-mv	将文件移动到目标目录下
-cp	将文件复制到目标目录下
-tail	显示文件后 1KB 的内容
-head	显示文件前 1KB 的内容
-touch	在 HDFS 中创建一个新文件
-appendToFile	将内容追加到 HDFS 的文件中
-copyFromLocal	从本地文件系统复制文件
-copyToLocal	将文件从 HDFS 复制到本地文件系统中
-chmod	更改文件的权限

在 Hive CLI 界面使用"dfs -ls /user"命令列出/user 目录下具有权限的文件及其详细信息，代码如下，运行结果如图 5-21 所示。

```
dfs -ls /user;
```

```
hive> dfs -ls /user;
Found 2 items
drwxr-xr-x   - dr.who supergroup          0 2022-02-17 23:13 /user/code
drwxrwxrwx   - root   supergroup          0 2022-02-16 01:49 /user/hive
```

图 5-21　/user 目录下具有权限的文件及其详细信息

5.2.4　在 Hive 脚本中进行注释

Hive 中的注释方式是在注释内容前加上"--"，以";"结束，如图 5-22 所示。在脚本中进行注释可以方便理解和阅读，有利于脚本的复用，也可以让团队成员更高效地使用代码脚本，提高工作效率。

```
hive> use test --进入test数据库;
OK
Time taken: 0.107 seconds
```

图 5-22　在 Hive 脚本中进行注释

在外部创建一个名为 comment.hql 的脚本文件，脚本内容是有注释的 HQL 语句，代码如下。添加了注释，就增加了代码的可读性，运行结果并不会改变和报错，运行结果如图 5-23 所示。

```
--进入 test 数据库
use test;
--创建 city_num 表
create table city_num(
province string,
city string,
population int
```

```
)
--将 "," 作为分隔符
row format delimited fields terminated by ",";
--显示 city_num 的结构
desc city_num;
```

```
[root@master ~]# hive -f /opt/comment.hql
SLF4J: Class path contains multiple SLF4J bindings.
SLF4J: Found binding in [jar:file:/usr/local/hive/lib/log4j-slf4j-impl-2.10.0.jar!/org/slf4j/impl/Sta
ticLoggerBinder.class]
SLF4J: Found binding in [jar:file:/usr/local/hadoop-3.1.4/share/hadoop/common/lib/slf4j-log4j12-1.7.2
5.jar!/org/slf4j/impl/StaticLoggerBinder.class]
SLF4J: See http://www.slf4j.org/codes.html#multiple_bindings for an explanation.
SLF4J: Actual binding is of type [org.apache.logging.slf4j.Log4jLoggerFactory]
Hive Session ID = b8ccf4e9-46a4-4f7d-9b0b-982b91e4eea3

Logging initialized using configuration in jar:file:/usr/local/hive/lib/hive-common-3.1.2.jar!/hive-l
og4j2.properties Async: true
Hive Session ID = 223bc43b-ff0a-4a19-bd07-a7bfbcf7e6d2
OK
Time taken: 0.739 seconds
OK
Time taken: 2.512 seconds
OK
province                string
city                    string
population              int
Time taken: 0.341 seconds, Fetched: 3 row(s)
```

图 5-23　注释脚本的运行结果

任务实施

步骤 1　启动并进入 Hive

进入 Hive 前，需要先启动 Hadoop 集群和元数据服务。首先进入 Hadoop 安装目录的 /sbin 目录下，启动 Hadoop 集群和元数据服务，使其在后台挂起，最后启动 Hive，代码如下，启动结果如图 5-24 所示。

```
cd /usr/local/hadoop-3.1.4/sbin/
./start-all.sh
hive --service metastore &
hive
```

```
[root@master sbin]# hive
SLF4J: Class path contains multiple SLF4J bindings.
SLF4J: Found binding in [jar:file:/usr/local/hive/lib/log4j-slf4j-impl-2.10.0.jar!/org/slf4j/impl/Sta
ticLoggerBinder.class]
SLF4J: Found binding in [jar:file:/usr/local/hadoop-3.1.4/share/hadoop/common/lib/slf4j-log4j12-1.7.2
5.jar!/org/slf4j/impl/StaticLoggerBinder.class]
SLF4J: See http://www.slf4j.org/codes.html#multiple_bindings for an explanation.
SLF4J: Actual binding is of type [org.apache.logging.slf4j.Log4jLoggerFactory]
Hive Session ID = a0d1b9c1-3d9b-4086-a0a9-739606a774f1

Logging initialized using configuration in jar:file:/usr/local/hive/lib/hive-common-3.1.2.jar!/hive-l
og4j2.properties Async: true
Hive-on-MR is deprecated in Hive 2 and may not be available in the future versions. Consider using a
different execution engine (i.e. spark, tez) or using Hive 1.X releases.
Hive Session ID = 97898ed1-1cdf-4dc5-8c95-fd8ee2936f14
```

图 5-24　启动 Hive 的结果

步骤 2   在 Hive 中查询数据

将优惠券消费数据文件 ccf_train.csv 上传至/opt 目录下，再将数据上传至 HDFS，这项操作不需要退出 Hive CLI 界面，在 Hive 中使用 Hadoop dfs 命令即可。"-put"命令可以将文件和文件夹从本地磁盘上传至 HDFS，代码如下。如果没有报错，表示上传成功。

```
dfs -put /opt/ccf_train.csv /input;
```

在 Hive 中查询数据的常用命令有"-cat""-head""-tail"等。"-cat"命令用于显示文件内容；文件内容过多时，可以使用"-head"命令显示文件前 1KB 的内容，代码如下，运行结果如图 5-25 所示。

```
dfs -head /input;
```

```
hive> dfs -head /input;
User_id,Merchant_id,Coupon_id,Discount_rate,Distance,Date_received,Date
1439408,2632,null,null,0,null,20160217
1439408,4663,11002,150:20,1,20160528,null
1439408,2632,8591,20:1,0,20160217,null
1439408,2632,1078,20:1,0,20160319,null
1439408,2632,8591,20:1,0,20160613,null
1439408,2632,null,null,0,null,20160516
1439408,2632,8591,20:1,0,20160516,20160613
1832624,3381,7610,200:20,0,20160429,null
2029232,3381,11951,200:20,1,20160129,null
2029232,450,1532,30:5,0,20160530,null
2029232,6459,12737,20:1,0,20160519,null
2029232,6459,null,null,0,null,20160626
2029232,6459,null,null,0,null,20160519
2747744,6901,1097,50:10,null,20160606,null
196342,1579,null,null,1,null,20160606
196342,1579,10698,20:1,1,20160606,null
2223968,3381,9776,10:5,2,20160129,null
73611,2099,12034,100:10,null,20160207,null
163606,1569,5054,200:30,10,20160421,null
3273056,4833,7802,200:20,10,20160130,null
94107,3381,7610,200:20,2,20160412,null
253750,8390,null,null,0,null,20160327
253750,6901,2366,30:5,0,20160518,null
```

图 5-25   "-head"命令的运行结果

 任务实训

在 Hive 中查询
HDFS 中的地铁
数据

实训内容：查询 HDFS 中的地铁数据

1. 训练要点

（1）掌握在 Linux 系统中使用脚本创建 Hive 表并导入数据的方法。
（2）掌握在 Hive 脚本中添加注释的方法。
（3）掌握在 Hive 中使用 dfs 命令的方法。

2. 需求说明

现有一份某市的地铁数据，其字段说明如表 5-5 所示。现要将这份数据使用脚本导入 Hive 表中，要求脚本中有对应的注释，并使用 dfs 命令显示最后 1KB 的内容。

表5-5　地铁数据的字段说明

字段名称	字段说明	字段名称	字段说明
city	城市名称	site_name	站点名称
city_code	城市编码	longitude	经度
line_name	线路名称	latitude	纬度

3. 实现思路及步骤

（1）使用 Hive 脚本创建数据库和表并导入数据。

（2）将数据导入 HDFS 中。

（3）在 Hive 中使用 dfs 命令显示最后 1KB 的内容。

项目总结

Hive 是一个构建在 Hadoop 之上的数据仓库工具，常用于海量数据的存储和离线批量处理，可以对存储在 Hadoop 文件中的数据集进行数据整理、特殊查询和分析处理。

本项目详细介绍了 Hive 的起源与发展、Hive 与传统数据库的对比、Hive 的系统架构以及工作原理，使读者全面地了解 Hive；通过实际操作 Hive 的搭建过程，使读者掌握 Hive 的安装过程；最后介绍了 Hive 与 Linux、HDFS 的交互操作。

通过本项目的学习，读者可以充分了解 Hive，并掌握 Hive 的安装步骤，意识到实践才是检验真理的唯一标准，同时提升自我实践能力；通过实际操作 Hive 的搭建过程，为深入理解 Hive 和大数据开发奠定良好的基础。

课后习题

1. 选择题

（1）下列 Hive 查询延迟较高的原因中错误的是（　　）。

A. 由于没有索引，需要扫描整个表，因此延迟较高

B. Hive 查询延迟比关系型数据库高

C. 关系型数据库查询由底层的文件系统实现，延迟较低

D. MapReduce 本身具有较高的响应延迟，因此利用 MapReduce 执行 Hive 查询也会有较高的响应延迟

（2）内嵌模式 Hive 的元数据存储在（　　）中。

A. HDFS　　　　　　B. MySQL　　　　　　C. NoSQL　　　　　　D. Derby

（3）（　　）不是 Hive 驱动器。

A. 解释器　　　　　　B. 编译器　　　　　　C. 策略器　　　　　　D. 优化器

（4）与传统数据库相比，下面关于 Hive 的描述中不正确的是（　　）。

A．查询语言：Hive 使用 HQL，传统数据库使用 SQL

B．数据存储位置：Hive 使用 HDFS，传统数据库使用本地文件系统

C．执行引擎：Hive 使用 MapReduce 和 Excutor，传统数据库使用 Excutor 执行器

D．执行延迟：一般情况下 Hive 的执行延迟高，传统数据库的执行延迟低

（5）下列关于 MySQL 的描述中正确的是（　　　）。

A．MySQL 只能运行在 Linux 系统中

B．可以直接修改初始密码为"123456"

C．本地模式 Hive 的元数据存放在 MySQL 中

D．Hive 的使用离不开 MySQL

2．操作题

基于表 5-5 所示的地铁数据执行以下操作。

（1）将这份数据使用脚本导入 Hive 表中，要求脚本中有对应的注释。

（2）在 Hive 中使用 dfs 命令在 HDFS 的/user/hive/warehouse 目录下创建一个 tmp 文件夹。

（3）在 Hive 中使用 dfs 命令更改 tmp 文件夹的权限，并将 bj_Subway_data.csv 文件上传到 tmp 文件夹中。

项目 6　使用 Hive 定义优惠券数据

教学目标

　1．知识目标

（1）熟悉 Hive 的基础数据类型。

（2）熟悉数据定义语言和数据操作语言的语法。

（3）掌握 Hive 中数据仓库与表的创建、管理方法。

　2．技能目标

（1）能够对 Hive 中的数据仓库进行创建与管理。

（2）能够对 Hive 中的表进行创建与管理。

（3）能够完成 Hive 表数据的导入与导出操作。

　3．素养目标

（1）具备独立思考能力，能够设计出对应数据结构的表。

（2）树立遵纪守法的意识，在获取数据时遵守相关法规，合法地获取数据。

（3）养成尊重历史、学史明智的良好习惯。

（4）提升爱国情怀，树立不屈不挠的精神。

背景描述

　　随着移动设备的完善和普及，"互联网+"进入了高速发展阶段，线上到线下（Online to Offline，O2O）形式的消费十分吸引顾客。O2O 模式关联着众多消费者，各类 App 每天记录了超百亿条用户行为和位置数据。通过优惠券挽留老客户或吸引新客户是 O2O 的重要营销方式。

　　某网站提供了 2016 年 1 月 1 日～2016 年 6 月 30 日的线上/线下消费数据，其字段说明如表 6-1 所示（为了保护用户和商户的隐私，所有数据均作匿名处理，同时采用了有偏采样和必要过滤）。

表 6-1　消费数据的字段说明

字段名称	字段说明
user_id	用户 ID
merchant_id	商户 ID

续表

字段名称	字段说明
coupon_id	优惠券 ID； null 表示无优惠券消费，此时 discount_rate 字段和 date_received 字段无意义
discount_rate	折扣率，x 的取值范围为 0~1； x:y 表示满 x 减 y
distance	用户经常活动的地点与商户的距离为 x×500 米，x 的取值范围为 0~10（如果是连锁店，则取最近的门店）； null 表示无此信息，x=0 表示低于 500 米，x=10 表示大于 5 千米
date_received	领取优惠券日期
date	消费日期； 如果 date=null 且 coupon_id != null，表示领取了优惠券但没有使用，即负样本； 如果 date!=null 且 coupon_id = null，表示未使用优惠券的消费日期； 如果 date!=null 且 coupon_id != null，表示使用优惠券的日期，即正样本

任务 1   创建 Hive 表

任务描述

成功安装、配置 Hive 后，即可使用 Hive 存储数据，并使用 Hive 的查询语句实现数据的查询和分析。存储数据时，需要先创建数据仓库再创建表，在创建表时要定义表的结构，最后将数据按表结构进行存储。Hive 的数据定义语言（Data Definition Language，DDL）可以实现定义数据仓库及表结构、查看和更改表结构等操作。本任务是结合优惠券消费数据，在 Hive 中创建优惠券消费数据表。

任务要求

1. 创建数据仓库，用于存放与优惠券消费行为相关的表。
2. 根据优惠券消费数据的结构创建 Hive 表。
3. 查看并验证优惠券消费数据表的结构。

相关知识

Hive 分区表的介
绍与创建

6.1.1   Hive 的数据类型

Hive 支持关系型数据库中的大多数基础数据类型，还支持关系型数据库中很少出现的复杂数据类型，在创建 Hive 表时需要指定字段的数据类型。基础数据类型包括多种不同长度的数值类型、布尔类型、字符串类型、时间戳类型等；复杂数据类型有数组类型、映射类型、结构体类型等，如表 6-2 所示。

表 6-2　Hive 的数据类型

	类型	描述	举例
基础数据类型	tinyint	1 字节；有符号整数	20
	smallint	2 字节；有符号整数	20
	int	4 字节；有符号整数	20
	bigint	8 字节；有符号整数	20
	boolean	布尔类型	true
	float	单精度浮点数	3.14159
	double	双精度浮点数	3.14159
	string(char、varchar)	字符串	"Hello world"
	timestamp(date)	时间戳	1327882394
	binary	字节数组	01
复杂数据类型	array	数组类型（数组中字段的类型必须相同）	user[1]
	map	一组无序的键值对	user['name']
	struct	一组被命名的字段（字段类型可以不同）	user.age

6.1.2　创建与管理数据仓库

1. 创建数据仓库

使用 create 命令可以创建数据仓库，语法格式如下。

```
create (database|schema) [if not exists] database_name
[comment database_comment]
[location hdfs_path]
[withdbproperties (property_name=property_value,...)];
```

（1）create database 是固定的 HQL 语句，用于创建数据仓库。

（2）database_name 表示数据仓库的名称，这个名称是唯一的，其唯一性可以通过 if not exists 语句进行判断。

（3）database|schema 用于限定创建的数据仓库模式。

根据搭建 Hive 时所配置的默认路径，创建的数据仓库存储在/user/hive/warehouse 目录下。通过本地模式创建两个数据仓库 test_01、test_02，代码如下，运行结果如图 6-1 所示。

```
create database test_01;
create database test_02;
show databases;
```

创建成功后，可以浏览文件系统中的文件，查询数据仓库所在位置，如图 6-2 所示。

```
hive> create database test_01;
OK
Time taken: 1.684 seconds
hive> create database test_02;
OK
Time taken: 0.088 seconds
hive> show databases;
OK
default
test
test_01
test_02
Time taken: 0.033 seconds, Fetched: 4 row(s)
```

图 6-1　创建 test_01、test_02 数据仓库的结果

	Permission	Owner	Group	Size	Last Modified	Replication	Block Size	Name	
☐	drwxrwxrwx	root	supergroup	0 B	Feb 26 00:15	0	0 B	test.db	🗑
☐	drwxr-xr-x	root	supergroup	0 B	Mar 02 19:36	0	0 B	test_01.db	🗑
☐	drwxr-xr-x	root	supergroup	0 B	Mar 02 19:36	0	0 B	test_02.db	🗑

/user/hive/warehouse　　Go!

Show 25 entries　　Search:

Showing 1 to 3 of 3 entries　　Previous 1 Next

图 6-2　数据仓库所在位置

2. 删除数据仓库

使用 drop 命令可以删除数据仓库，语法格式如下。

```
drop (database|schema) [if exists] database_name [restrict|cascade];
```

restrict 表示如果数据仓库不为空，则 drop database 命令将运行失败。在删除数据仓库时，如果数据仓库中有数据表，必须先删除数据表，才能删除数据仓库（也可以直接使用 drop database database_name cascade 命令强制删除，但要慎用）。删除 test_02 数据仓库的代码如下，运行结果如图 6-3 所示（数据仓库中没有数据表，所以能直接删除）。

```
drop database test_02;
```

```
hive> drop database test_02;
OK
Time taken: 0.984 seconds
```

图 6-3　删除 test_02 数据仓库的结果

3. 更改数据仓库

使用 alter 命令可以更改数据仓库，语法格式如下。

```
alter (database|schema) database_name set location hdfs_path;
alter (database|schema) database_name set dbproperties (property_name= prop erty_value,...);
alter (database|schema) database_name set owner [user|role] user_or_role;
```

用户可以使用 alter 语句为某个数据仓库设置键值对属性并描述数据仓库属性，但数据仓库的元数据是不能更改的。alter database……set location……不会将数据仓库当前目录下的内容移动到新指定的位置，仅添加新表的默认父目录。使用 alter 命令修改 test_01 数据仓库的创建时间，代码如下，运行结果如图 6-4 所示。

```
alter database test_01 set dbproperties('createtime'='2022-02-22');
desc database extended test_01;
```

```
hive> alter database test_01 set dbproperties('createtime'='2022-02-22');
OK
Time taken: 0.361 seconds
hive> desc database extended test_01;
OK
test_01          hdfs://master:8020/user/hive/warehouse/test_01.db          root     USER     {createtime
=2022-02-22}
Time taken: 0.037 seconds, Fetched: 1 row(s)
```

图 6-4　修改 test_01 数据仓库的创建时间

4. 使用数据仓库

Hive 0.6 版本添加了 use database_name 命令，其语法格式如下。如果要将当前工作表所在的数据仓库还原为默认数据仓库，需要使用 default 关键字而不是数据仓库名称。

```
use database_name;
use default;
```

先使用 test_01 数据仓库，然后切换到 default 数据仓库，代码如下，运行结果如图 6-5 所示。

```
use test_01;
use default;
```

```
hive> use test_01;
OK
Time taken: 0.078 seconds
hive> use default;
OK
Time taken: 0.057 seconds
```

图 6-5　切换数据仓库

6.1.3　创建表

1. create table 语句

create table 语句遵从 SQL 的语法惯性，但对表格式的定义更加宽松，有显著的功能扩展。在 Hive 中创建的表用于存储数据，在创建表时需要根据数据的结构创建对应的表结构，建表语法如下。

```
create [external] table [if not exists] table_name
(col_name data_type [comment col_comment],...)   --指定字段名称和数据类型
[comment table_comment]   --表的描述信息
[partitioned by (col_name data_type [comment col_comment],...)]
[clustered by (col_name, col_name,...) into num_buckets buckets]
[sorted by (col_name [asc|desc],...)]
[row format row_format]   --表的格式信息
[stored as file_format]    --表数据的存储序列化信息
```

[location hdfs_path] --数据存储的目录信息

[ ]中包含的内容为可选项，在创建表的同时可以声明其他约束信息，说明如下。

（1）create table 语句用于创建一个指定名称的表，表的类型有内部表、外部表、分区表、桶表等。如果相同名称的表已经存在，运行时会抛出异常信息。用户可以使用 if not exists 可选项忽略这个异常信息，则新表将不会被创建。

（2）如果不使用 external 关键字，则创建的表为内部表，会将数据移动到数据仓库指向的路径；如果使用 external 关键字，则可以创建一个外部表，在创建外部表的同时指定一个指向实际数据的路径，用户可以访问存储在远程位置（例如 HDFS）的数据。

（3）使用 partitioned by 关键字可以创建分区表，该关键字后需要加上分区字段的名称。一个表可以拥有一个或多个分区，并根据分区字段中的值创建单独的数据目录。分区以字段的形式在表结构中存在，通过 describe 命令可以查看字段，但该字段不存放实际的数据内容，仅仅表示分区。

（4）clustered by 关键字用于创建桶表，该关键字后需要加上字段的名称。对于每一个内部表、外部表或分区表，Hive 均可以进一步组织成桶表（桶是更细粒度的数据范围）。

（5）sorted by 关键字用于对字段进行排序，可提高查询性能。

（6）row format 关键字表示行格式（一行中的字段存储格式），在加载数据时需要选用合适的字符作为分隔符映射字段，否则表中数据将为 null。

（7）stored as 关键字用于指定文件存储格式，默认为 TextFile 格式，导入数据时会直接将数据文件复制到 HDFS 中（不进行处理，不压缩数据），解析开销较大。

2. 创建内部表

内部表是 Hive 中比较常见的基础表，字段间的分隔符默认为制表符（\t），需要根据实际情况修改分隔符。

现有一份网络运营商保存的 5G 套餐用户消费数据表，字段说明如表 6-3 所示。

表 6-3　5G 套餐用户消费数据表的字段说明

字段名称	字段说明	字段名称	字段说明
user_id	用户 ID	user_groups	用户群体
prduct_no	用户号码	cost	当月消费费用
sex	性别	mobile_data	当月流量使用量
age	用户年龄		

创建 5g_user_in 表，并设置字段间的分隔符为“,”，代码如下，创建成功的提示信息如图 6-6 所示。

```
use test_01;
create table 5g_user_in(
user_id bigint,
product_no bigint,
sex string,
age int,
user_groups string)
row format delimited fields terminated by ',';
```

```
hive> create table 5g_user_in(
    > user_id bigint,
    > product_no bigint,
    > sex string,
    > age int,
    > user_groups string)
    > row format delimited fields terminated by ',';
OK
Time taken: 0.174 seconds
```

图 6-6　成功创建内部表的提示信息

3. 创建外部表

外部表描述了外部文件中的元数据。外部表数据可以由 Hive 外部的进程访问和管理，该方式可以满足多人在线使用一份数据的需求，适用于企业部门间共享数据的场景。

使用 external 关键字创建 5g_user_out 表，并将外部表存储的数据放在 HDFS 的 /user/code 目录下，代码如下，成功创建外部表的提示信息如图 6-7 所示。

```
create external table 5g_user_out(
user_id bigint,
product_no bigint,
sex string,
age int,
user_groups string)
row format delimited fields terminated by ','
location '/user/code';
```

```
hive> create external table 5g_user_out(
    > user_id bigint,
    > product_no bigint,
    > sex string,
    > age int,
    > user_groups string)
    > row format delimited fields terminated by ','
    > location '/user/code';
OK
Time taken: 0.117 seconds
```

图 6-7　成功创建外部表的提示信息

外部表的数据可以由 Hive 之外的进程管理（例如 HDFS），当外部表的实际数据位于 HDFS 中时，删除外部表后仅会删除元数据信息，并不会删除实际数据。内部表由 Hive 进程进行管理，删除内部表后，实际数据也会被删除。一般情况下，创建外部表时会将表数据存储在 Hive 的数据仓库路径之外。

4. 创建分区表

数据量很大时，查询速度会很慢，耗费大量时间。如果只需要查询部分数据，就可以使用分区表提高查询速度。分区是指将数据表中的一个或多个字段进行统一归类，在查询时指定分区条件，减少 MapReduce 的输入数据，提高查询效率。

分区表又分为静态分区表和动态分区表。静态分区表需要手动定义每一个分区的值，再导入数据。动态分区表可以根据分区键值自动分区，不需要手动导入不同分区的数据。

创建静态分区表时，指定的分区字段名称不能和表字段名称相同。以订单测试文件 order.txt 为例，文件包含订单编号、订单价格、订单日期 3 个字段，字段之间使用制表符分隔，如表 6-4 所示。

表 6-4　订单测试文件 order.txt 的数据

订单编号	订单价格	订单日期
1001	10	2022-03
1002	20	2022-03
1003	30	2022-03
1004	40	2022-03
1005	50	2022-04
1006	60	2022-04
1007	70	2022-04
1008	80	2022-04
1009	90	2022-04

根据该文件的数据结构创建一个静态分区表 order_partition，并将 order_time 字段中的月份（month）作为分区字段，代码如下，成功创建静态分区表的提示信息如图 6-8 所示。

```
create table order_partition(
order_number string,
order_price double,
order_time string)
partitioned by(month string)
row format delimited fields terminated by '\t';
```

```
hive> create table order_partition(
    > order_number string,
    > order_price  double,
    > order_time string)
    > partitioned by(month string)
    > row format delimited fields terminated by '\t';
OK
Time taken: 0.722 seconds
```

图 6-8　成功创建静态分区表的提示信息

动态分区表的创建方法与静态分区表类似，但创建动态分区表需要指定字段作为动态分区条件。根据 order.txt 文件的数据结构创建一个动态分区表 order_dynamic_partition，代码如下，成功创建动态分区表的提示信息如图 6-9 所示。

```
create table order_dynamic_partition(
order_number string,
order_price double)
partitioned by(order_time string)
row format delimited fields terminated by '\t';
```

```
hive> create table order_dynamic_partition(
    > order_number string,
    > order_price  double)
    > partitioned by(order_time string)
    > row format delimited fields terminated by '\t';
OK
Time taken: 0.325 seconds
```

图 6-9　成功创建动态分区表的提示信息

6.1.4　修改表

alter table 语句可以实现大多数修改操作，例如修改表的列信息、添加分区等。这些操作可以修改元数据，但不会修改数据本身。

通过 describe 命令查看 5g_user_in 表的结构，代码如下，运行结果如图 6-10 所示。

```
describe 5g_user_in;
```

```
hive> describe 5g_user_in;
OK
user_id                 bigint
product_no              bigint
sex                     string
age                     int
user_groups             string
Time taken: 0.245 seconds, Fetched: 5 row(s)
```

图 6-10　5g_user_in 表的结构

使用 alter table 语句将 5g_user_in 表重命名为 5g_user，代码如下，运行结果如图 6-11 所示。

```
alter table 5g_user_in rename to 5g_user;
```

```
hive> alter table 5g_user_in rename to 5g_user;
OK
Time taken: 0.471 seconds
```

图 6-11　将 5g_user_in 表重命名为 5g_user

使用 alter table 语句向 5g_user 表中添加 cost、mobile_data 字段，然后查看表结构，代码如下，运行结果如图 6-12 所示。

```
alter table 5g_user add columns (cost float, mobile_data float);
describe 5g_user;
```

```
hive> alter table 5g_user add columns (cost float,mobile_data float);
OK
Time taken: 0.213 seconds
hive> describe 5g_user;
OK
user_id                 bigint
product_no              bigint
sex                     string
age                     int
user_groups             string
cost                    float
mobile_data             float
Time taken: 0.107 seconds, Fetched: 7 row(s)
```

图 6-12　向 5g_user 表中添加 cost、mobile_data 字段

使用 alter table 语句重命名表中的列名，将 5g_user 表中的列 age 重命名为 user_age，修改后查看表结构，代码如下，运行结果如图 6-13 所示。

```
alter table 5g_user change column age user_age int;
describe 5g_user;
```

```
hive> alter table 5g_user change column age user_age int;
OK
Time taken: 0.648 seconds
hive> describe 5g_user;
OK
user_id                 bigint
product_no              bigint
sex                     string
user_age                int
user_groups             string
cost                    float
mobile_data             float
Time taken: 0.096 seconds, Fetched: 7 row(s)
```

图 6-13　将 5g_user 表中的列 age 重命名为 user_age

使用 alter table 语句可以修改表的分区，在 order_partition 分区表中新增 month 为 "2022-05" 的分区，代码如下。

```
alter table order_partition add partition(month='2022-05');
```

alter table 语句也可以删除分区，例如将 order_partition 分区表中 month 为 "2022-05" 的分区删除，代码如下，运行结果如图 6-14 所示。

```
alter table order_partition drop if exists partition(month='2022-05');
```

```
hive> alter table order_partition drop if exists partition(month='2022-05');
Dropped the partition month=2022-05
OK
Time taken: 0.284 seconds
```

图 6-14　将 order_partition 分区表中 month 为 "2022-05" 的分区删除

任务实施

步骤 1　根据优惠券消费数据创建表

启动并进入 Hive CLI 界面，创建 customer 数据仓库，代码如下，运行结果如图 6-15 所示。

```
--创建 customer 数据仓库
create database customer;
--使用 customer 数据仓库
use customer;
```

```
hive> create database customer;
OK
Time taken: 0.276 seconds
hive> use customer;
OK
Time taken: 0.041 seconds
```

图 6-15　创建 customer 数据仓库

在 Hive 中创建优惠券消费数据表 user_coupon，表中共有 7 个字段，代码如下。

```
--创建优惠券消费数据表 user_coupon
create table user_coupon(
```

```
user_id int,
merchant_id int,
coupon_id string,
discount_rate string,
distance string,
date_received string,
date string)
row format delimited fields terminated by ',';
```

步骤 2　查看表结构

验证 user_coupon 表是否创建成功并查看表的结构，代码如下，运行结果如图 6-16 所示。

```
show tables;
desc user_coupon;
```

```
user_id                int
merchant_id            int
coupon_id              string
discount_rate          string
distance               string
date_received          string
date                   string
Time taken: 0.243 seconds, Fetched: 7 row(s)
```

图 6-16　user_coupon 表的结构

任务实训

创建读者借阅历
史信息数据表

实训内容：创建图书借阅记录数据表

1. 训练要点

（1）熟练使用 Hive 中的基础数据和复杂数据。

（2）掌握数据仓库和表的创建方法。

2. 需求说明

某图书馆导出了一份图书借阅记录数据表，字段说明如表 6-5 所示，请根据数据结构创建一个外部表。

表 6-5　图书借阅记录数据表的字段说明

字段名称	字段说明	字段名称	字段说明
序号	每一条借阅信息的序号	读者姓名	读者姓名
索引号	索引书号	读者号	读者的卡号
书名	书的名称	借出时间	书被读者借走的时间

3. 实现思路及步骤

（1）创建一个 library 数据仓库。

（2）创建一个 borrow 外部表，将数据存储路径指定为 HDFS 的/user/root/library/borrow目录下。

任务 2　向 Hive 表中导入数据

任务描述

在某个数据仓库中创建表后，可向表中导入数据。向 Hive 表中导入数据的方法有多种，包括从本地文件系统中导入数据和从其他 Hive 表中导入数据等。

本任务是将本地文件系统中的数据导入 user_coupon 表中，并简单查询导入的数据，最后将 user_coupon 表的数据导出至 HDFS。

任务要求

1. 将优惠券消费数据导入 user_coupon 表中。
2. 将 user_coupon 表的数据导出至 HDFS。

相关知识

6.2.1　导入数据

1. 将本地文件系统中的数据导入 Hive 表中

将 Linux 本地文件系统中的数据导入 Hive 表中的语法格式如下。

```
load data [local] inpath filepath [overwrite] into table tablename
[partition (partcol1 = val1, partcol2 = val2,...)]
```

部分关键字的说明如下。

（1）导入语句中如果有 local 关键字，说明导入的是本地数据；如果不加 local 关键字，则说明是从 HDFS 中导入数据。如果将 HDFS 中的数据导入 Hive 表中，那么 HDFS 中存储的数据文件会被移动到表目录下，原位置不再存储数据文件。

（2）filepath 表示数据的路径，可以是相对路径、绝对路径、包含模式的完整 URL。

（3）如果加入 overwrite 关键字，说明导入模式为覆盖模式，即覆盖之前的数据；如果不加 overwrite 关键字，说明导入模式为追加模式，即不清空之前的数据。

（4）如果创建的是分区表，那么导入数据时需要使用 partition 关键字指定分区字段的名称。

将 5g_user.csv 文件的数据导入 5g_user 表中，先将表上传到 Linux 的/opt 目录下，之后将数据导入 Hive 表中，代码如下。

```
use test_01;
--将 5g_user.csv 文件的数据导入 5g_user 表中
load data local inpath '/opt/5g_user.csv' overwrite into table 5g_user;
```

导入数据后，数据会被存储在 HDFS 中相应的表数据存放目录下，数据导入结果如图 6-17 所示。

图 6-17　数据导入结果

2．通过查询语句向表中插入数据

（1）单表插入数据

单表插入数据的语法格式如下。

```
insert [overwrite|into] table  表 1 [partition (part1=val1,part2=val2,part3=val3,...)]
select 字段 1,字段 2,字段 3,... from  表 2;
```

以上语句表示在表 2 中查询字段 1、字段 2、字段 3……的数据并将其插入到表 1 中，表 1 中的字段类型与表 2 中的字段类型应一致。单表插入数据时可以使用 partition 关键字指定分区。插入时选择 overwrite 关键字会覆盖原有表或分区的数据，选择 into 关键字则会追加数据。

通过单表插入数据的方式，将 5g_user 表的数据导入 5g_user_out 表中，代码如下，插入数据的结果如图 6-18 所示。

```
--将 5g_user 表的数据导入 5g_user_out 表中
insert into 5g_user_out select user_id,product_no,sex,user_age,user_groups from 5g_user;
--查看插入结果
select * from 5g_user_out;
```

```
hive> select * from 5g_user_out;
OK
2689434779        26231702691        女士        46        大众用户
2697442927        27358921188        先生        53        农村用户
2697596026        25912868422        女士        30        校园用户
2694519728        25988134864        先生        41        大众用户
2697510662        27958259375        女士        31        大众用户
2697586945        30659198643        先生        55        农村用户
2697415601        28038871811        先生        55        集团用户
2697444798        26219045465        女士        37        集团用户
2697501848        27971883354        女士        56        大众用户
2697460336        25870729149        先生        25        校园用户
2697450110        27458651187        先生        47        大众用户
2697495592        30559349769        先生        36        大众用户
2697487555        27458787762        女士        41        大众用户
2697646013        27971855691        先生        51        校园用户
2697512899        27965365864        女士        51        农村用户
2697433262        27358837659        先生        26        大众用户
2697454632        27413935045        女士        55        大众用户
2697603907        27971555623        女士        31        农村用户
2697478386        30958281689        先生        58        农村用户
2697453415        25853434819        女士        25        农村用户
```

图 6-18　插入数据的结果

以 order.txt 文件为例，将数据上传至虚拟机的/opt 目录下，创建一个内部表 order_in，并将 order.txt 的数据导入 order_in 表中，代码如下。

```
create table order_in(
order_number string,
order_price    double,
order_time string)
row format delimited fields terminated by '\t';
load data local inpath '/opt/order.txt' overwrite into table order_in;
```

将 order_in 表中订单日期为 2022 年 3 月的数据插入到 order_partition 分区表中 month 为"2022-03"的分区中，将订单日期为 2022 年 4 月的数据插入到 order_partition 分区表中 month 为"2022-04"的分区中。插入成功后，将分区的值作为条件查看静态分区，代码如下，运行结果如图 6-19 所示。

```
insert into table order_partition partition(month='2022-03') select order_numb er,order_price,order_time
from order_in where order_time='2022-03';
insert into table order_partition partition(month='2022-04') select order_numb er,order_price,order_time
from order_in where order_time='2022-04';
--将分区的值作为条件查看静态分区
select * from order_partition where month='2022-03';
select * from order_partition where month='2022-04';
```

```
hive> select * from order_partition where month='2022-03';
OK
1001    10.0    2022-03 2022-03
1002    20.0    2022-03 2022-03
1003    30.0    2022-03 2022-03
1004    40.0    2022-03 2022-03
1005    50.0    2022-03 2022-03
1006    60.0    2022-03 2022-03
Time taken: 0.509 seconds, Fetched: 6 row(s)
hive> select * from order_partition where month='2022-04';
OK
1007    70.0    2022-04 2022-04
1008    80.0    2022-04 2022-04
1009    90.0    2022-04 2022-04
```

图 6-19   查看静态分区的结果

进行动态分区前需要开启动态分区功能并设置动态分区模式，然后将 order_in 表的数据插入到动态分区表 order_dynamic_partition 中并查看动态分区，代码如下，运行结果如图 6-20 所示。

```
--开启动态分区功能
set hive.exec.dynamic.partition=true;
--设置动态分区模式
set hive.exec.dynamic.partition.mode=nostrict;
--将 order_in 表的数据插入到动态分区表 order_dynamic_partition 中
insert into table order_dynamic_partition partition(order_time) select order_number, order_price, order_time
from order_in;
--查看动态分区
show partitions order_dynamic_partition;
```

```
hive> show partitions order_dynamic_partition;
OK
order_time=2022-03
order_time=2022-04
```

图 6-20　查看动态分区的结果

（2）多表插入数据

多表插入数据的语法格式如下。

```
from 表 1
insert [overwrite|into] table 表 2 select 字段 1
insert [overwrite|into] table 表 3 select 字段 2
```

以上语句表示从表 1 中查询字段 1 并插入到表 2 中，从表 1 中查询字段 2 并插入到表 3 中。表 1 中字段 1 的类型应与表 2 中字段 1 的类型一致，表 1 中字段 2 的类型应与表 3 中字段 2 的类型一致。

创建 temp1、temp2 表，将 5g_user 表中 user_id 字段的数据插入到 temp1 表中，并将 sex 字段的数据插入到 temp2 表中，代码如下，插入结果如图 6-21 所示。

```
--创建 temp1、temp2 表
create table temp1(user_id bigint);
create table temp2(sex string);
--多表插入数据
from 5g_user
insert into table temp1 select user_id
insert into table temp2 select sex;
```

```
Loading data to table test_01.temp1
MapReduce Jobs Launched:
Stage-Stage-2: Map: 1  Reduce: 1   Cumulative CPU: 5.61 sec   HDFS Read: 17422 HDFS Write: 899 SUCCESS
Stage-Stage-10: Map: 1  Reduce: 1   Cumulative CPU: 3.56 sec   HDFS Read: 8964 HDFS Write: 141 SUCCESS
Total MapReduce CPU Time Spent: 9 seconds 170 msec
OK
Time taken: 72.246 seconds
```

图 6-21　多表插入数据的结果

（3）查询数据后创建新表

查询数据后创建新表的语法格式如下。

```
create table 表 2 as
select 字段 1,字段 2,字段 3,... from 表 1;
```

以上语句表示从表 1 中查询字段 1、字段 2、字段 3……的数据并插入到新建的表 2 中。

创建新表 temp3 并导入 5g_user 表的部分数据，代码如下，运行结果如图 6-22 所示。

```
--使用创建新表的方式插入数据
create table temp3 as select user_id,user_age,user_groups from 5g_user;
--查询 temp3 表的内容
select * from temp3;
```

```
hive> select * from temp3;
OK
2689434779      46      大众用户
2697442927      53      农村用户
2697596026      30      校园用户
2694519728      41      大众用户
2697510662      31      大众用户
2697586945      55      农村用户
2697415601      55      集团用户
2697444798      37      集团用户
2697501848      56      大众用户
2697460336      25      校园用户
2697450110      47      大众用户
2697495592      36      大众用户
2697487555      41      大众用户
2697646013      51      校园用户
2697512899      51      农村用户
2697433262      26      大众用户
2697454632      55      大众用户
2697603907      31      农村用户
2697478386      58      农村用户
2697453415      25      农村用户
Time taken: 0.265 seconds, Fetched: 20 row(s)
```

图 6-22　使用创建新表的方式插入数据

6.2.2　导出数据

1．将 Hive 数据导出至本地文件系统

将 Hive 数据导出至本地文件系统的语法格式如下。

```
insert overwrite local directory out_path
row format delimited fields terminated by row_format
select * from table_name;
```

将 5g_user_out 表的数据导出至本地文件系统的/opt/output 目录下，代码如下。数据导出的目标目录会完全覆盖之前目录下的所有内容，因此导出数据时应尽量选择新目录。

```
insert overwrite local directory '/opt/output'
row format delimited fields terminated by ','
select * from 5g_user_out;
```

查看/opt/output 目录下的文件信息，结果如图 6-23 所示。

```
[root@master ~]# ls -l /opt/output
total 4
-rw-r--r--. 1 root root 920 Mar  7 19:42 000000_0
```

图 6-23　/opt/output 目录下的文件信息

2．将 Hive 数据导出至 HDFS

将 Hive 数据导出至 HDFS 的语法如下。

```
insert overwrite directory out_path
row format delimited fields terminated by row_format
select * from table_name;
```

将 5g_user 表的数据导出到 HDFS 的/user/code 目录下，代码如下，导出结果如图 6-24 所示。

```
insert overwrite directory '/user/code'
row format delimited fields terminated by ','
select * from 5g_user;
```

图 6-24　导出数据的结果

任务实施

步骤 1　将优惠券消费数据导入 user_coupon 表中

首先将 ccf_train.csv 文件的数据上传至 Linux 的/opt 目录下，接着进入 customer 数据仓库，将数据导入 user_coupon 表中，代码如下，导入数据的结果如图 6-25 所示。

```
--进入 customer 数据仓库
use customer;
--导入数据
load data local inpath '/opt/ccf_train.csv' overwrite into table user_coupon;
```

```
hive> load data local inpath '/opt/ccf_train.csv' overwrite into table user_coupon;
Loading data to table customer.user_coupon
OK
Time taken: 2.552 seconds
```

图 6-25　导入数据的结果

使用 select 语句查看 user_coupon 表的前 4 行数据，代码如下，结果如图 6-26 所示。

```
select * from user_coupon limit 4;
```

1439408	2632	null	null	0	null	20160217
1439408	4663	11002	150:20	1	20160528	null
1439408	2632	8591	20:1	0	20160217	null
1439408	2632	1078	20:1	0	20160319	null

图 6-26　user_coupon 表的前 4 行数据

步骤 2　将表数据导出至 HDFS

将 user_coupon 表的数据导出至/user/code/user_coupon_output 目录下，代码如下，数据导出结果如图 6-27 所示。

```
insert overwrite directory '/user/code/user_coupon_output'
row format delimited fields terminated by ','
select * from user_coupon;
```

图 6-27　数据导出结果

任务实训

导入与导出读者
借阅历史信息
数据

实训内容：导入与导出图书借阅记录数据

1. 训练要点

（1）熟悉 Hive 表的数据导入方法。

（2）熟悉 Hive 表的数据导出方法。

2. 需求说明

将图书借阅记录数据导入 borrow 表中，导入完成后查询 borrow 表的前 10 行数据，最后将书名、读者姓名、借出时间字段的数据导出至 Linux 本地系统。

3. 实现思路及步骤

（1）进入 library 数据仓库，将图书借阅记录数据导入 borrow 表中。

（2）查询 borrow 表的前 10 行数据。

（3）将书名、读者姓名、借出时间字段的数据导出至 Linux 本地系统的/opt/borrow_output 目录下。

项目总结

本项目详细介绍了 Hive 的基础数据类型、复杂数据类型、数据定义语言、表的使用与应用场景；接着介绍了 Hive 的数据操作语言，让读者掌握数据导入、导出的相关操作方法，并结合优惠券消费数据分析案例，使用 Hive 实现数据表的创建及数据的导入，为后续使用 Hive 解决实际问题奠定基础。

课后习题

1. 选择题

（1）使用（　　　）语句可以创建数据仓库 mytest。

A．create mytest；　　　　　　　　　　　B．create table mytest；

C．database mytest；　　　　　　　　　　D．create database mytest；

（2）下面关于删除数据仓库的描述中正确的是（　　　）。

A．使用 drop 命令可以成功删除数据仓库

B．删除数据仓库时默认的删除关键字是 restrict

C．删除数据仓库时默认的删除关键字是 cascade

D．如果数据仓库中有表，不需要删除表就可以使用 drop database 命令

（3）能成功将本地文件系统中的数据导入表中的语句是（　　　）。

A．load data local inpath '/opt/test.txt' overwrite into table test；

B．load local data inpath '/opt/test.txt' overwrite into table test；

C．load data inpath '/opt/test.txt' overwrite into table test；

D．load local inpath '/opt/test.txt' overwrite into table test；

（4）下面关于内部表和外部表的描述中错误的是（　　　）。

A．内部表和外部表都会把数据加载至指定路径下

B．内部表不会将数据加载到 Hive 的默认仓库中（挂载数据），减少了数据的传输量，还能与其他外部表共享数据

C．使用外部表时，Hive 不会修改源数据，不用担心损坏或丢失数据

D．删除外部表时，删除的只是表结构，不会删除数据

2．操作题

现有一份某电商平台的商品数据文件 jdata_Product.csv，字段说明如表 6-6 所示。

表 6-6　jdata_Product.csv 文件的字段说明

字段名称	字段说明	数据类型
sku_id	商品的唯一标识	bigint
brand	品牌名	bigint
shop_id	店铺 ID	bigint
cate	品类	int
market_time	商品上市时间	string

对 jdata_Product.csv 文件进行以下操作。

（1）创建一个 product 数据仓库，并创建一个 data_product 表。

（2）将电商平台的商品数据导入 data_product 表中，查看表的前 10 行数据。

（3）将 brand 和 shop_id 字段的数据导出到/opt/product 目录下。

项目 7　使用 Hive Shell 实现优惠券消费数据的分析及处理

教学目标

1. 知识目标

（1）掌握数据查询的方法。

（2）熟悉查询语句的语法格式。

（3）熟悉内置函数的分类。

（4）掌握 where、having 条件查询的使用方法。

2. 技能目标

（1）能够使用 select 语句查询数据。

（2）能够对数据进行复合查询。

（3）能够正确使用多种条件查询关键字。

（4）能够正确使用多种排序查询关键字。

3. 素养目标

（1）树立正确的人际价值观和消费价值观，坚持理性消费，把握好消费的"度"。

（2）能够正确辨别付出与收获的先后关系，明确只有先付出才能有收获。

背景描述

在很多场景下，仅对数据进行存储是不够的，还需要对数据进行简单查询，并对查询结果进行处理，如统计数据量、对多张数据表联合查询等。

本项目将对 select 查询语句进行介绍，包括 where 条件查询、Hive 运算符、case……when 语句、分组查询、Hive 内置函数等。

任务 1　查询领取了优惠券的用户信息

任务描述

Hive 的 select 语句能进行多种操作，例如去重查询、条件查询、排序查询等。本任务是对数据表进行统计，查询领取了优惠券的用户信息。

任务要求

1. 查询表的数据量。
2. 查询用户数量。
3. 查询领取了优惠券的用户信息。

相关知识

7.1.1　select 基本查询

使用 select 语句可以对 Hive 数据表进行查询，语法格式如下。

```
select [all|distinct] select_expr, select_expr,…from table_reference
[where where_condition]
[group by col_list]
[order by col_list]
[cluster by col_list | [distribute by col_list] [sort by col_list]]
[limit [offset,] rows];
```

select……from……是 select 语句的主体部分，select 后的部分可以是通配符、数据表的字段名称、各类函数、算术表达式等。

某学校提供了 2019 年 4 月 1 日～2019 年 4 月 30 日的一卡通数据，包括 student 表和 info 表，两张表的字段说明如表 7-1、表 7-2 所示。

表 7-1　student 表的字段说明

字段名称	数据类型	字段说明
index	int	序号
cardno	int	校园卡号（每位学生的校园卡号都是唯一的）
sex	string	性别（分为"男"和"女"）
major	string	专业名称
accesscardno	int	门禁卡号（每位学生的门禁卡号都是唯一的）

表 7-2　info 表的字段说明

字段名称	数据类型	字段说明
index	int	流水号
cardno	int	校园卡号（每位学生的校园卡号都是唯一的）
peono	int	校园卡编号（每位学生的校园卡编号都是唯一的）
date	string	消费时间
money	float	消费金额
fundmoney	int	存储金额
surplus	float	余额
cardcount	int	累计消费次数
type	string	消费类型
termserno	string	消费项目的序列号
conoperno	string	消费操作的编码
dept	string	消费地点

创建数据仓库 card、数据表 student 和 info，将数据导入表中，代码如下。

```
--创建数据仓库 card
create database if not exists card;
--进入数据仓库 card
use card;
--在数据仓库 card 中创建数据表 info
create table info(
index int,
cardno int,
peono int,
date string,
money float,
fundmoney int,
surplus float,
cardcount int,
type string,
termserno string,
conoperno string,
dept string)
row format delimited fields terminated by ',';
--将数据导入 info 表中
load data local inpath '/opt/data2.csv' overwrite into table info;

--在数据仓库 card 中创建数据表 student
create table student(
index int,
cardno int,
sex string,
major string,
accesscardno int)
```

```
row format delimited fields terminated by ',';
--将数据导入 student 表中
load data local inpath '/opt/data1.csv' overwrite into table student;
```

查看 student 表中的数据，代码如下，部分数据如图 7-1 所示。

```
select * from student;
```

```
4330      184330   男       18工业工程       616784
4331      184331   男       18工业工程       22303728
4332      184332   男       18工业工程       18952112
4333      184333   男       18工业工程       10936752
4334      184334   男       18工业工程       15915248
4335      184335   男       18工业工程       7457600
4336      184336   女       18工业工程       22261184
4337      184337   女       18工业工程       19051328
4338      184338   女       18工业工程       21915376
4339      184339   女       18工业工程       11513762
4340      164340   男       18审计    12750370
4341      164341   男       18宝玉石鉴定       427586
Time taken: 5.74 seconds, Fetched: 4341 row(s)
```

图 7-1　student 表的部分数据

查看 info 表中 index、cardno、money 字段的数据，代码如下。

```
select index,cardno,money from info;
```

部分数据如图 7-2 所示，可看出共有 519367 条消费记录。

```
117161488        182705   3.0
117144631        182706   7.0
117146871        182706   9.0
117149600        182706   1.0
117149601        182706   1.0
117159040        182706   6.1
117159346        182706   8.5
117161216        182706   1.5
117165544        182706   5.5
117139394        182707   5.5
Time taken: 0.706 seconds, Fetched: 519367 row(s)
```

图 7-2　info 表中 index、cardno、money 字段的部分数据

7.1.2　limit 结果限制

当数据表中有上万条数据时，一次性查询表中的全部数据会降低数据的返回速度，给数据仓库服务器造成很大压力。使用 select 语句的 limit 关键字可以限制查询结果返回的数量，语法格式如下。

```
select [all|distinct] select_expr, select_expr,…
limit [offset,] rows;
```

使用 limit 关键字时，offset 参数表示开始输出的位置，rows 参数表示输出的行数。

查看 info 表的前 6 行数据，代码如下，运行结果如图 7-3 所示。

```
select * from info limit 6;
```

```
hive> select * from info limit 6;
OK
117342773      181316   20181316        2019/4/20 20:17 3.0      0       186.1   818     消费   NULL   NULL   第一食堂
117344766      181316   20181316        2019/4/20 8:47  0.5      0       199.5   814     消费   NULL   NULL   第二食堂
117346258      181316   20181316        2019/4/22 7:27  0.5      0       183.1   820     消费   NULL   NULL   第二食堂
117308066      181317   20181317        2019/4/21 7:46  3.5      0       50.2    211     消费   NULL   NULL   好利来食品店
117309001      181317   20181317        2019/4/19 22:31 2.5      0       61.7    209     消费   NULL   NULL   好利来食品店
117340105      181317   20181317        2019/4/20 12:14 8.0      0       53.7    210     消费   NULL   NULL   第三食堂
Time taken: 0.419 seconds, Fetched: 6 row(s)
```

图 7-3 info 表的前 6 行数据

查看 info 表的第 3~5 行数据，代码如下，运行结果如图 7-4 所示。

```
select * from info limit 2,3;
```

```
hive> select * from info limit 2,3;
OK
117346258      181316   20181316        2019/4/22 7:27  0.5      0       183.1   820     消费   NULL   NULL   第二食堂
117308066      181317   20181317        2019/4/21 7:46  3.5      0       50.2    211     消费   NULL   NULL   好利来食品店
117309001      181317   20181317        2019/4/19 22:31 2.5      0       61.7    209     消费   NULL   NULL   好利来食品店
Time taken: 0.373 seconds, Fetched: 3 row(s)
```

图 7-4 info 表的第 3~5 行数据

7.1.3 distinct 去重查询

select 语句中的 distinct 关键字用于剔除查询结果中的重复数据，可以作用于一个字段，也可以作用于多个字段。当 distinct 关键字作用于一个字段时，只判断该字段的值是否重复，若重复则剔除重复数据。当 distinct 关键字作用于多个字段时，所有字段的值都相同才会被当作重复数据。

查看 info 表中 money 字段的数据并进行去重处理，代码如下。

```
select distinct money from info;
```

运行结果如图 7-5 所示，可以看出去重后共有 537 条数据。

```
213.4
214.3
230.0
237.3
240.0
244.4
250.0
270.0
290.0
300.0
900.0
Time taken: 54.453 seconds, Fetched: 537 row(s)
```

图 7-5 对 money 字段进行去重处理的结果

where 与 having
条件查询的使用
与区别

7.1.4 where 条件查询

使用 where 关键字可对数据进行条件查询，语法格式如下。

```
select [all|distinct] select_expr,select_expr,... from table_reference
where where_condition;
```

where_condition 包含一个或多个谓词表达式，当 where_condition 的结果为 true 时才会返回结果，返回结果皆为布尔类型。

使用关系运算符"=="查看 info 表中消费类型为"消费"的数据对应的校园卡号及消费地点，代码如下，运行结果如图 7-6 所示。

```
select cardno,type,dept from info where type=="消费";
```

```
182705  消费    第五食堂
182706  消费    第三食堂
182706  消费    第四食堂
182706  消费    第五食堂
182706  消费    第五食堂
182706  消费    第五食堂
182706  消费    第五食堂
182706  消费    第五食堂
182706  消费    第五食堂
182707  消费    第三食堂
Time taken: 3.359 seconds, Fetched: 500755 row(s)
```

图 7-6　消费类型为"消费"的部分数据

7.1.5　Hive 内置运算符

使用 where 语句进行条件查询时，需要使用谓词表达式。谓词表达式由表达式、运算符、值构成，表达式可以是简单的字段名，也可以是内置函数。Hive 提供了多种内置运算符，下面介绍关系运算符和逻辑运算符。

1. 关系运算符

关系运算符通过比较两边的结果，返回一个布尔类型的结果（true 或 false），常用的关系运算符如表 7-3 所示。

表 7-3　常用的关系运算符

关系运算符	支持的数据类型	说明
A = B	所有基础类型	如果 A 与 B 相等，则返回 true，否则返回 flase
A == B	所有基础类型	与"="运算符的用法相同
A <=> B	所有基础类型	对于两个非空操作数，如果 A 和 B 相等，则返回 true，否则返回 false；如果 A 和 B 都为 null，则返回 true；如果其中 1 个数为 null，则返回 false
A <> B	所有基础类型	如果 A 或 B 为 null，则返回 null；如果 A 不等于 B，则返回 true，否则返回 false
A != B	所有基础类型	与"<>"操作符的用法相同
A < B	所有基础类型	如果 A 或 B 为 null，则返回 null；如果 A 小于 B，则返回 true，否则返回 false
A <= B	所有基础类型	如果 A 或 B 为 null，则为 null；如果 A 小于或等于 B，则返回 true，否则返回 false

续表

关系运算符	支持的数据类型	说明
A > B	所有基础类型	如果 A 或 B 为 null，则返回 null； 如果 A 大于 B，则返回 true，否则返回 false
A >= B	所有基础类型	如果 A 或 B 为 null，则返回 null； 如果 A 大于或等于 B，则返回 true，否则返回 false
A [not] between B and C	所有基础类型	如果 A、B、C 中的任何一个为 null，则返回 null； 如果 A 大于或等于 B，且 A 小于或等于 C，则返回 true，否则返回 false； 可以通过 not 关键字反转
A is null	所有基础类型	如果 A 的运算结果为 null，则返回 true，否则返回 false
A is not null	所有数据类型	如果 A 的运算结果不为 null，则返回 true，否则返回 false
A is [not] (true|false)	布尔类型	满足条件时，运算结果为 true
A [not] like B	字符串类型	如果 A 或 B 为 null，则返回 null； 如果字符串 A 与正则表达式 B 匹配，则返回 true，否则返回 false；
A rlike B	字符串类型	如果 A 或 B 为 null，则返回 null； 如果 A 的任何子字符串（可能为空）与正则表达式 B 匹配，则返回 true，否则返回 false
A regexp B	字符串类型	与 rlike 运算符的用法相同

使用 where 关键字查询 info 表中 termserno 字段和 conoperno 字段的缺失数据量，代码如下。

```
select count(*) from info where termserno == "null";
select count(*) from info where conoperno == "null";
```

运行结果如图 7-7 所示，在实际的数据分析过程中，缺失数据量较大的字段无意义。

```
Total MapReduce CPU Time Spent: 8 seconds 100 msec
OK
512106
Time taken: 76.085 seconds, Fetched: 1 row(s)
```

```
Total MapReduce CPU Time Spent: 5 seconds 910 msec
OK
519116
Time taken: 47.437 seconds, Fetched: 1 row(s)
```

图 7-7 termserno 字段和 conoperno 字段的缺失数据量

2. 逻辑运算符

逻辑运算符的作用是把多个谓词表达式连接起来组成一个复杂的逻辑表达式，以判断组合表达式是否成立，判断的结果是 true 或 false。逻辑运算符对布尔类型的表达式进行运算，其结果也是布尔类型。常用的逻辑运算符如表 7-4 所示。

表 7-4　常用的逻辑运算符

逻辑运算符	支持的数据类型	说明
A and B	布尔类型	如果 A 和 B 都为真，则返回 true，否则返回 false； 如果 A 或 B 都为 null，则返回 null
A or B	布尔类型	如果 A 或 B 为真，则返回 true，否则返回 false
not A	布尔类型	如果 A 不为真，则返回 true； 如果 A 为 null，则返回 null； 如果 A 为真，则返回 false
! A	布尔类型	与 not 运算符的用法相同
A in (val1, val2, ...)	布尔类型	如果 A 等于( )内的任何值，则返回 true
A not in (val1, val2, ...)	布尔类型	如果 A 不等于( )内的任何值，则返回 true

查询 student 表中性别为"男"且专业是"18 会计"的数据，代码如下，运行结果如图 7-8 所示。

```
select * from student where sex='男' and major='18 会计';
```

```
hive> select * from student where sex='男' and major='18会计';
OK
72      180072    男      18会计    20849882
73      180073    男      18会计    18348410
74      180074    男      18会计    19832682
75      180075    男      18会计    18407002
76      180076    男      18会计    19705882
77      180077    男      18会计    19659434
78      180078    男      18会计    19946842
79      180079    男      18会计    19350202
80      180080    男      18会计    20513402
3911    183911    男      18会计    17439893
3912    183912    男      18会计    17461221
3913    183913    男      18会计    858918
Time taken: 0.779 seconds, Fetched: 12 row(s)
```

图 7-8　性别为"男"且专业是"18 会计"的数据

7.1.6　正则表达式

正则表达式用来描述或匹配符合规则的字符串，正则表达式的说明如表 7-5 所示。

表 7-5　正则表达式的说明

模式	说明
^	在字符串的开始位置进行匹配
$	在字符串的结束位置进行匹配
.	匹配任何字符
[...]	匹配括号内的任意单个字符
[m-n]	匹配 m 到 n 之间的任意单个字符，例如[a-z]

模式	说明
[^…]	不能匹配括号内的任意单个字符
a*	匹配 0 个或多个字符串 a; 包括空值; 可以作为占位符使用
a+	匹配 1 个或多个字符串 a; 不包括空值
a?	匹配 1 个或 0 个字符串 a
a1|a2	匹配字符串 a1 或字符串 a2
a{m}	匹配 m 个字符串 a
a{m,}	匹配 m 个或更多个字符串 a
a{m,n}	匹配 m～n 个字符串 a
a{,n}	匹配 0～n 个字符串 a

当字段名含有正则表达式的模式名时,需要用反单引号引用该字段名,否则该字段名会被当成正则表达式进行运算。

查询 student 表中以"计"结尾的专业名称,代码如下,运行结果如图 7-9 所示。

```
select distinct major from student where major REGEXP "计$";
```

```
OK
18会计
18动漫设计
18审计
18工业设计
18建筑设计
18模具设计
18艺术设计
18首饰设计
Time taken: 60.129 seconds, Fetched: 8 row(s)
```

图 7-9　student 表中以"计"结尾的专业名称

任务实施

步骤 1　查询表数据量

进入 customer 数据仓库,使用 select 语句及通配符"*"查询优惠券消费数据表 user_coupon,代码如下。

```
select * from user_coupon;
```

运行结果如图 7-10 所示,由查询结果的最后一行可知 user_conpon 表的数据量为 1754884。

```
212662    3532     null     null     1     null     20160308
212662    2934     5686     30:5     2     20160321          20160330
212662    2934     null     null     2     null     20160513
212662    2934     null     null     2     null     20160512
212662    3532     5267     30:5     1     20160322          null
212662    3021     3739     30:1     6     20160504          20160508
212662    2934     5686     30:5     2     20160321          20160322
212662    3532     null     null     1     null     20160322
212662    3021     3739     30:1     6     20160508          20160602
212662    2934     null     null     2     null     20160321
752472    7113     1633     50:10    6     20160613          null
752472    3621     2705     20:5     0     20160523          null
Time taken: 0.488 seconds, Fetched: 1754884 row(s)
```

图 7-10　user_conpon 表的部分数据

步骤 2　查询用户数量

使用 select 语句查询去重后的用户数量，代码如下。

```
select distinct user_id,coupon_id,distance,date_received,date from user_coupon;
```

运行结果如图 7-11 所示，由查询结果的最后一行可知 user_conpon 表的用户数量为 1711922。

```
7360966 11951    null     20160129          null
7360967 10323    1        20160322          null
7360967 2375     2        20160110          null
7360967 2375     2        20160120          null
7360967 null     1        null     20160625
7360967 null     1        null     20160626
7360967 null     2        null     20160110
7360967 null     2        null     20160120
7361024 8735     10       20160211          null
7361032 11173    2        20160129          null
7361032 3887     8        20160129          null
Time taken: 79.216 seconds, Fetched: 1711922 row(s)
```

图 7-11　user_conpon 表的用户数量

步骤 3　查询领取了优惠券的用户信息

使用 select 语句的 where 关键字筛选出字段 coupon_id 不为 null 的用户数据，代码如下。

```
select distinct user_id,coupon_id,distance,date_received,date from user_coupon where coupon_id <> 'null';
```

运行结果如图 7-12 所示，由查询结果的最后一行可知共有 1015389 位用户领取了优惠券。

```
7360931 7430     3       20160521        null
7360941 10323    0       20160325        20160326
7360941 10323    0       20160325        20160327
7360952 13285    null    20160524        null
7360961 4823     1       20160609        null
7360966 11951    null    20160129        null
7360967 10323    1       20160322        null
7360967 2375     2       20160110        null
7360967 2375     2       20160120        null
7361024 8735     10      20160211        null
7361032 11173    2       20160129        null
7361032 3887     8       20160129        null
Time taken: 57.412 seconds, Fetched: 1015389 row(s)
```

图 7-12　领取了优惠券的部分用户信息

查询图书馆图书
借阅记录

任务实训

实训内容：查询图书馆的图书借阅记录数据

1. 训练要点

（1）熟练掌握使用 select 命令查询数据的方法。

（2）熟练掌握使用 limit 关键字限制数据输出的方法。

（3）熟练掌握使用 where 关键字筛选数据的方法。

2. 需求说明

某图书馆导出了图书清单和图书借阅记录，部分数据如表 7-6、表 7-7 所示。请根据这两份数据创建数据仓库和数据表，并导入数据，之后使用 select 语句验证是否成功，再对借出时间字段进行筛选。

表 7-6　图书清单的部分数据

序号	索引号	书名
34334	I561.88/159	《爱丽丝漫游奇境记》
50516	I18/3729	《红楼梦》

表 7-7　图书借阅记录的部分数据

读者号	书名	借出时间
37020419731	《奇异文明》	2018-6-25
37020519722	《小王子》	2021-7-31

3. 实现思路及步骤

（1）将 borrow.csv、book_list.csv 文件上传至 Linux 系统目录下。

（2）创建 library 数据仓库，根据数据结构创建图书清单表 book_list 和图书借阅记录表 borrow。

（3）将两个文件中的数据分别导入 book_list 表和 borrow 表中，使用 select 语句对数据进行验证。

（4）使用 where 关键字查询 borrow 表中 2020 年的数据。

任务 2 构建用户标签列

任务描述

用户标签是用户行为的特征，可为产品个性化推荐提供准确的依据。Hive 提供了很多函数，其中 case……when…… 语句可对数据进行判断。本任务是构建用户标签列。

任务要求

1. 使用 case……when…… 语句对用户领取优惠券后的行为进行分类，并将结果保存为新表。

2. 使用 select 语句对新表进行查询和检验。

相关知识

7.2.1 case……when……语句的使用

构建用户标签列

case……when……语句用于计算条件列表并返回结果表达式，语法格式如下。

```
--第一种语法格式
case a
when b then c
[when d then e]*
[else f]
end
--第二种语法格式
case
when a then b
[when c then d]*
[else e]
end
```

第一种语法格式的说明如下。

（1）当 a 与 b 相等时，返回 c。

（2）当 a 与 d 相等时，返回 e。

（3）在其他情况下返回 f。

第二种语法格式的说明如下。

（1）当条件 a 为 true 时，返回 b。

（2）当条件 c 为 true 时，返回 d。

（3）在其他情况下返回 e。

当一条数据满足条件时会返回相应的值，并对下一条数据进行筛选。如果有多个条件，需要使用 and、or 连接。

为 info 表中的消费金额添加标签，将消费金额小于 20 的数据标记为"低消费"，将消费金额大于等于 20 且小于 100 的数据标记为"中等消费"，将其他数据标记为"高消费"，代码如下，运行结果如图 7-13 所示。

```
select *,
case
when money<20 then '低消费'
when money>=20 and money<100 then '中等消费'
else '高消费'
end
from info where type=="消费";
```

```
117149601    182706   20182706    2019/4/11 7:37  1.0     0     77.1  388    消费   NULL   NULL   第五食堂    低消费
117159040    182706   20182706    2019/4/11 17:48 6.1     0     62.0  390    消费   NULL   NULL   第五食堂    低消费
117159346    182706   20182706    2019/4/11 17:49 8.5     0     53.5  391    消费   NULL   NULL   第五食堂    低消费
117161216    182706   20182706    2019/4/11 7:34  1.5     0     79.1  386    消费   NULL   NULL   第五食堂    低消费
117165544    182706   20182706    2019/4/12 7:28  5.5     0     48.0  392    消费   NULL   NULL   第五食堂    低消费
117139394    182707   20182707    2019/4/11 11:56 5.5     0     80.6  482    消费   NULL   NULL   第三食堂    低消费
Time taken: 0.334 seconds, Fetched: 500755 row(s)
```

图 7-13　为 info 表中的消费金额添加标签

7.2.2　group by 分组查询

group by 关键字可以实现对数据的分组查询，语法格式如下。

```
select [all|distinct] select_expr, select_expr,...from table_reference
group by col_list;
```

语法说明如下。

（1）col_list 是分组的依据，可以是一个字段名，也可以是多个字段名。

（2）查询字段 select_expr 必须是 col_list 引用的字段，否则会出现语法错误。

（3）group by 关键字也有去重作用，但与 distinct 关键字存在区别。distinct 关键字仅对数据进行去重；group by 关键字对数据进行分组后，仅保留一条重复数据，还可以结合聚合函数进行统计分析。

info 表的消费类型共有 6 种，分别是发卡存款、取款、存款、无卡销户、消费、退款。统计 info 表中各消费类型的数据量，代码如下，运行结果如图 7-14 所示。

```
select type, count(type) from info
group by type;
```

```
OK
发卡存款         50
取款      19
存款      18323
无卡销户         155
消费      500755
退款      65
Time taken: 57.029 seconds, Fetched: 6 row(s)
```

图 7-14　info 表中各消费类型的数据量

7.2.3　having 条件筛选

where 关键字的执行顺序优先于聚合函数，因此 where 关键字中不能出现聚合函数。如果需要对聚合结果进行条件筛选，则需要引入 having 关键字，语法格式如下。

```
select [all|distinct] select_expr, select_expr,… from table_reference
group by col_list
having having_condition;
```

having_condition 是包含聚合函数的谓词表达式。having 关键字一定要与 group by 关键字组合使用，否则会出现提示信息。

where 关键字和 having 关键字都可以与 group by 关键字进行组合查询，但组合顺序、输出结果均不同，说明如下。

（1）在组合顺序方面，where 关键字的位置在 group by 关键字之前，having 关键字的位置在 group by 关键字之后。

（2）在输出结果方面，where 子句在对查询结果进行分组前，会将不符合条件的数据删除，即在分组之前过滤数据；而 having 子句会筛选满足条件的分组，即在分组之后过滤数据。

使用 group by 关键字按照消费类型进行分组，结合 having 关键字，查询 info 表中消费金额总和大于 3000 元的消费类型，代码如下，运行结果如图 7-15 所示。

```
select type,sum(money) mon from info group by type having mon>3000;
```

```
OK
无卡销户        11379.439995907247
消费     2109251.2214574367
Time taken: 40.557 seconds, Fetched: 2 row(s)
```

图 7-15　info 表中消费金额总和大于 3000 元的消费类型

任务实施

步骤 1　构建用户标签并保存为新表

构建用户标签的规则如下。

（1）正样本（设为 1）。用户领取了优惠券并在 15 天内使用，即 date!=null、coupon_id!=null，且 date－date_received <15 天。

（2）负样本（设为－1）。用户领取了优惠券但未使用（date=null、coupon_id!=null），或在 15 天后才使用（date!=null、coupon_id!=null，但 date－date_received>15 天）。

（3）普通样本（设为 0）。用户消费时未领取优惠券。

根据构建用户标签的规则对 user_coupon 表的数据进行分类，代码如下。

```
create table couponlabel as select *,
case when date <> 'null' and coupon_id <> 'null' and date-date_received<=15 then 1
when date = 'null' and coupon_id <> 'null' then -1
when date <> 'null' and coupon_id <> 'null' and date-date_received>15 then -1
else 0
end as label
```

```
from user_coupon;
```

步骤 2　查看新表

使用 select 语句和 limit 关键字查看 couponlabel 表的前 5 行数据，代码如下。

```
select * from couponlabel limit 5;
```

运行结果如图 7-16 所示，最后一列数据就是构建的用户标签。

```
hive> select * from couponlabel limit 5;
OK
1439408 2632    null    null    0       null    20160217        -1
1439408 4663    11002   150:20  1       20160528        null    -1
1439408 2632    8591    20:1    0       20160217        null    -1
1439408 2632    1078    20:1    0       20160319        null    -1
1439408 2632    8591    20:1    0       20160613        null    -1
Time taken: 0.295 seconds, Fetched: 5 row(s)
```

图 7-16　couponlabel 表的前 5 行数据

任务实训

实现国家不同
机场情况分析

实训内容：统计不同机场的客流量

1. 训练要点

（1）熟练掌握使用 group by 语句进行分组查询的方法。

（2）熟练掌握使用聚合函数进行聚合统计的方法。

2. 需求说明

airport.csv 文件记录了 250 个机场在 2016 年～2020 年的相关数据，字段说明如表 7-8 所示。请创建数据仓库和数据表，并将数据导入表中，统计不同机场的客流量。

表 7-8　Airport.csv 文件的字段说明

字段名称	字段说明	字段名称	字段说明
rank	机场排名	code	机场代码
airport	机场名称	passengers	乘客总数
location	机场位置	year	排名年份
country	机场所在国家		

3. 实现思路及步骤

（1）创建 airport 数据仓库和 data_airport 数据表。

（2）将数据导入 data_airport 表中，并用 select 语句进行验证。

（3）使用 group by 语句及聚合函数统计每年的客流量。

（4）使用 group by 语句对机场所在国家进行分组，统计不同国家的机场客流量。

（5）使用 group by 语句对年份进行分组，得出客流量最大的年份。

任务 3 构建用户特征字段

任务描述

为了进行优惠券的个性化投放，商户需要通过用户领取优惠券的数量和使用优惠券的数量了解用户的消费欲望。有些用户在某一商户的领取和消费情况远高于其他商户，对这类用户也要进行标识。本任务是根据优惠券消费数据构建用户特征字段。

任务要求

1. 计算用户与商户的平均距离。
2. 用平均值填充用户与商户距离的缺失值。
3. 统计优惠券流行度。
4. 统计不同商户的优惠券流行度。
5. 统计用户领取的优惠券数量。
6. 统计用户使用的优惠券数量。
7. 统计用户在不同商户使用优惠券的次数。
8. 统计用户在不同商户领取的优惠券数量。
9. 统计用户在不同商户消费的次数。

相关知识

7.3.1 Hive 内置函数

1. 聚合函数

聚合函数是对一组值进行计算并返回单一值的函数，经常与 select 语句的 group by 子句结合使用。常用的聚合函数如表 7-9 所示。

表 7-9 常用的聚合函数

聚合函数	返回类型	说明
count(*)	bigint	返回检索到的行数，包括有空值的行
count(expr)	bigint	返回表达式为非空的行数
count(distinct expr[,expr...])	bigint	返回表达式唯一且非空的行数
sum(col)	double	返回组中数据的总和
sum(distinct col)	double	返回组中不同列的数据总和
avg(col)	double	返回组中数据的平均值

聚合函数	返回类型	说明
avg(distinct col)	double	返回组中不同列的数据平均值
min(col)	double	返回组中列的数据最小值
max(col)	double	返回组中列的数据最大值

查询 info 表中消费类型为"消费"的消费金额最大值、最小值、平均值、总和、数据记录数，代码如下，运行结果如图 7-17 所示。

```
select max(money),min(money),avg(money),sum(money),count(*) from info where type=="消费";
```

```
Total MapReduce CPU Time Spent: 7 seconds 330 msec
OK
300.0    0.01    4.212142108331293          2109251.2214574367        500755
Time taken: 53.128 seconds, Fetched: 1 row(s)
```

图 7-17 消费金额最大值、最小值、平均值、总和、数据记录数

2. 字符串函数

字符串函数是对 string 类型的数据进行切分、拼接操作的函数，常用的字符串函数如表 7-10 所示。

表 7-10 常用的字符串函数

字符串函数	返回类型	说明
trim(string A)	string	返回去除首尾两端的空格后的字符串； 示例：trim(' foobar ')的结果为 foobar
substr(string A, int start, int len)、substring(string A, int start, int len)	string	返回从 start 位置开始，长度为 len 的字符串或切片； 示例：substr('foobar', 4, 1)的结果为 b
split(string A, string pat)	array	按照 pat（正则表达式）切分字符串
length(string A)	int	返回字符串的长度
concat(string A, string B)	string	拼接字符串，返回一个新的字符串； 此函数可以接受任意数量个输入字符串； 示例：concat（'foo', 'bar'）的结果为 foobar
replace(string A, string B, string C)	string	将字符串 A 中所有不重叠的子字符串 B 替换为字符串 C； 示例：replace('ababcd', 'abab', "Z")的结果为 Zcd

将 info 表的 date 字段补充完整，在消费时间后面加上 ":00"，代码如下，运行结果如图 7-18 所示。

```
select date,concat(date,":00") from info where type=="消费";
```

```
2019/4/11 7:37   2019/4/11 7:37:00
2019/4/11 17:48 2019/4/11 17:48:00
2019/4/11 17:49 2019/4/11 17:49:00
2019/4/11 7:34   2019/4/11 7:34:00
2019/4/12 7:28   2019/4/12 7:28:00
2019/4/11 11:56 2019/4/11 11:56:00
Time taken: 0.382 seconds, Fetched: 500755 row(s)
```

图 7-18 info 表的 date 字段（部分数据）

3. 日期函数

日期函数可用于截取年份、月份，也可以进行日期格式的转换。常用的日期函数如表 7-11 所示。

表 7-11　常用的日期函数

日期函数	返回类型	说明
year(string date)	int	返回日期或时间戳字符串的年份； 示例：year('1970-01-01 00:00:00') = 1970，year('1970-01-01') = 1970
month(string date)	int	返回日期或时间戳字符串的月份； 示例：month('1970-11-01 00:00:00') = 11，month('1970-11-01') = 11
day(string date)	int	返回日期或时间戳字符串的天； 示例：day('1970-11-01 00:00:00') = 1，day('1970-11-01') = 1
hour(string date)	int	返回日期或时间戳字符串的小时数； 示例：hour('2009-07-30 12:58:59') = 12，hour('12:58:59') =12
current_date	date	返回当前日期
months_between(date 1,date2)	double	返回 date1 和 date2 之间的月数； 如果 date1 晚于 date2，结果为正； 如果 date1 早于 date2，结果为负； date1 和 date2 的格式可以是 yyyy-MM-dd 或 yyyy-MM-dd HH:MM:ss； 示例：months_between('1997-02-28 10:30:00', '1996-10-30') = 3.94959677

提取 info 表中消费时间的小时数，代码如下，运行结果如图 7-19 所示。

```
select date, hour(replace(concat(date, ":00"),"/","-")) from info;
```

```
2019/4/11 17:48  17
2019/4/11 17:49  17
2019/4/11 7:34   7
2019/4/12 7:28   7
2019/4/11 11:56  11
Time taken: 2.207 seconds, Fetched: 519367 row(s)
```

图 7-19　info 表中消费时间的小时数（部分数据）

4. 条件函数

Hive 提供了很多内置的条件函数，常用的条件函数如表 7-12 所示。

表 7-12　常用的条件函数

条件函数	返回类型	说明
if(boolean testCondition, T valueTrue, T valueFalseOrNull)	T	当条件 testCondition 为 true 时返回 valueTrue，否则返回 valueFalseOrNull
isnull(A)	boolean	如果 A 为 null，则返回 true，否则返回 false
isnotnull(A)	boolean	如果 A 为 null，则返回 false，否则返回 true
nvl(T value, T default_value)	T	如果 value 值为 null，则返回默认值 default_value，否则返回值 value

学校食堂的营业时间为 6:00~24:00，因此将 info 表中消费时间为 0:00~5:00 的所有数据记为异常，统计正常数据和异常数据，代码如下。

```
select hours,if(hours>=0 and hours<=5,'异常','正常'),count(*) from (select hour(replace(concat(date,
":00"),"/","-")) as hours from info)a group by hours;
```

运行结果如图 7-20 所示，对所有数据标记了"正常"或"异常"，方便学校对数据进行筛选。

```
OK
0        异常      7319
1        异常      56
2        异常      258
3        异常      128
4        异常      132
5        异常      341
6        正常      2202
7        正常      72594
8        正常      18388
9        正常      21736
10       正常      9851
11       正常      117753
12       正常      75068
13       正常      6374
14       正常      2542
15       正常      4188
16       正常      24491
17       正常      56091
18       正常      57458
19       正常      18491
20       正常      6815
21       正常      10522
22       正常      6144
23       正常      425
Time taken: 47.132 seconds, Fetched: 24 row(s)
```

图 7-20 0:00~23:00 的正常数据和异常数据（部分数据）

5. 数值计算函数

数值计算函数是对单个数或单列数据进行处理的函数，常用的数值计算函数如表 7-13 所示。

表 7-13 常用的数值计算函数

数值计算函数	返回类型	说明
round(double A)	double	返回 A 四舍五入后的整数值
round(double A, int d)	double	返回 A 四舍五入到 d 位的小数
rand( )、 rand(int seed)	double	返回一个随机数（从一行到另一行变化），该随机数从 0~1 均匀分布； seed 用于确保生成确定性随机数序列
sqrt(double A)、 sqrt(decimal A)	double	返回 A 的平方根
abs(double A)	double	返回 A 的绝对值

统计 info 表中不同消费地点的消费总额，保留两位小数（教师食堂一般不对学生开放，

故不纳入计算），代码如下。

```
select dept,round(sum(money),2) from info where type=="消费" and dept like "第%食堂" group by dept;
```

运行结果如图 7-21 所示，第四食堂与第二食堂的消费总额排在前两位，因此学校可增加这两个食堂的食品供应量；第一食堂的消费总额最低，可适量减少食品供应量。

```
Total MapReduce CPU Time Spent: 6 seconds 980 msec
OK
第一食堂        169916.02
第三食堂        291736.04
第二食堂        405957.2
第五食堂        351400.81
第四食堂        461718.5
Time taken: 48.789 seconds, Fetched: 5 row(s)
```

图 7-21 info 表中不同消费地点的消费总额

6. 表生成函数

表生成函数可将单个输入行转换为多个输出行，常用的表生成函数如表 7-14 所示。

表 7-14 常用的表生成函数

表生成函数	说明
explode(array)	将数组 array 分解为多行； 返回具有单列的行集，数组中的每个元素对应一行
explode(map)	将映射分解为多行； 每个行集包含两列（键、值），映射中的每个键值对对应一行
posexplode(array)	将数组分解为具有 int 类型附加位置列（原始数组中项的位置从 0 开始）的多行； 返回具有两列的行集，数组中的每个元素对应一行
inline(array)	将结构数组分解为多行； 返回包含 n 列的行集（n 为结构中顶级元素的数量）

下面以 explode( ) 函数为例，说明表生成函数的使用限制。

（1）不允许使用其他表达式，例如不支持 select pageid, explode(adid_list) as myCol…… 语句。

（2）不支持嵌套，例如不支持 select explode(explode(adid_list)) as myCol……语句。

（3）不支持分组、排序，例如不支持 select explode(adid_list) as myCol……group by myCol 语句。

如果表生成函数结合 lateral view 关键字，则叫可以没有以上限制，lateral view 关键字的语法格式如下。

```
lateral view udtf(expression) tableAlias as columnAlias (',' columnAlias)*;
```

7. 分析函数

分析函数是一类特殊的内置函数，用于对多个输入行进行计算并得出一个值，与聚合函数类似。不同的是，分析函数在一个特定的窗口内对输入数据进行处理，而不是进行 group by 分组计算。

分析函数会对结果集的每一行单独计算，而不是对每个 group by 分组进行计算。这种灵活的方式允许用户在 select 语句中增加额外的列，给用户提供了更多机会对结果集进行重新组织和过滤。

分析函数只能出现在 select 列表和最外层的 order by 语句中。在查询过程中，分析函数会在最后生效，即分析函数在执行完 join、where、group by 等操作之后再执行。

分析函数一般结合窗口函数 over 进行使用。over 函数用于划定窗口的范围，并在窗口内对行的集合进行聚合计算。如果要按某列的不同值划分窗口，可以在 over 函数中加入 partition by 语句；如果要按某列排序后的不同值划分窗口，可以在 over 函数中加入 partition by 语句和 order by 语句。

常用的分析函数如表 7-15 所示。

表 7-15　常用的分析函数

分析函数	说明
rank( )	返回数据项在分区中的排名； 排名序列可能会有间隔
dense_rank( )	返回数据项在分区中的排名； 排名序列是连续的，没有间隔
percent_rank( )	计算当前行的百分比排名
row_number( )	确定分区中当前行的排名
cume_dist( )	计算分区中当前行的相对排名
ntile( )	将每个分区的行尽可能均匀地划分为指定数量的分组

对 info 表中的消费地点根据消费金额进行排名，代码如下。

```
select dept,money,rank( )over(partition by dept order by money) from info where type=="消费";
```

运行结果如图 7-22 所示，使用 rank( ) 函数进行数据排名时，如果多行中的排序值相同，则会有相同的排名。如果有排名相同的情况，则会在名次中留下空位，例如，如果有两行数据排名第 3，那么下一个数据就排名第 5。

```
飞凤轩宿管办    150.0    66
飞凤轩宿管办    200.0    71
飞凤轩宿管办    200.0    71
飞凤轩宿管办    200.0    71
飞凤轩宿管办    200.0    71
飞凤轩宿管办    200.0    71
飞凤轩宿管办    200.0    71
飞凤轩宿管办    200.0    71
飞凤轩宿管办    200.0    71
飞凤轩宿管办    200.0    71
飞凤轩宿管办    200.0    71
飞凤轩宿管办    200.0    71
飞凤轩宿管办    200.0    71
飞凤轩宿管办    200.0    71
飞凤轩宿管办    200.0    71
飞凤轩宿管办    200.0    71
飞凤轩宿管办    200.0    71
Time taken: 47.134 seconds, Fetched: 500755 row(s)
```

图 7-22　对 info 表中的消费地点根据消费金额进行排名（部分数据）

7.3.2　排序查询

排序不仅能使输出的数据更美观，还能提高数据查询的效率，语法格式如下。

4 种排序查询关
键字的区别和
使用

```
select [all|distinct] select_expr, select_expr,... from table_reference
order by col_list
[distribute by col_list|[sort by col_list] [cluster by col_list]];
```

order by、distribute by、sort by、cluster by 均是 Hive 中的排序查询关键字，默认为升序排序，它们的使用说明如下。

（1）order by 关键字与 SQL 语言中的 order by 关键字作用一致，会对查询的结果进行全局排序。如果数据量很大，则 order by 排序会消耗很长时间。

（2）distribute by 关键字是 Map 端在 Reduce 端的划分，会将相同的键分发到同一个 Reduce 端。一般情况下，distribute by 关键字会结合 sort by 关键字使用，且必须写在 sort by 关键字之前，即先进行分组，再进行排序处理。

（3）sort by 关键字在每个 Reduce 端进行排序操作，保证排序是局部有序的，即每个 Reduce 端输出的数据都是有序的，但不能保证所有数据都是有序的，除非该计算只有一个 Reduce 端。

（4）cluster by 关键字只能使用默认的升序排序，不能指定排序规则。当排序字段只有一个时，cluster by 的运行结果与 distribute by 和 sort by 结合使用的运行结果一致。

查询 info 表中的消费金额和消费地点，并根据消费金额对结果进行升序排列，代码如下。

```
select money,dept from info where type=="消费" sort by money;
```

运行结果如图 7-23 所示。

```
300.0    机电系
300.0    第六教学楼
300.0    机电系
300.0    机电系
300.0    机电系
300.0    第五教学楼
Time taken: 49.415 seconds, Fetched: 500755 row(s)
```

图 7-23　info 表中的消费金额和消费地点（部分数据）

任务实施

步骤 1　计算用户与商户的平均距离

构建用户特征
字段 1

使用聚合函数 avg( ) 计算用户与商户的平均距离（保留一位小数），代码如下。

```
select round(avg(distance),1) from couponlabel;
```

运行结果如图 7-24 所示。

```
OK
2.2
Time taken: 44.739 seconds, Fetched: 1 row(s)
```

图 7-24　用户与商户的平均距离

步骤 2　用平均值填充用户与商户距离的缺失值

distance 字段中存在空值，但此空值没有任何意义，因此采用填充的方式进行处理。为了避免极大值和极小值造成数据倾斜，使用平均值进行填充，并保存为 coupondata 表，代码如下。

```
create table if not exists coupondata
as select user_id,merchant_id,coupon_id,discount_rate,date_received,date, label,
case when distance == 'null' then 2.2 else distance end as distance
from couponlabel
group by user_id,merchant_id,coupon_id,discount_rate,date_received,date,label,distance;
```

使用 select 语句查询 coupon_id 字段和 distance 字段的数据，查看前 10 行数据，运行结果如图 7-25 所示。

```
hive> select coupon_id,distance from coupondata limit 10;
OK
8735    10
2902    10
11951   0
11951   0
1807    0
9776    0
13490   4
12349   8
11173   2
190     2.2
Time taken: 0.366 seconds, Fetched: 10 row(s)
```

图 7-25　coupon_id 字段和 distance 字段的数据（前 10 行）

步骤 3　统计优惠券流行度

根据"优惠券流行度=已使用优惠券/优惠券总数"可计算出优惠券流行度，代码如下。

```
create table if not exists table_coupon_popu
as select coupon_id,sum(case when label=1 then 1 else 0 end)/count(*) as coupon_popu
from coupondata where coupon_id <> 'null' group by coupon_id;
```

使用 select 语句对 table_coupon_popu 表进行查询，运行结果如图 7-26 所示。

```
hive> select * from table_coupon_popu limit 5;
OK
1       0.0
10      0.46875
100     0.14285714285714285
1000    0.07894736842105263
10000   0.5294117647058824
Time taken: 0.451 seconds, Fetched: 5 row(s)
```

图 7-26　优惠券流行度（部分数据）

步骤 4　统计不同商户的优惠券流行度

商户的特征为所发放优惠券的流行度，该特征类似于步骤 3 中计算的流行度，但在计算出流行度后需要对商户 ID（即 merchant_id）进行分组，得到每个商户对应的优惠券流行度，代码如下。

```
create table if not exists table_merchant_popu
as select merchant_id,sum(case when label=1 then 1 else 0 end) as label1_sum,
sum(case when coupon_id <> 'null' then 1 else 0 end) as coupon_id_not_null_sum,
sum(case when label=1 then 1 else 0 end)/count(*) as merchant_popu
from coupondata where coupon_id <> 'null' group by merchant_id;
```

使用 select 语句查询 table_merchant_popu 表的前 5 行数据，运行结果如图 7-27 所示。

```
hive> select * from table_merchant_popu limit 5;
OK
2       0       7       0.0
3       0       10      0.0
4       5       7       0.7142857142857143
5       2       28      0.07142857142857142
8       0       2       0.0
Time taken: 0.5 seconds, Fetched: 5 row(s)
```

图 7-27 商户对应的优惠券流行度（部分数据）

构建用户特征
字段 2

步骤 5 统计用户领取的优惠券数量

对用户进行分组，计算每个用户组中 coupon_id 不为空的记录数，即可得出用户领取的优惠券数量，代码如下。

```
create table if not exists table_number_received_coupon
as select user_id,count(coupon_id) as number_received_coupon
from coupondata where coupon_id <> 'null' group by user_id;
```

使用 select 语句对 table_number_received_coupon 表进行查询，运行结果如图 7-28 所示，第 1 列数据为用户 ID，第 2 列数据为用户领取的优惠券数量。

```
hive> select * from table_number_received_coupon limit 5;
OK
4       2
35      4
36      2
64      1
110     3
Time taken: 0.377 seconds, Fetched: 5 row(s)
```

图 7-28 用户领取的优惠券数量（部分数据）

步骤 6 统计用户使用的优惠券数量

用户领取的优惠券数量虽然可以反映出用户的消费欲望，但领取得多并不代表消费得多，因此需要对用户使用的优惠券数量进行统计。首先判断 coupon_id 字段的数据是非为空，如果为空则定义标签列为 1，然后统计总和，代码如下。

```
create table if not exists table_number_used_coupon
as select user_id,sum(case when coupon_id <> 'null' then 1 else 0 end) as number_used_coupon
from coupondata group by user_id;
```

使用 select 语句对 table_number_used_coupon 表进行查询，运行结果如图 7-29 所示，第 1 列数据是用户 ID，第 2 列数据是用户使用的优惠券数量。

```
hive> select * from table_number_used_coupon limit 5;
OK
4       2
35      4
36      2
64      1
110     3
Time taken: 0.418 seconds, Fetched: 5 row(s)
```

图 7-29　用户使用的优惠券数量（部分数据）

步骤 7　统计用户在不同商户使用优惠券的次数

根据标签列可以定位用户的消费记录，统计优惠券的使用次数。特定用户在特定商户内的消费情况属于一对一的统计，需要根据用户 ID 和商户 ID 进行分组，代码如下。

```
create table if not exists table_user_merchant_used_coupon
as select user_id,merchant_id,sum(case when label=1 then 1 else 0 end) as user_merchant_used_coupon
from coupondata group by user_id,merchant_id;
```

使用 select 语句对 table_user_merchant_used_coupon 表进行查询，运行结果如图 7-30 所示，第 1 列数据为用户 ID，第 2 列数据为商户 ID，第 3 列数据为用户使用优惠券的次数。

```
hive> select * from table_user_merchant_used_coupon limit 5;
OK
4       1433    0
4       1469    0
35      3381    0
36      1041    0
36      5717    0
Time taken: 0.833 seconds, Fetched: 5 row(s)
```

图 7-30　用户在不同商户使用优惠券的次数（部分数据）

步骤 8　统计用户在不同商户领取的优惠券数量

根据用户 ID 和商户 ID 进行分组，统计每组中 coupon_id 字段不为空的数据，代码如下。

```
create table if not exists table_user_merchant_used_coupon1
as select user_id,merchant_id,sum(case when coupon_id <> 'null' then 1 else 0 end) as user_merchant_used_coupon1
from coupondata group by user_id,merchant_id;
```

使用 select 语句对 table_user_merchant_used_coupon1 表进行查询，运行结果如图 7-31 所示，第 1 列数据为用户 ID，第 2 列数据为商户 ID，第 3 列数据是用户领取的优惠券数量。

```
hive> select * from table_user_merchant_used_coupon1 limit 5;
OK
4       1433    1
4       1469    1
35      3381    4
36      1041    1
36      5717    1
Time taken: 0.504 seconds, Fetched: 5 row(s)
```

图 7-31　用户在不同商户领取的优惠券数量（部分数据）

步骤 9　统计用户在不同商户消费的次数

用户在商户消费时未必会使用优惠券，有些用户未领取优惠券就进行了消费。如果用户产生消费行为，则会将消费日期记录到 date 字段中，因此统计 date 字段不为空的记录数即可得到用户的消费次数，代码如下。

```
create table if not exists table_user_merchant_cus
as select user_id,merchant_id,sum(case when date<> 'null' then 1 else 0 end) as user_merchant_cus
from coupondata group by user_id,merchant_id;
```

使用 select 语句对 table_user_merchant_cus 表进行查询，运行结果如图 7-32 所示，第 1 列数据为用户 ID，第 2 列数据为商户 ID，第 3 列数据是用户消费的次数。

```
hive> select * from table_user_merchant_cus limit 5;
OK
4       1433    0
4       1469    0
35      3381    0
36      1041    0
36      5717    0
Time taken: 0.625 seconds, Fetched: 5 row(s)
```

图 7-32　用户在不同商户消费的次数（部分数据）

任务实训

统计奖牌数据量

实训内容：统计奖牌数据

1．训练要点

（1）熟练掌握 Hive 内置函数的使用方法。

（2）熟练掌握使用 order by 语句对数据进行排序的方法。

2．需求说明

2022 年 2 月 20 日，2022 年北京冬季奥运会落下帷幕。中国代表队在赛场上奋力拼搏，为国争光，用坚韧守护国之荣耀。他们全力以赴的身姿尽显中国青年的力量，这种攻坚克难、奋力拼搏的体育精神值得每一个人学习。现有一份奖牌数据，其字段说明如表 7-16 所示，请创建对应的数据仓库和数据表，并导入数据，统计各种奖牌的数量以及奖牌数量最多的前三个国家，并对 rank by total 字段进行升序排列。

表 7-16　奖牌数据的字段说明

字段名称	字段说明	字段名称	字段说明
country	国家	bronze medal	铜牌数
gold medal	金牌数	total	奖牌总数
silver medal	银牌数	rank by total	总数排名

3．实现思路及步骤

（1）创建 medal 数据仓库和 medals 数据表，将数据导入 medals 表中。

（2）使用内置函数 sum( ) 统计各种奖牌的数量。

（3）使用 sort by 关键字查询奖牌数量最多的前三个国家。

（4）使用 order by 关键字对 rank by total 字段进行升序排列。

任务 4 连接用户特征字段

任务描述

当要查询的数据涉及两个或两个以上数据表时，利用联表查询语句可以减少工作量，提高查询效率。联表查询分为内连接、外连接、交叉连接、结果集连接等。本任务是实现特征字段的连接，并将连接后的表保存在 HDFS 中。

任务要求

1. 使用语句连接用户特征字段，并保存为新表。

2. 将数据表保存在 HDFS 中。

相关知识

7.4.1 union 结果集合并

使用 union 关键字进行合并查询的语法格式如下。

```
select_statement union [all|distinct] select_statement
union [all|distinct] select_statement
```

union 关键字的作用是将多个 select 语句的结果（select_statement）合并到单个结果集中。使用可选的 all 关键字时，不会在合并的过程中删除重复的行。每个 select_statement 返回的列数量和名称必须相同，否则会引发架构错误。

现有一份有关学生成绩的数据集，内含 3 个数据表，分别是 student 表、result_math 表、result_bigdata 表，字段说明如表 7-17 和表 7-18 所示。

表 7-17 student 表的字段说明

字段名称	数据类型	字段说明
id	int	学生 ID
name	string	学生姓名

表 7-18 result_math 表和 result_bigdata 表的字段说明

字段名称	数据类型	字段说明
id	int	学生 ID
subject	string	课程名
score	int	成绩

首先创建 score 数据仓库，在 score 数据仓库中创建 student 表、result_math 表、result_bigdata 表，并导入数据，代码如下。

```
--创建 score 数据仓库
create database if not exists score;
--进入 score 数据仓库
use score;
--创建 student 表并导入数据
create table if not exists stu (
id int,
name string)
row format delimited fields terminated by ',';
load data local inpath '/opt/student.txt' overwrite into table stu;

--创建 result_math 表并导入数据
create table if not exists result_math (
id int,
subject string,
score int)
row format delimited fields terminated by ',';
load data local inpath '/opt/result_math.txt' overwrite into table result_math;

--创建 result_bigdata 表并导入数据
create table if not exists result_bigdata (
id int,
subject string,
score int)
row format delimited fields terminated by ',';
load data local inpath '/opt/result_bigdata.txt' overwrite into table result_bigdata;
```

使用 union 关键字合并 result_math 表和 result_bigdata 表，代码如下，运行结果如图 7-33 所示。

```
select * from result_math union select * from result_bigdata;
```

```
OK
1001    大数据基础      90
1001    应用数学        96
1002    大数据基础      94
1002    应用数学        94
1003    大数据基础      100
1003    应用数学        100
1004    应用数学        100
1005    大数据基础      90
1005    应用数学        94
1006    大数据基础      94
1006    应用数学        80
1007    大数据基础      100
1007    应用数学        90
1008    大数据基础      93
1008    应用数学        94
1009    大数据基础      89
1009    应用数学        84
1010    大数据基础      78
1011    大数据基础      91
1011    应用数学        79
1012    大数据基础      84
1012    应用数学        91
Time taken: 46.858 seconds, Fetched: 22 row(s)
```

图 7-33 合并 result_math 表和 result_bigdata 表

7.4.2 join 连接表数据

join 连接查询的
使用

join 关键字的语法格式如下。

```
table_reference [inner] join table_factor [join_condition]
|table_reference (left|right|full) [outer] join table_reference join_condition
|table_reference left semi join table_reference join_condition
|table_reference cross join table_reference [join_condition];
```

1. 等值连接

join 关键字的默认设置是等值连接（inner join），inner join 只返回连接字段相等的行。
使用 join 关键字连接 student 表、result_math 表、result_bigdata 表，代码如下。

```
select s.*,m.subject,m.score,b.subject,b.score from student
join result_math m on s.id=m.id
join result_bigdata b on m.id=b.id;
```

运行结果如图 7-34 所示，student 表与 result_math 表进行合并时，result_math 表不存在
ID 为 1010 的数据，所以"丢弃"了 student 表中 ID 为 1010 的数据，形成 sm 表。同理，
result_bigdata 表中不存在 ID 为 1004 的数据，所以"丢弃"了 sm 表中 ID 为 1004 的数据和
result_bigdata 表中 ID 为 1010 的数据（这里的"丢弃"并不是删除数据，只是对应的数据不
参与连接，原表中的对应数据依旧存在）。

```
OK
1001    李正明    应用数学        96        大数据基础        90
1002    王一磊    应用数学        94        大数据基础        94
1003    陈志华    应用数学        100       大数据基础        100
1005    赵信      应用数学        94        大数据基础        90
1006    古明远    应用数学        80        大数据基础        94
1007    刘浩明    应用数学        90        大数据基础        100
1008    沈彬      应用数学        94        大数据基础        93
1009    李子琪    应用数学        84        大数据基础        89
1011    柳梦文    应用数学        79        大数据基础        91
1012    钱多多    应用数学        91        大数据基础        84
Time taken: 71.331 seconds, Fetched: 10 row(s)
```

图 7-34 连接 student 表、result_math 表、result_bigdata 表

2. 左外连接

左外连接（left join）会返回左表中的所有字段和右表中的连接字段。使用 left join 语句
合并 result_math 表和 result_bigdata 表的代码如下。当 result_bigdata 表中不存在 ID 为 1004
的数据时，填充 null。使用 left join 语句即意味着以左表中的数据为准，当右表中不存在相
应数据时填充 null。

```
select m.*,b.subject,b.score from result_math m
left join result_bigdata b on m.id=b.id;
```

3. 右外连接

右外连接（right join）会返回右表中的所有字段和左表中的连接字段。
使用 right join 语句合并 result_math 表和 result_bigdata 表的代码如下，运行后会返回
result_bigdata 表的所有数据和 result_math 表中与 result_bigdata 表对应的数据。当 result_math

表中不存在 ID 为 1010 的数据时，填充 null。

```
select b.*,m.subject,m.score from result_math m
right join result_bigdata b on m.id=b.id;
```

任务实施

步骤 1 连接用户特征表

为方便商户对用户进行分类，使用 left join 语句连接 7 张用户特征表，并保存为 coupon_all 表，代码如下。

```
create table coupon_all as
select c.user_id,c.merchant_id,c.coupon_id,c.discount_rate,c.label,c.distance, t1.coupon_popu,t2.merchant_
popu,t3.number_received_coupon,t4.number_used_coupon,t5.user_merchant_used_coupon,t6.user_merchant_
used_coupon1,t7.user_merchant_cus
from coupondata c
left join table_coupon_popu as t1 on c.coupon_id = t1.coupon_id
left join table_merchant_popu as t2 on c.merchant_id = t2.merchant_id
left join table_number_received_coupon as t3 on c.user_id = t3.user_id
left join table_number_used_coupon as t4 on c.user_id = t4.user_id
left join table_user_merchant_used_coupon as t5 on c.user_id = t5.user_id and c.merchant_id=t5.
merchant_id
left join table_user_merchant_used_coupon1 as t6 on c.user_id = t6.user_id and c.merchant_id=t6.
merchant_id
left join table_user_merchant_cus as t7 on c.user_id = t7.user_id and c.merchant_id=t7.merchant_id;
```

查询 coupon_all 表的前 5 行数据，结果如图 7-35 所示。

```
hive> select * from coupon_all limit 5;
OK
4      1433    8735    30:5     -1      10      0.004609096443168971      0.026633165829145728      2    2    0    1    0
4      1469    2902    0.95     -1      10      0.09852216748768473       0.02708476912474156       2    2    0    1    0
35     3381    1807    300:30   -1      0       0.0037325676784249386     0.0066279692067020704     4    4    0    4    0
35     3381    11951   200:30   -1      0       0.005589230890340864      0.0066279692067020704     4    4    0    4    0
35     3381    11951   200:20   -1      0       0.005589230890340864      0.0066279692067020704     4    4    0    4    0
Time taken: 4.22 seconds, Fetched: 5 row(s)
```

图 7-35 coupon_all 表的前 5 行数据

步骤 2 导出新表

创建 coupon_all 表后，将 coupon_all 表导出到 HDFS 中，代码如下。

```
insert overwrite directory '/user/root/coupon_all_output'
row format delimited fields terminated by ','
select * from coupon_all;
```

导出成功后，可在 Hadoop Web 端进入 HDFS 的/user/root/user_coupon_output 目录下查看数据导出情况，如图 7-36 所示。

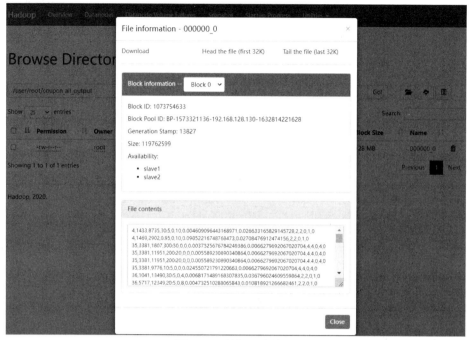

图 7-36   数据导出情况

任务实训

实训内容：合并两张表，创建完整的图书借阅记录数据表

合并两张表创建
完整的图书借阅
数据表

1. 训练要点

（1）熟练掌握使用 left join 语句连接表的方法。

（2）熟练掌握使用 insert overwrite 语句导出 Hive 表数据的方法。

2. 需求说明

为了构建完整的图书借阅记录数据表，需要对 borrow 表和 book_list 表进行连接处理，并将数据导出。

3. 实现思路及步骤

（1）构建 borrow_all 表，使用 left join 语句（以 borrow 表为准）为 borrow 表添加序号和索引号，使用 select 语句对 borrow_all 表进行查看和检验。

（2）将 borrow_all 表导出至 HDFS 的/user/root/library/borrow_all 目录下。

项目总结

本项目介绍了 select 语句的语法格式以及多个关键字的使用方法。在使用 select 语句时，可以使用 limit 关键字控制查询结果的数据量；可以通过 where 关键字结合 Hive 内置函数添加谓词表达式，对查询结果进行过滤；可以使用 case……when……语句对数据进行筛选；可以使用 group by 关键字对数据进行分组，再对每组的数据使用聚合函数进行统计分析；可以使用 order by、distribute by、sort by、cluster by 关键字实现查询结果的排序。

通过本项目的学习，读者可以对 Hive 的数据查询有更加深刻的理解。实践是检验真理的唯一标准，本项目结合优惠券消费数据分析案例，根据案例数据进行业务层面的查询和统计，培养读者处理数据、分析信息的能力，并掌握相关的查询方法，对数据的探索、分析步骤了然于心。

课后习题

1. 选择题

（1）查询数据表的第 2～4 行数据，可以使用 select 语句的（　　）关键字。

A．limit 2　　　　　B．limit 4　　　　　C．limit 2,3　　　　　D．limit 1,3

（2）执行"select col_name from table where（　　）;"命令可以查询 table 表中 col_name 字段大于 20 且小于 30 的数据。

A．col_name>20 and col_name<30　　　　B．col_name between 20 and 30

C．col_name>20 or col_name<30　　　　D．col_name>20 and col_name<30

（3）对 table 表中 int 类型的 col_name 字段执行"select col_name from table where table rlike '123';"命令，会输出（　　）。

A．col_name 字段中含有"123"的数据

B．使用错误，提示报错

C．col_name 字段中等于"123"的数据

D．col_name 字段中含有"1""2""3"的数据

（4）执行"select case 4 when 4 then 0 when 5 then 4 end;"命令会输出（　　）。

A．4　　　　　B．5　　　　　C．0　　　　　D．false

（5）下列语句中错误的是（　　）。

A．select case 1 when 1 then 0 end;　　　　B．select case when 1==1 then 0 end;

C．select case 1 when 1 then 1 end;　　　　D．select case when 1==1 then 1;

（6）使用 group by 关键字对多个字段进行分组时，分组规则为（　　）。

A．以第一个字段为准　　　　　　　　B．以各字段的均值为准

C．各个字段的值均相同才能分组　　　　D．不能对多个字段进行分组

（7）假设在北京时间 2022 年 1 月 4 日执行"select year(current_date)-year('2021-1-4');"命令，会输出（　　）。

A．1　　　　　　　　　　　　　B．2022-2021

C．2022-1-4-2021-1-4　　　　　　D．0

（8）执行"select round(3.1415926,5);"命令会输出（　　）。

A．3.141　　　　　　　　　　　B．3.142

C. 3.14159　　　　　　　　　　　　D. 3.1415926

（9）union all 与 union distinct 组合使用时（　　　）。

A. 以 union all 为准

B. union all 与 union distinct 不能组合使用

C. 以 union distinct 为准

D. union distinct 会覆盖其左侧的 union all 操作

（10）已知表 A、B 各有三个同种类型的字段（a1、a2、a3 和 b1、a2、b3），执行命令 "select a1,a2 from A union select b1,b2,b3 from B;" 后会输出（　　　）。

A. 两列数据　　　　　　　　　　　B. 三列数据

C. 五列数据　　　　　　　　　　　D. 语句出错，提示报错

2. 操作题

在京东 App 里，用户浏览商品时会产生访问日志。现有一份访问日志文件 jingdong_visit.txt，其数据结构如表 7-19 所示。

表 7-19　jingdong_visit.txt 的数据结构

字段名称	数据类型	字段说明
shop_name	string	店铺名称
user_id	int	用户 ID
visiti_time	string	浏览日期

请依次进行以下操作。

（1）创建 jd 数据仓库和 visit 数据表。

（2）将数据导入 visit 表中，并查询表数据。

（3）统计每个店铺的访客数量。

（4）统计每个店铺访问次数排名前三的访客信息，输出店铺名称、用户 ID、访问次数。

项目 8   使用 Hive Java API 开发优惠券消费数据分析应用

1. 知识目标

（1）熟悉 Hive 开发环境的搭建流程。

（2）熟悉三种自定义函数的区别。

（3）掌握在开发环境中运行 SQL 语句的方法。

2. 技能目标

（1）能够搭建 Hive 开发环境。

（2）能够根据需求编写自定义函数，实现数据的查询与处理。

（3）能够远程创建 Hive 数据仓库和数据表，并进行数据表的查询操作。

3. 素养目标

（1）用"发展的观点"分析用户价值，树立正确的价值观。

（2）具备问题分析能力和归纳总结能力，结合具体情景总结用户价值的特征。

（3）养成求实的消费习惯，根据需要理性消费，切勿盲目从众、攀比消费。

在学习 Hive 的过程中，使用 CLI 或 hive -e 命令执行查询操作虽然简单，但较为笨拙、单一。Hive 提供了轻客户端，通过 HiveServer 或 HiveServer2 可以在不启动 CLI 的情况下对 Hive 中的数据进行操作，两者都允许远程客户端使用 Java、Python 等编程语言向 Hive 提交请求并返回结果。

本项目将介绍 Hive 开发环境的搭建过程以及自定义函数的创建与使用方法，并介绍 SQL 语句的执行方式；结合优惠券消费数据分析案例，在 IDEA 中远程执行查询操作，构建优惠券消费数据表的 9 个特征字段，并将结果上传到 HDFS 中。

任务 1　搭建 Hive 开发环境

任务描述

在 Hive 的命令行界面中，一次只能运行一条 SQL 语句，如果因单词、语句编写失误而造成运行失败，无法立刻修改，只能重新编写语句。本任务是配置 HiveServer2，并搭建 Hive 开发环境，进行远程连接测试。

任务要求

1. 连接 HDFS 集群，启动 MySQL 和 Hive 元数据服务。
2. 启动 Hive 远程服务。
3. 创建工程。
4. 添加依赖关系。
5. 加载 MySQL 驱动并创建连接测试。

任务实施

步骤 1　配置并启动 Hive 远程服务

1. 配置 Hive 远程服务

在 master 主节点上执行 "vim/usr/local/hadoop-3.1.4/etc/hadoop/core-site.xml" 命令，打开文件，进入编辑模式，修改 Hive 远程服务的属性，代码如下，之后按下 "Esc" 键并输入 ":wq" 退出文件。

```
<property>
    <name>hadoop.proxyuser.root.hosts</name>
    <value>*</value>
</property>
<property>
    <name>hadoop.proxyuser.root.groups</name>
    <value>*</value>
</property>
```

使用 scp 命令将配置文件发送给各从节点，代码如下。

```
scp -r /usr/local/hadoop-3.1.4/etc/hadoop/core-site.xml slave1:/usr/local/hadoop-3.1.4/etc/hadoop/
scp -r /usr/local/hadoop-3.1.4/etc/hadoop/core-site.xml slave2:/usr/local/hadoop-3.1.4/etc/hadoop/
scp -r /usr/local/hadoop-3.1.4/etc/hadoop/core-site.xml slave3:/usr/local/hadoop-3.1.4/etc/hadoop/
```

2. 启动 Hive 远程服务

启动 Hive 远程服务的代码如下，运行结果如图 8-1 所示。

```
hive --service hiveserver2 &
```

```
[[root@master ~]# 2022-02-16 15:19:14: Starting HiveServer2
SLF4J: Class path contains multiple SLF4J bindings.
SLF4J: Found binding in [jar:file:/usr/local/hive/lib/log4j-slf4j-impl-2.10.0.jar!/org/slf4j/impl/StaticLoggerBinder.class]
SLF4J: Found binding in [jar:file:/usr/local/hadoop-3.1.4/share/hadoop/common/lib/slf4j-log4j12-1.7.25.jar!/org/slf4j/impl/StaticLoggerBinder.class]
SLF4J: See http://www.slf4j.org/codes.html#multiple_bindings for an explanation.
SLF4J: Actual binding is of type [org.apache.logging.slf4j.Log4jLoggerFactory]
Hive Session ID = 49eb41bf-cbdb-46e5-8d15-0d3e4481d60d
```

图 8-1　启动 Hive 远程服务

启动远程服务之前，要先开启 Hive 元数据服务，否则后续执行数据操作时会提示 "Connection refused: connect"。

步骤 2　创建工程

打开开发软件 IDEA，单击 "New Project" 创建工程，如图 8-2 所示。

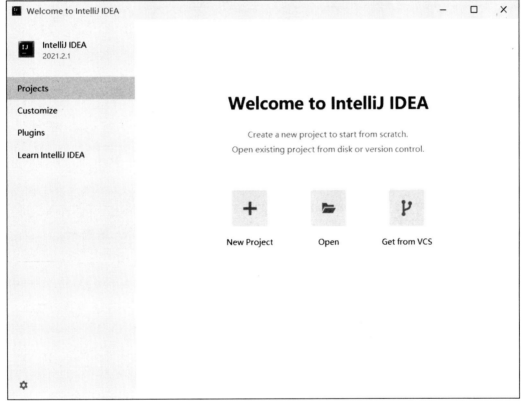

图 8-2　创建工程

在跳出的页面中选择项目管理工具 Maven，之后选择 1.8 版本的 JDK，单击 "Next" 按钮，如图 8-3 所示。

将工程命名为 HiveJavaAPI，并将该工程放置在 D 盘根目录下，如图 8-4 所示。

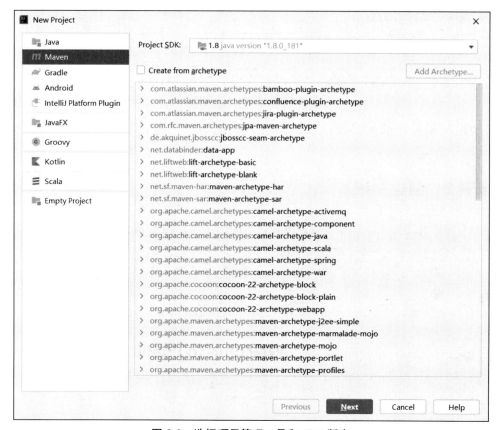

图 8-3 选择项目管理工具和 JDK 版本

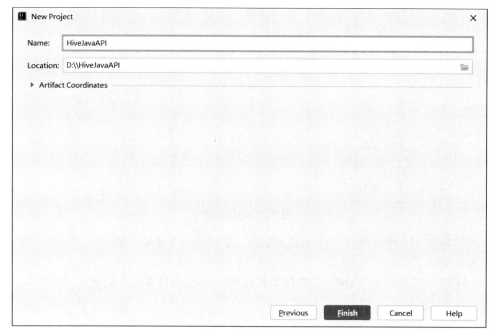

图 8-4 命名工程

步骤 3　添加依赖关系

创建工程后，在项目工程的 pom.xml 文件中添加依赖关系，代码如下。

```xml
<dependencies>
    <dependency>
        <groupId>org.apache.hadoop</groupId>
        <artifactId>hadoop-common</artifactId>
        <version>3.1.4</version>
    </dependency>
    <dependency>
        <groupId>org.apache.hive</groupId>
        <artifactId>hive-exec</artifactId>
        <version>3.1.2</version>
    </dependency>
    <dependency>
        <groupId>org.apache.hive</groupId>
        <artifactId>hive-jdbc</artifactId>
        <version>3.1.2</version>
    </dependency>
    <dependency>
        <groupId>junit</groupId>
        <artifactId>junit</artifactId>
        <version>4.10</version>
        <scope>test</scope>
    </dependency>
</dependencies>
```

单击鼠标右键，选择"Maven"，再单击"Reload project"即可加载依赖关系，如图 8-5 所示。加载完成后，可在左侧工具栏中单击"External Libraries"查看依赖关系。

图 8-5　加载依赖关系

步骤 4　加载驱动并创建连接测试

（1）添加 Libraries。在页面上方的工具栏中单击"File"，选择"Project Structure"，在跳出的页面中选择"Libraries"，之后单击"Java"，如图 8-6 所示。

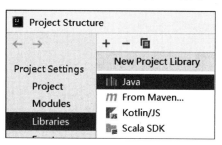

图 8-6　添加 Libraries

（2）定位连接驱动的放置位置。连接驱动，之后单击"OK"按钮，如图 8-7 所示。

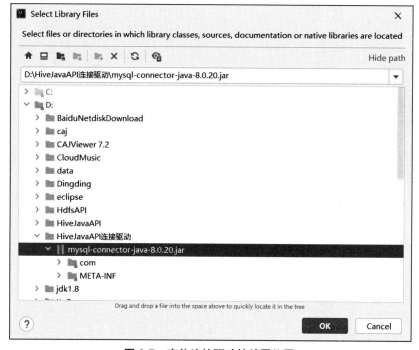

图 8-7　定位连接驱动的放置位置

（3）在跳出的页面中单击"OK"按钮，确定添加驱动，如图 8-8 所示。之后依次单击"Apply"按钮和"OK"按钮，即可完成加载驱动，如图 8-9 所示。

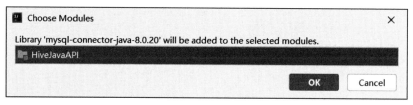

图 8-8　确定添加驱动

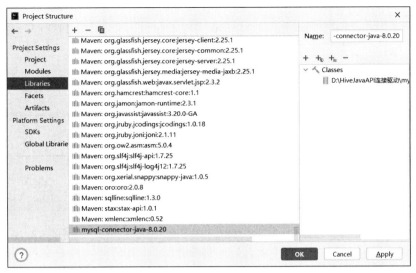

图 8-9　完成加载驱动

（4）创建 Java 类。右键单击 Java 文件夹，依次选择"New"→"Java Class"，如图 8-10 所示，在跳出的页面中输入"Connection"，按下"Enter"键，即可成功创建 Java 类 Connection.java。

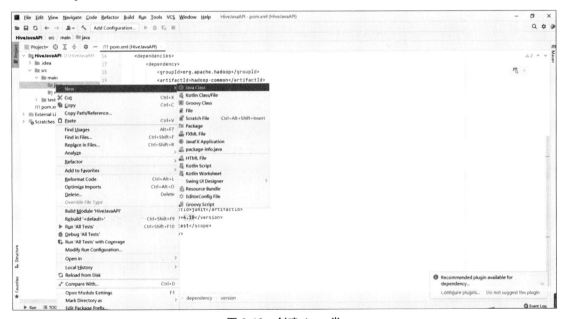

图 8-10　创建 Java 类

（5）在新建的 Java 类 Connection.java 中连接 Hive 的默认数据仓库 default，并创建新数据仓库 test2，代码如下。

```
import java.sql.DriverManager;
import java.sql.SQLException;
import java.sql.Statement;
import org.apache.hive.jdbc.HiveDriver;
```

```
public class Connection {
    public static void main(String[] args) throws ClassNotFoundException, SQLException {
    String driver = "org.apache.hive.jdbc.HiveDriver";
    String url = "jdbc:hive2://master:10000/default";
    String username = "root";
    String password = "123456";
    Class.forName(driver);
    java.sql.Connection connection = DriverManager.getConnection(url,username,password);
    Statement stmt = connection.createStatement();
    stmt.execute("create database test2");
    stmt.close();
    connection.close();
    }
}
```

（6）运行代码。如果下方工具栏中出现"Process finished with exit code 0"的提示信息，表示运行无误。在 Hive Console 命令窗口中能看到新创建的 test2 数据仓库，如图 8-11 所示。至此，Hive 开发环境搭建成功。

```
hive> show databases;
OK
card
customer
default
score
test
test_01
Time taken: 0.038 seconds, Fetched: 6 row(s)
hive> show databases;
OK
card
customer
default
score
test
test2
test_01
Time taken: 0.04 seconds, Fetched: 7 row(s)
```

图 8-11　新创建的 test2 数据仓库

任务2　编写自定义函数统计优惠券折扣

任务描述

Hive 提供的内置函数满足不了开发者的所有需求，因此开发者可通过自定义函数满足需求。本任务是通过自定义函数转换优惠券折扣率，统计优惠券折扣。

任务要求

1. 通过自定义函数转换优惠券折扣率。
2. 将 Java 类打包并上传至 Linux 目录下，加载临时函数。
3. 计算优惠券折扣。
4. 删除临时函数。

相关知识

8.2.1　Hive 自定义函数

自定义函数有 3 种，分别是用户自定义函数（User-Defined Function，UDF）、用户自定义聚合函数（User-Defined Aggregation Function，UDAF）、用户自定义表生成函数（User-Defined Table-Generating Function，UDTF）。

使用自定义函数有以下 5 个步骤。

（1）创建 Java 类。

（2）将创建好的 Java 类打包并上传至集群节点。

（3）创建自定义函数，分为创建临时函数和创建永久函数。

① 创建临时函数。除了配置文件加载方式，临时函数只在当前会话可用。一旦退出当前会话，重新进入时需要重新加载临时函数。创建临时函数的语法格式如下。

```
create temporary function function_name as class_name;
```

② 创建永久函数。永久函数与临时函数有两点区别，一是退出当前会话后不需要再次加载函数；二是创建永久函数时可指定仅在某个数据仓库内使用，而临时函数不能指定数据仓库。创建永久函数的语法格式如下。

```
create function [db_name.] function_name as class_name
[using jar|file|archive 'file_uri' [,jar|file|archive 'file_uri']];
```

（4）应用自定义函数，主要有以下 3 种使用方式。

① 命令加载函数。直接在 Hive 客户端中加载。

② 启动参数加载函数。编写启动参数文件，在 Hive Console 命令窗口中启动参数文件。

③ 配置文件加载函数。在 Hive 安装目录下添加配置文件，输入"hive"命令进入 Hive Console 命令窗口自动加载函数。

（5）删除自定义函数。

通过 drop 命令删除自定义函数，语法格式如下。

```
drop [temporary] function [if exists] [dbname.] function_name;
```

8.2.2　UDF 函数

1.　创建函数

创建 UDF 函数的流程如下。

（1）创建一个 Java 类。

（2）继承 UDF 类。

（3）重写 evaluate( )方法。

基于 card 数据仓库中的数据，将 info 表中的消费时间数据补充完整，统一在时间后加上":00"。创建名为 hive_udf 的 JAR 包，然后在 hive_udf 包内新建自定义连接函数 Udf_concat.java，代码如下。

```
package hive_udf;
import org.apache.commons.lang3.StringUtils;
import org.apache.hadoop.hive.ql.exec.UDF;

public class Udf_concat extends UDF {
    --连接两个字符串
    public String evaluate(String val, String val2) {
        if (StringUtils.isBlank(val)) {
            return "";
        }
        else{
            return val+val2;
        }
    }
    public static void main(String[] args) {
    }
}
```

2. 打包函数

在工具栏中单击"File",选择"Project Structure",新建 Artifacts,如图 8-12 所示。

图 8-12 新建 Artifacts

选择要打包的 Java 类,单击"OK"按钮,如图 8-13 所示。

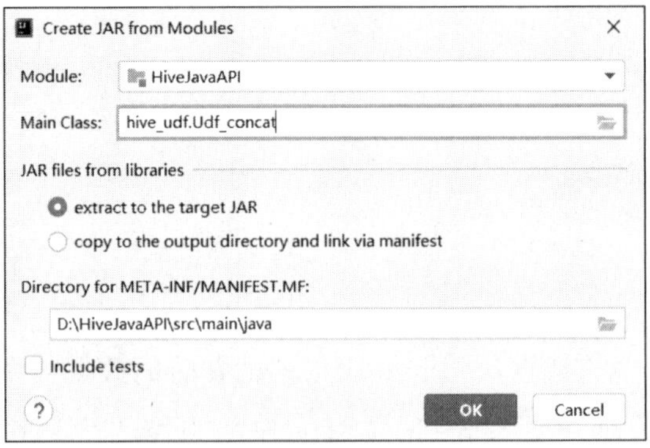

图 8-13 选择要打包的 Java 类

为减少 JAR 包的内存，也为了避免依赖关系过多导致在加载函数时找不到函数所在的类，需要删除 JAR 包内的依赖关系，同时将自定义函数名改为 Udf_concat，依次单击"Apply"按钮和"OK"按钮，如图 8-14 所示。

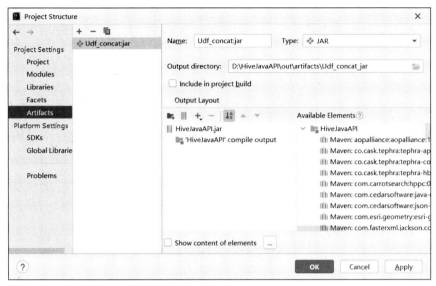

图 8-14 删除依赖关系并修改自定义函数名

在工具栏中构建 Artifact，如图 8-15 所示。选择对应的 JAR 包，将其重命名为 udf_concat.jar，如图 8-16 所示。

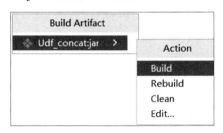

图 8-15 构建 Artifact

图 8-16 重命名 JAR 包

3. 加载函数

下面以创建临时函数为例介绍加载函数的步骤。

（1）命令加载函数。在 Hive Console 命令窗口中创建一个临时函数 my_concat，代码如下，运行结果如图 8-17 所示。

```
add jar /opt/hive_ud/udf_concat.jar;
create temporary function my_concat as 'hive_udf.Udf_concat';
```

```
hive> add jar /opt/hive_ud/udf_concat.jar;
Added [/opt/hive_ud/udf_concat.jar] to class path
Added resources: [/opt/hive_ud/udf_concat.jar]
hive> create temporary function my_concat as 'hive_udf.Udf_concat';
OK
Time taken: 0.608 seconds
```

图 8-17 命令加载函数

（2）启动参数加载函数。在/opt/hive_ud 目录下创建/bin 目录用于存放参数文件，创建参数文件 hive-init，在文件内添加图 8-18 所示的内容。在启动 hive 时加上参数文件，运行"hive -i /opt/hive_ud/bin/hive-init"命令即可加载函数，运行结果如图 8-19 所示。

```
[root@master bin]# pwd
/opt/hive_ud/bin
[root@master bin]# cat hive-init
add jar /opt/hive_ud/udf_concat.jar;
create temporary function my_concat as 'hive_udf.Udf_concat';
```

图 8-18　参数文件 hive-init 的内容

```
[root@master bin]# hive -i /opt/hive_ud/bin/hive-init
SLF4J: Class path contains multiple SLF4J bindings.
SLF4J: Found binding in [jar:file:/usr/local/hive/lib/log4j-slf4j-impl-2.10.0.jar!/org/slf4j/impl/StaticLoggerBinder.class]
SLF4J: Found binding in [jar:file:/usr/local/hadoop-3.1.4/share/hadoop/common/lib/slf4j-log4j12-1.7.25.jar!/org/slf4j/impl/StaticLoggerBinder.class]
SLF4J: See http://www.slf4j.org/codes.html#multiple_bindings for an explanation.
SLF4J: Actual binding is of type [org.apache.logging.slf4j.Log4jLoggerFactory]
Hive Session ID = ae9939cb-3361-4908-aa0f-92fc9249b5cb

Logging initialized using configuration in jar:file:/usr/local/hive/lib/hive-common-3.1.2.jar!/hive-log4j2.properties Async: true
Hive Session ID = adac9bde-dc2c-4a90-b720-49cd00788ad1
Hive-on-MR is deprecated in Hive 2 and may not be available in the future versions. Consider using a different execution engine (i.e. spark, tez) or using Hive 1.X releases.
```

图 8-19　启动参数加载函数

（3）配置文件加载函数。在 Hive 安装目录的/conf 目录下创建一个配置文件.hiverc，如图 8-20 所示。

```
[root@master conf]# pwd
/usr/local/hive/conf
[root@master conf]# cat ./.hiverc
add jar /opt/hive_ud/udf_concat.jar;
create temporary function my_concat as 'hive_udf.Udf_concat';
```

图 8-20　创建配置文件.hiverc

4．应用自定义函数

拼接 info 表的消费时间，代码如下，运行结果如图 8-21 所示。

```
select date,my_concat(date,":00") from card.info where type=="消费";
```

```
2019/4/11 7:37   2019/4/11 7:37:00
2019/4/11 17:48  2019/4/11 17:48:00
2019/4/11 17:49  2019/4/11 17:49:00
2019/4/11 7:34   2019/4/11 7:34:00
2019/4/12 7:28   2019/4/12 7:28:00
2019/4/11 11:56  2019/4/11 11:56:00
Time taken: 8.166 seconds, Fetched: 500755 row(s)
```

图 8-21　拼接 info 表的消费日期

5．删除函数

使用自定义函数 my_concat 后需要删除函数，如图 8-22 所示。

```
hive> drop temporary function my_concat;
OK
Time taken: 0.02 seconds
```

图 8-22　删除函数

8.2.3 UDAF 函数

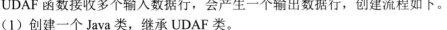
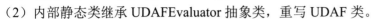

UDAF 自定义
函数的使用

UDAF 函数接收多个输入数据行,会产生一个输出数据行,创建流程如下。

(1)创建一个 Java 类,继承 UDAF 类。

(2)内部静态类继承 UDAFEvaluator 抽象类,重写 UDAF 类。

① init( )函数用于初始化计算函数并重设其内部状态。

② iterate( )函数用于接收传入的参数并进行内部轮转。每次对一个新值进行聚集计算时都会调用该方法,计算函数会根据聚集计算的结果更新内部状态。

③ terminatePartial( )函数无参数,该函数在 iterate( )函数轮转结束后会返回轮转数据,类似于 Hadoop 的 Combiner( )函数。

④ merge( )函数用于接收 terminatePartial( )函数的返回结果并进行 merge( )操作。

⑤ terminate( )函数用于返回最终的聚集计算结果。

查询 info 表中的消费金额平均值,代码如下。

```java
package hive_udaf;

import org.apache.hadoop.hive.ql.exec.UDAF;
import org.apache.hadoop.hive.ql.exec.UDAFEvaluator;
import org.apache.hadoop.hive.serde2.io.DoubleWritable;

public class Udaf_avg extends UDAF {
    public static class MeanDoubleUDAFEval implements UDAFEvaluator {
        public static class PartialResult {
            double sum;
            long count;
        }

        private PartialResult pResult;

        @Override
        public void init() {
            pResult = null;
        }

        public boolean iterate(DoubleWritable value) {
            if (value == null) {
                return true;
            }
            if (pResult == null) {
                pResult = new PartialResult();
            }
            pResult.sum += value.get();
            pResult.count++;
            return true;
        }

        public PartialResult terminatePartial() {
            return pResult;
        }

        public boolean merge(PartialResult other) {
```

```
            if (other == null) {
                return true;
            }
            if (pResult == null) {
                pResult = new PartialResult();
            }
            pResult.sum += other.sum;
            pResult.count++;
            return true;
        }

        public DoubleWritable terminate() {
            if (pResult == null) {
                return null;
            }
            return new DoubleWritable(pResult.sum / pResult.count);
        }
    }
    public static void main(String[] args) {

    }
}
```

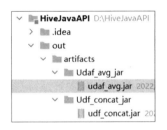

图 8-23 打包 udaf_avg.jar

按照 UDF 的方式打包函数，并将其重命名为 udaf_avg.jar，如图 8-23 所示。

将 JAR 包上传到 Linux 系统的/opt/hive_ud 目录下，使用命令加载临时函数并计算消费金额的平均值，代码如下，运行结果如图 8-24 所示。

最后删除 my_avg 函数，运行结果如图 8-25 所示。

```
add jar /opt/hive_ud/udaf_avg.jar;
create temporary function my_avg as 'hive_udaf.Udaf_avg';
select my_avg(money) from card.info where type=="消费";
```

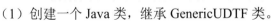

```
OK
2109251. 2214574367
Time taken: 27.3 seconds, Fetched: 1 row(s)
```

图 8-24 info 表中的消费金额平均值

```
hive> drop temporary function my_avg;
OK
Time taken: 0.095 seconds
```

图 8-25 删除 my_avg 函数

8.2.4 UDTF 函数

UDTF 自定义
函数的使用

UDTF 函数作用于单个数据行，会产生多个数据行，创建流程如下。

（1）创建一个 Java 类，继承 GenericUDTF 类。

（2）重写 UDTF 类，主要有以下 3 种可选方法。

① initialize( )方法用于判断输入类型并确定返回的字段类型。

② process( )方法用于对 UDFT 函数输入的每一行进行操作，并通过调用 forward( )方法返回一行或多行数据。

③ close( )方法在 process( )方法调用结束后被调用，用于进行一些额外操作，且只执行

一次。

判断 info 表中的消费时间是否异常（异常时间为 0:00～5:00），自定义 Udtf_explode 函数，代码如下。

```java
package hive_udtf;

import java.util.ArrayList;
import org.apache.hadoop.hive.ql.exec.UDFArgumentException;
import org.apache.hadoop.hive.ql.exec.UDFArgumentLengthException;
import org.apache.hadoop.hive.ql.metadata.HiveException;
import org.apache.hadoop.hive.ql.udf.generic.GenericUDTF;
import org.apache.hadoop.hive.serde2.objectinspector.ObjectInspector;
import org.apache.hadoop.hive.serde2.objectinspector.ObjectInspectorFactory;
import org.apache.hadoop.hive.serde2.objectinspector.StructObjectInspector;
import org.apache.hadoop.hive.serde2.objectinspector.primitive.PrimitiveObjectInspectorFactory;

public class Udtf_explode extends GenericUDTF {

    --判断输入类型，定义输出字段和类型
    @Override
    public StructObjectInspector initialize(ObjectInspector[] argOIs) throws UDFArgumentException {
        if (argOIs.length != 1) {
            throw new UDFArgumentLengthException("UDTFExplode takes only one argument");
        }
        if (argOIs[0].getCategory() != ObjectInspector.Category.PRIMITIVE) {
            throw new UDFArgumentException("UDTFExplode takes string as a parameter");
        }
        ArrayList<String> fieldNames = new ArrayList<String>();
        ArrayList<ObjectInspector> fieldOIs = new ArrayList<ObjectInspector>();
        fieldNames.add("shop");
        fieldOIs.add(PrimitiveObjectInspectorFactory.javaStringObjectInspector);
        fieldNames.add("volume");
        fieldOIs.add(PrimitiveObjectInspectorFactory.javaStringObjectInspector);
        return ObjectInspectorFactory.getStandardStructObjectInspector(fieldNames, fieldOIs);
    }

    @Override
    public void close() throws HiveException {
    }

    @Override
    public void process(Object[] arg0) throws HiveException {
        String[] input = arg0[0].toString().split(" ");
        String[] input_split = input[1].split(":");
        forward(input_split);
    }

    public static void main(String[] args) {
    }

}
```

打包函数并将其重命名为 udtf_explode.jar，上传到 Linux 系统的/opt/hive_ud 目录下。通过命令加载临时函数，判断消费时间是否异常，代码如下，运行结果如图 8-26 所示。

```
add jar /opt/hive_ud/udtf_explode.jar;
create temporary function my_explode as 'hive_udtf.Udtf_explode';
select *,if(t.hour>=0 and t.hour<=5,'异常值','正常值') from card.info lateral view my_explode(date) t as
hour,minute;
```

```
117159040    182706   20182706      2019/4/11 17:48 6.1      0        62.0    390      消费    NULL    NULL    第五食堂         17        48    正常值
117159346    182706   20182706      2019/4/11 17:49 8.5      0        53.5    391      消费    NULL    NULL    第五食堂         17        49    正常值
117161216    182706   20182706      2019/4/11 7:34  1.5      0        79.1    386      消费    NULL    NULL    第五食堂          7        34    正常值
117165544    182706   20182706      2019/4/12 7:28  5.5      0        48.0    392      消费    NULL    NULL    第五食堂          7        28    正常值
117139394    182707   20182707      2019/4/11 11:56 5.5      0        80.6    482      消费    NULL    NULL    第三食堂         11        56    正常值
Time taken: 1.042 seconds, Fetched: 519367 row(s)
```

图 8-26　判断 info 表的消费时间是否异常

删除 my_explode 函数，运行结果如图 8-27 所示。

```
hive> drop temporary function my_explode;
OK
Time taken: 0.034 seconds
```

图 8-27　删除 my_explode 函数

任务实施

步骤 1　自定义 UDF 函数计算折扣

在 HiveJavaAPI 工程中创建名为 coupon 的包，用于自定义 UDF 函数并转换优惠券折扣的格式，代码如下。

```java
package coupon;

import org.apache.hadoop.hive.ql.exec.UDF;

public class Discount_rate extends UDF {
    public String evaluate(String val) {
        if (val.contains(":")) {
            String[] input = val.split(":");
            double num = Double.parseDouble(input[0]);
            double num2 = Double.parseDouble(input[1]);
            String result = String.valueOf(1 - num2 / num);
            return result;
        }
        else {
            return val;
        }
    }

    public static void main(String[] args) {

    }

}
```

打包函数并将其重命名为 drate.jar，上传至 master 节点的/opt/hive_ud 目录下。

步骤 2　加载 UDF 函数

通过命令加载临时函数，代码如下。

```
add jar /opt/hive_ud/drate.jar;
create temporary function drate as 'coupon.Discount_rate';
```

步骤 3　计算优惠券折扣

通过加载好的 drate 函数转换 discount_rate 字段的格式，代码如下，运行结果如图 8-28 所示。

```
select discount_rate,drate(discount_rate) from customer.coupondata;
```

```
null      null
20:5      0.75
30:5      0.8333333333333334
100:10    0.9
100:10    0.9
Time taken: 0.421 seconds, Fetched: 1716991 row(s)
```

图 8-28　转换 discount_rate 字段的格式（部分数据）

步骤 4　删除函数

使用 drate 函数后需要删除函数，代码如下，运行结果如图 8-29 所示。

```
drop temporary function drate;
```

```
hive> drop temporary function drate;
OK
Time taken: 0.025 seconds
```

图 8-29　删除 drate 函数

任务实训

计算商品好评率

实训内容：计算商品好评率

1. 训练要点

（1）熟练掌握使用 UDF 函数实现自定义查询的方法。

（2）熟练掌握使用 IDEA 编程打包的方法。

2. 需求说明

随着科技快速发展，电商也迅速发展起来，在重要的节日进行大规模促销已成为电商"大战"不可缺少的一部分。现有一份"京东 618"商品数据表，字段说明如表 8-1 所示。请创建数据仓库和数据表，并导入数据，使用 select 语句验证，再自定义 UDF 函数计算商品的好评率。

表 8-1　"京东 618"商品数据表的字段说明

字段名称	数据类型	字段名称	数据类型
商品名称	string	评论数	float
打折	float	好评数	string
原价	float	中评数	float
秒杀价	float	差评数	float

3．实现思路及步骤

（1）创建数据仓库和数据表。

（2）导入数据，使用 select 语句验证。

（3）在 IDEA 编程软件中自定义 UDF 函数，计算商品的好评率。

（4）将函数打包上传至集群，进行函数加载和函数应用，计算每个商品的好评率。

任务 3　构建及合并特征字段

任务描述

为了对用户进行聚类分析，需要构建用户和商户的一些特征字段，并将特征字段合并成一张表。本任务是学习 Hive Java API 的主要类和执行 SQL 语句的方法，通过 Hive 开发环境编写 Java 类，构建及合并特征字段，将合并完成的数据表上传到 HDFS 中。

任务要求

1．构建 9 个特征字段并分别保存为新表。

2．合并 9 个特征字段，形成新表并保存在 HDFS 文件系统中。

相关知识

Hive Java API
查询语句方法的
使用

8.3.1　Hive Java API 的主要类

1．DriverManager 类

DriverManager 类负责管理 JDBC 驱动程序。使用 JDBC 驱动程序前，必须先加载并注册驱动程序，同时提供连接数据仓库的方法。

DriverManager 类的常用方法及代码如下。

（1）加载并注册驱动程序：Class.forName(String driver)。

（2）连接数据仓库：Static Connection getConnection(String url,String user,String password) throws SQLException。

（3）在已经注册的驱动程序中寻找一个能打开指定数据仓库的驱动程序：Static　Driver

getDriver(String url) throws SQLException。

2. Connection 类

Connection 类负责维护 JSP、Java 数据仓库程序和数据仓库之间的连接，Connection 类的常用方法及代码如下。

（1）建立 Statement 对象：Statement createStatement() throws SQLExcetpion。

（2）建立 DatabaseData 对象：DatabaseData getData() throws SQLExcepion。

（3）建立 PreparedStatement 对象：PreparedStatement prepareStatement(String sql) throws SQLException。

（4）执行新增、删除、修改数据等操作：Void commit() throws SQLException。

（5）取消执行新增、删除、修改数据等操作：Void rollback() throws SQLException。

（6）结束数据仓库的连接：Void close() throws SQLException。

（7）测试是否已经关闭对数据仓库的连接：Boolean isClosed() throws SQLException。

3. Statement 类

Statement 类有 3 种对象，分别是 Statement、PreparedStatement（继承自 Statement）、CallableStatement（继承自 PreparedStatement），它们都是在给定连接上执行 SQL 语句的包容器，区别如下。

（1）Statement 对象用于执行不带参数的简单 SQL 语句；PreparedStatement 对象用于执行预编译 SQL 语句；CallableStatement 对象用于调用数据仓库的已存储过程。

（2）Statement 对象提供了执行语句和获取结果的基本方法；PreparedStatement 对象添加了处理 in 参数的方法；CallableStatement 对象添加了处理 out 参数的方法。

Statement 类的常用方法及代码如下。

（1）使用 select 命令查询数据仓库并返回单个 ResultSet 对象：ResultSet executeQuery (String sql) throws SQLException。

（2）执行给定的 SQL 语句：Boolean execute (String sql,Int autoGeneratedKeys) throws SQLException。该语句可能返回多个结果，但无法在 PreparedStatement 或 CallableStatement 上调用。

（3）结束 Statement 类和数据仓库的连接：Void close() throws SQLException。

4. DatabaseMetaData 类

DatabaseMetaData 类保存了数据仓库的所有特性，包括数据仓库名称、版本代号、JDBC URL 等，常用于获取数据仓库名称，代码为 String getDatabaseProductName() throws SQLException。

5. ResultSet 类

ResultSet 类用于存储数据仓库查询的结果，并提供一些方法对数据仓库进行增、删、改等操作。

查询 card 数据仓库的数据表，代码如下，运行结果如图 8-30 所示。

```
import java.sql.*;
```

```java
public class card_sql {
    public static void main(String[] args) throws ClassNotFoundException, SQLException {
        String driver = "org.apache.hive.jdbc.HiveDriver";
        String url = "jdbc:hive2://master:10000/card";
        String username = "root";
        String password = "123456";
        Class.forName(driver);
        java.sql.Connection connection = DriverManager.getConnection(url,username,password);
        DatabaseMetaData databaseMetaData = connection.getMetaData();
        System.out.println("数据仓库名称为:"+databaseMetaData.getDatabaseProductName());
        Statement stmt = connection.createStatement();
        ResultSet res = stmt.executeQuery("show tables");
        while (res.next()) {
            System.out.println(res.getString(1));
        }
        stmt.close();
        connection.close();
    }
}
```

```
数据仓库名称为:Apache Hive
info
student

Process finished with exit code 0
```

图 8-30　查询 card 数据仓库的数据表

8.3.2　执行 SQL 语句的方法

Statement 类提供 execute( )、executeQury( )方法执行 SQL 语句，但它们存在区别。

（1）数据仓库模式定义语言通常使用 execute( )方法实现。

（2）查询数据表信息时，execute( )方法的返回值是布尔类型，如果查询语句无错误，则无返回数据；如果查询语句出错，则会有 SQLException 错误。executeQuery( )方法可以结合 ResultSet 类返回查询到的数据。

在 test 数据仓库中创建 student 数据表并导入数据，将性别作为分组依据，统计 student 表中的女生人数和男生人数，代码如下，运行结果如图 8-31 所示。

```java
import java.sql.*;

public class Test_sql {
    public static void main(String[] args) throws ClassNotFoundException, SQLException {
        String driver = "org.apache.hive.jdbc.HiveDriver";
        String url = "jdbc:hive2://master:10000/default";
        String username = "root";
        String password = "123456";
        Class.forName(driver);
        java.sql.Connection connection = DriverManager.getConnection(url, username, password);
        Statement stmt = connection.createStatement();
        --创建数据仓库
        String databasename = "test";
```

```
        stmt.execute("create database if not exists " + databaseName);
        stmt.execute("use " + databaseName);
        --创建数据表
        String sql = "create table student(\n" +
            "index int,\n" +
            "cardno int,\n" +
            "sex string,\n" +
            "major string,\n" +
            "accesscardno int\n" +
            ")\n" +
            "ROW FORMAT DELIMITED FIELDS TERMINATED BY ','";
        stmt.execute(sql);
        --导入数据
        stmt.execute("load data local inpath '/opt/data1.csv' overwrite into table student");
        --查看表数据
        ResultSet res = stmt.executeQuery("select sex,count(sex) from student group by sex");
        while (res.next()) {
            System.out.println(res.getString(1) + "\t" + res.getInt(2));
        }
        stmt.close();
        connection.close();
    }
}
```

```
女    2460
男    1881

Process finished with exit code 0
```

图 8-31　student 表中的女生人数和男生人数

任务实施

步骤 1　构建特征字段

项目 7 构建了填充用户与商户平均距离的 coupondata 表，项目 8 中增加了一个计算折扣的数据表，该表的数据量与 coupondata 表一致。如果仍以 coupondata 表为基表进行特征字段的构建及合并，会导致消耗的虚拟机硬盘内存过大，无法合并特征字段。

在 HiveJavaAPI 工程中创建名为 customer 的包，新建 Features.java 类，创建用户特征字段表，代码如下，运行结果如图 8-32 所示。

```
package customer;

import java.sql.DriverManager;
import java.sql.ResultSet;
import java.sql.SQLException;
import java.sql.Statement;

public class Features {
    public static void main(String[] args) throws ClassNotFoundException, SQLException {
        String driver = "org.apache.hive.jdbc.HiveDriver";
```

```java
String url = "jdbc:hive2://master:10000/customer";
String username = "root";
String password = "123456";
Class.forName(driver);
java.sql.Connection connection = DriverManager.getConnection(url, username, password);
Statement stmt = connection.createStatement();
--创建用户标签列，并保存为新表
String sql = "create table couponlabel2 as select *, \n" +
    "case when 'date' <> 'null' and coupon_id <> 'null' and 'date'-date_received<=15 then 1 \n" +
    "when 'date' = 'null' and coupon_id <> 'null' then -1 \n" +
    "when 'date' <> 'null' and coupon_id <> 'null' and 'date'-date_received>15 then -1 \n" +
    "else 0 \n" +
    "end as label \n" +
    "from user_coupon";
stmt.execute(sql);
System.out.println("create table couponlabel2 successfully!");
--计算用户与商户的平均距离
String sql1 = "select round(avg(distance),1) from couponlabel2";
ResultSet res = stmt.executeQuery(sql1);
while (res.next()) {
    System.out.println("用户与商户距离的平均值:" + res.getString(1));
}
--1. 用平均值填充缺失值，并保存为新表
String sql2 = "create table if not exists coupondata2\n" +
    "as select user_id,merchant_id,coupon_id,discount_rate,date_received,'date',label,\n" +
    "case when distance == 'null' then 2.2 else distance end as distance \n" +
    "from couponlabel2 \n" +
    "group by user_id,merchant_id,coupon_id,discount_rate,date_received,'date',label,distance";
stmt.execute(sql2);
System.out.println("create table coupondata2 successfully!");
--加载函数
stmt.execute("add jar /opt/hive_ud/drate.jar");
stmt.execute("create temporary function drate as 'coupon.Discount_rate'");
--2. 计算优惠券折扣，并保存为新表
stmt.execute("create table if not exists new_coupondata " +
    "as select *,drate(discount_rate) as rate2 from coupondata2");
System.out.println("create table new_coupondata successfully!");
--3. 统计优惠券流行度，并保存为新表
String sql3 = "create table if not exists table_coupon_popu2 \n" +
    "as select coupon_id,sum(case when label=1 then 1 else 0 end)/count(*) as coupon_popu \n" +
    "from new_coupondata where coupon_id <> 'null' group by coupon_id";
stmt.execute(sql3);
System.out.println("create table table_coupon_popu2 successfully!");
--4. 统计不同商户的优惠券流行度，并保存为新表
String sql4 = "create table if not exists table_merchant_popu2 \n" +
    "as select merchant_id,sum(case when label=1 then 1 else 0 end) as label1_sum,\n" +
    "sum(case when coupon_id <> 'null' then 1 else 0 end) as coupon_id_not_null_sum,\n" +
    "sum(case when label=1 then 1 else 0 end)/count(*) as merchant_popu \n" +
    "from new_coupondata where coupon_id <> 'null' group by merchant_id";
stmt.execute(sql4);
System.out.println("create table table_merchant_popu2 successfully!");
--5. 统计用户领取的优惠券数量，并保存为新表
String sql5 = "create table if not exists table_number_received_coupon2 \n" +
    "as select user_id,count(coupon_id) as number_received_coupon \n" +
    "from new_coupondata where coupon_id <> 'null' group by user_id";
```

```
                stmt.execute(sql5);
                System.out.println("create table table_number_received_coupon2 successfully!");
                --6. 统计用户使用的优惠券数量，并保存为新表
                String sql6 = "create table if not exists table_number_used_coupon2 \n" +
                    "as select user_id,sum(case when coupon_id <> 'null' then 1 else 0 end) as
number_used_coupon \n" +
                    "from new_coupondata group by user_id";
                stmt.execute(sql6);
                System.out.println("create table table_number_used_coupon2 successfully!");
                --7. 统计用户在不同商户使用优惠券的次数
                String sql7 = "create table if not exists table_user_merchant_used_coupon2 \n" +
                    "as select user_id,merchant_id,sum(case when label=1 then 1 else 0 end) as
user_merchant_used_ coupon\n" +
                    "from new_coupondata group by user_id,merchant_id";
                stmt.execute(sql7);
                System.out.println("create table table_user_merchant_used_coupon2 successfully!");
                --8. 统计用户在不同商户领取的优惠券数量
                String sql8 = "create table if not exists table_user_merchant_used_coupon1_2 \n" +
                    "as select user_id,merchant_id,sum(case when coupon_id <> 'null' then 1 else 0 end) as
user_mer chant_used_coupon1\n" +
                    "from new_coupondata group by user_id,merchant_id";
                stmt.execute(sql8);
                System.out.println("create table table_user_merchant_used_coupon1_2 successfully!");
                --9. 统计用户在不同商户消费的次数
                String sql9 = "create table if not exists table_user_merchant_cus2 \n" +
                    "as select user_id,merchant_id,sum(case when 'date'<> 'null' then 1 else 0 end) as
user_merchant_cus\n" +
                    "from new_coupondata group by user_id,merchant_id";
                stmt.execute(sql9);
                System.out.println("create table table_user_merchant_cus2 successfully!");
                --删除临时函数 drate
                stmt.execute("drop temporary function drate");

                stmt.close();
                connection.close();
        }
    }
```

```
create table couponlabel2 successfully!
用户与商家距离的平均值:2.2
create table coupondata2 successfully!
create table new_coupondata successfully!
create table table_coupon_popu2 successfully!
create table table_merchant_popu2 successfully!
create table table_number_received_coupon2 successfully!
create table table_number_used_coupon2 successfully!
create table table_user_merchant_used_coupon2 successfully!
create table table_user_merchant_used_coupon1_2 successfully!
create table table_user_merchant_cus2 successfully!

Process finished with exit code 0
```

图 8-32　创建用户特征字段表

步骤 2　合并特征字段并上传到 HDFS 中

在 customer 包内新建 Combine.java 类，合并用户特征字段表，并保存为新表 coupon_all2，再将新表上传到 HDFS 中，代码如下，运行结果如图 8-33 所示。

```java
package customer;

import java.sql.DriverManager;
import java.sql.ResultSet;
import java.sql.SQLException;
import java.sql.Statement;

public class Combine {
    public static void main(String[] args) throws ClassNotFoundException, SQLException {
        String driver = "org.apache.hive.jdbc.HiveDriver";
        String url = "jdbc:hive2://master:10000/customer";
        String username = "root";
        String password = "123456";
        Class.forName(driver);
        java.sql.Connection connection = DriverManager.getConnection(url, username, password);
        Statement stmt = connection.createStatement();
        --合并特征字段，并保存为新表
        String sql = "create table coupon_all2 as \n" +
            "select c.user_id,c.merchant_id,c.coupon_id,c.discount_rate,c.label,c.distance,c.rate2,\n" +
            "t1.coupon_popu,t2.merchant_popu,t3.number_received_coupon,t4.number_used_coupon,\n" +
            "t5.user_merchant_used_coupon,t6.user_merchant_used_coupon1,t7.user_merchant_cus \n" +
            "from new_coupondata c \n" +
            "left join table_coupon_popu2 as t1 on c.coupon_id = t1.coupon_id \n" +
            "left join table_merchant_popu2 as t2 on c.merchant_id = t2.merchant_id \n" +
            "left join table_number_received_coupon2 as t3 on c.user_id = t3.user_id \n" +
            "left join table_number_used_coupon2 as t4 on c.user_id = t4.user_id \n" +
            "left join table_user_merchant_used_coupon2 as t5 on c.user_id = t5.user_id and
c.merchant_id= t5.merchant_id\n" +
            "left join table_user_merchant_used_coupon1_2 as t6 on c.user_id = t6.user_id and
c.merchant_id =t6.merchant_id\n" +
            "left join table_user_merchant_cus2 as t7 on c.user_id = t7.user_id and c.merchant_id=
t7.merchan t_id";
        stmt.execute(sql);
        System.out.println("create table coupon_all2 successfully!");
        --将新表coupon_all2 上传到 HDFS 中
        String sql3 = "insert overwrite directory '/user/root/coupon_all2_output'\n" +
            "row format delimited fields terminated by ','\n" +
            "select * from coupon_all2";
        stmt.execute(sql3);
        System.out.println("upload table coupon_all2 to HDFS successfully!");
        stmt.close();
        connection.close();
    }
}
```

```
create table coupon_all2 successfully!
upload table coupon_all2 to HDFS successfully!

Process finished with exit code 0
```

图 8-33　合并特征字段并上传到 HDFS 中

使用 Java API
创建电商销售数
据表

实训内容：创建电商销售数据表并进行数据清洗

1．训练要点

（1）熟练掌握使用 Java API 创建数据仓库和数据表的方法。

（2）熟练掌握使用 Hive 内置函数进行查询的方法。

（3）熟练掌握使用 Java API 编写 SQL 语句的方法。

使用 Java API
实现电商销售数
据清洗

2．需求说明

现有某电商平台的销售数据表 order2019.csv，字段说明如表 8-2 所示，请进行以下操作。

（1）创建数据仓库 consumption 和数据表 order2019 并导入数据，查询表的前 10 行数据。

（2）清洗数据。提取 2019 年的订单数据，去除订单金额和付款金额为负的数据，去除平台类型数据的多余空格。

（3）基于清洗好的数据，统计各月份订单数，统计各渠道的用户占比。

表 8-2　order2019.csv 的字段说明

字段名称	数据类型	字段说明
orderID	string	订单号
userID	string	用户名
goodsID	string	商品编号
orderAmount	float	订单金额
payment	float	付款金额
chanelID	string	渠道编号
platfromType	string	平台类型
orderTime	string	下单时间
payTime	string	付款时间
chargeback	string	是否退款

3．实现思路及步骤

（1）将数据上传至 Linux 系统，删除数据表的首行字段名。

（2）使用 Java API 创建数据仓库 consumption 和数据表 order2019，并导入数据。

（3）查询数据表的前 10 行数据，并在控制台输出。

（4）使用 where 条件查询提取 2019 年的订单数据，去除订单金额和付款金额为负的数据，去除平台类型数据的多余空格。

（5）使用 Hive 内置函数统计各月订单数，统计各渠道的用户占比。

项目总结

Hive Java API 接口用 Java 语言将查询操作封装在一个函数中，构成 Java 类，大大减少了开发人员的工作量。本项目首先介绍了如何在 IDEA 中搭建 Hive 开发环境，为后续的应用开发做好准备；之后介绍了 3 种自定义函数，让读者可以通过自定义函数满足实际需求；最后介绍了 Hive Java API 的主要类以及执行 SQL 语句的方法，让读者了解如何在 IDEA 中运行 Hive SQL 语句。

课后习题

1. 选择题

（1）对 asd 包内的自定义函数 asd.java 创建临时函数的语句是（　　）。

A．create temporary function asd as asd.asd;

B．create temporary function asd as asd;

C．create temporary function asd as 'asd';

D．create temporary function asd as 'asd.asd';

（2）下列有关创建临时函数的说法中错误的是（　　）。

A．临时函数在退出当前对话 CLI 时会被自动删除

B．创建临时函数有 3 种函数加载方法

C．创建临时函数后可在任意数据仓库中调用

D．创建临时函数前需要将 JAR 包上传至 Linux 系统目录下

（3）下列有关 UDF 函数的说法中正确的是（　　）。

A．需要继承 UDF 类　　　　　　　　B．可以不重写 evaluate( )方法

C．可以有多个数据行输入　　　　　　D．不能有多个参数输入

（4）下列有关 UDAF 函数的说法中错误的是（　　）。

A．Java 类需要继承 UDAF 类

B．可有多个数据行输入

C．可有多个数据行输出

D．内部静态类需要继承 UDAFEvaluator 抽象类，重写 UDAF 类

（5）下列有关 UDTF 函数的说法中错误的是（　　）。

A．可有多个数据行输出

B．可有多个数据行输入

C．initialize( )方法主要用于判断输入类型并确定返回的字段类型

D．close( )方法只执行一次

（6）下列有关自定义函数的说法中正确的是（　　）。

A．UDF 为用户自定义聚合函数　　　　B．UDAF 为用户自定义表生成函数

C．UDTF 需要重写 4 个方法　　　　　D．退出界面后永久函数不会消失

（7）下列有关 DriverManager 类的说法中错误的是（　　　）。

A．该类是 java.sql 包内的类

B．方法 Class.forName( )可用来连接数据仓库

C．用于管理 JDBC 驱动程序，连接数据仓库

D．使用 JDBC 驱动程序之前，必须先将驱动程序加载并注册

（8）代码"stmt.executeQuery("select 1+2;");"的运行结果为（　　　）。

A．抛出 SQLException 异常

B．运行成功，在 IDEA 软件中输出"3"

C．运行成功，在 IDEA 软件中输出"1+2"

D．运行成功，在 IDEA 软件中无输出

（9）以下代码的输出结果为（　　　）。

```
……
Connection connection = DriverManager.getConnection(url,username,password);
Statement stmt = connection.createStatement();
ResultSet res = stmt.execute("select 3+4,concat('asd','fg')");
while (res.next()) {
System.out.println(res.getString(1)+"\t"+res.getInt(2));
}
……
```

A．运行成功，在 IDEA 软件中输出"7"

B．运行成功，在 IDEA 软件中输出"7 asdfg"

C．运行成功，在远程 HiveServer2 页面中输出"7 asdfg"

D．抛出 SQLException 异常

（10）下列关于执行 SQL 语句的说法中正确的是（　　　）。

A．DDL 语言只能用 execute( )方法实现

B．execute( )方法不会有输出

C．executeQuery( )方法可以实现 DDL 语言

D．execute( )方法结合 ResultSet 类可以返回查询到的数据

2．操作题

cosmetics.csv 数据表的字段说明如表 8-3 所示，该表包含了某海外化妆品电商平台在 2019 年 10 月--2020 年 2 月期间所有已注册用户的数据。记录的用户行为包括浏览、加入购物车、移除购物车、购买等，还记录了用户行为对应的时间、商品编号、品牌名称、商品价格等信息。

表 8-3　cosmetics.csv 数据表的字段说明

字段名称	字段说明	数据类型
event_time	时间	string
event_type	行为	string

续表

字段名称	字段说明	数据类型
product_id	商品编号	bigint
category_code	商品类别	string
brand	品牌名称	string
price	商品价格	float
user_id	用户 ID	bigint

请在 IDEA 中完成以下操作。

（1）创建数据仓库 ec 和数据表 cosmetics 并导入数据。

（2）查看 category_code 字段的缺失情况。

（3）查看 brand 字段的缺失情况。

（4）统计各种行为的发生次数。

项目 9　基于 HBase 和 Hive 的电信运营商用户数据分析实战

教学目标

1. 知识目标

（1）熟悉 HBase 查询语句和 Hive 查询语句的语法格式。

（2）掌握 Hive 查询语句的使用方法。

（3）熟悉在 IDEA 中搭建 HBase 开发环境的过程。

（4）掌握创建 HBase 表以及查询数据的方法。

2. 技能目标

（1）能够熟练进行 HBase 与 Hive 的基础查询操作。

（2）掌握在 Hive 中处理重复数据、缺失数据、异常数据的方法。

（3）能够编写 MapReduce 程序实现 Hive 与 HBase 的数据交互。

3. 素养目标

（1）具备规划能力，明确项目目标，善于规划和设计项目流程。

（2）树立合理获取和使用数据的意识。

（3）具备独立思考能力，善于总结，在完成项目的过程中提升个人能力。

背景描述

本项目通过 Hadoop、Hive、HBase 等大数据技术对电信运营商的用户数据进行分析和处理，构建用户特征，并将数据存储在 HBase 和 Hive 中，为电信运营商进行用户画像或流失用户预测提供数据基础。

任务 1　案例背景和需求分析

任务描述

随着移动业务市场的竞争愈演愈烈，如何最大程度地减少客户流失并增加新客户成为电信运营商面临的难题。随着大数据技术的不断发展和应用，电信运营商希望借助大数据技术识别和预测流失用户。本任务是了解某电信运营商的用户数据，分析数据字段的作用和含义，并规划构建用户特征字段的流程。

任务要求

1. 了解用户数据的字段含义。
2. 了解数据处理流程。

任务实施

电信运营商用户
数据需求分析

步骤 1　了解用户数据的字段含义

某电信运营商根据用户行为收集并整理了一份用户数据表 user_info_m.csv，该数据表包含 31 个字段，字段说明如表 9-1 所示。

表 9-1　用户数据表的字段说明

字段名称	字段说明
month_id	月份
user_id	用户 ID
innet_month	在网时长
is_agree	是否合约有效用户
agree_exp_date	合约计划到期时间
credit_level	信用等级
vip_lvl	VIP 等级
acct_fee	本月费用
call_dura	总通话时长
no_roam_local_call_dura	本地通话时长
no_roam_gn_long_call_dura	国内长途通话时长
gn_roam_call_dura	国内漫游通话时长
cdr_num	通话次数
no_roam_cdr_num	非漫游通话次数
no_roam_local_cdr_num	本地通话次数
no_roam_gn_long_cdr_num	国内长途通话次数
gn_roam_cdr_num	国内漫游通话次数
p2p_sms_cnt_up	短信发送数
total_flux	上网流量
local_flux	本地非漫游上网流量
gn_roam_flux	国内漫游上网流量
call_days	有通话天数

字段名称	字段说明
calling_days	有主叫天数
called_days	有被叫天数
cust_sex	性别
cert_age	年龄
manu_name	手机品牌名称
model_name	手机型号名称
os_desc	操作系统描述
term_type	终端硬件类型（4、3、2、0 分别表示 4G、3G、2G、无法区分）
is_lost	用户是否在 3 月流失（1 表示"是"，0 表示"否"）

步骤 2　了解数据处理流程

本项目的数据处理流程包括 4 个阶段，分别是数据预处理、用户数据的基本查询、分析用户通话情况、将 Hive 的数据导入 HBase 中，如图 9-1 所示。

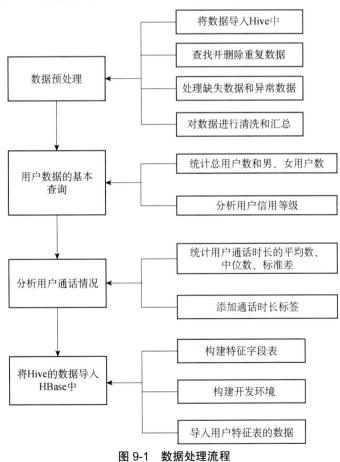

图 9-1　数据处理流程

任务 2　数据预处理

任务描述

原始数据是比较"脏""乱"的，因此需要先进行数据预处理，删除一些"脏"数据，例如缺失数据和异常数据等，以达到数据清洗的效果。

本任务是先将电信运营商的用户数据导入 Hive 中，并进行数据去重，处理缺失数据和异常数据，初步进行数据清洗。

任务要求

1. 将电信运营商的用户数据导入 Hive 中。
2. 查找并删除重复数据。
3. 处理缺失数据和异常数据。
4. 对数据进行清洗和汇总。

任务实施

查询并分析电信
运营商用户数据

步骤 1　将数据导入 Hive 中

根据数据字段创建 operatoruser 表，代码如下。

```
create database if not exists operator;
use operator;
create table if not exists operatoruser(
month_id string,
user_id string,
innet_month double,
is_agree int,
agree_exp_date string,
credit_level double,
vip_lvl double,
acct_fee double,
call_dura double,
no_roam_local_call_dura double,
no_roam_gn_long_call_dura double,
gn_roam_call_dura double,
cdr_num int,
no_roam_cdr_num int,
no_roam_local_cdr_num int,
no_roam_gn_long_cdr_num int,
gn_roam_cdr_num int,
p2p_sms_cnt_up int,
total_flux int,
local_flux int,
```

```
gn_roam_flux int,
call_days int,
calling_days int,
called_days int,
cust_sex string,
cert_age int,
manu_name string,
model_name string,
os_desc string,
term_type int,
is_lost int
)
row format delimited fields terminated by ',';
```

将数据文件 user_info_m.csv 上传至 master 虚拟机的/opt/data 目录下，进行去表头操作（即删除第一行），代码如下。

```
sed -i '1d' user_info_m.csv;
```

删除第一行后，将数据导入 operatoruser 表中，代码如下。

```
load data local inpath '/opt/data/user_info_m.csv' overwrite into table operatoruser;
```

步骤 2　查找并删除重复数据

根据 month_id 字段进行分组统计，代码如下，运行结果如图 9-2 所示。

```
select month_id from operatoruser group by month_id;
```

```
month_id
202101
202102
202103
```

图 9-2　根据 month_id 字段进行分组统计

一般而言，一位用户在一个月内只有一条数据记录，因此需要按照月份和用户 ID 进行分组、去重，查询各月份记录数不唯一的用户，代码如下。

```
select month_id,user_id,count(1) as nums
from operatoruser
group by month_id,user_id
having nums > 1;
```

查询结果如图 9-3 所示，部分用户在某些月份存在多条记录，这些数据需要进行去重处理。

```
202103    U3116022505249435        2
202103    U3116022505303624        2
202103    U3116022605380152        2
202103    U3116022772535684        2
202103    U3116022772549592        3
202103    U3116022805614473        6
202103    U3116031072688741        3
202103    U3116031472722618        3
202103    U3116031607178768        3
202103    U3116032708218652        3
202103    U3116032808334614        3
```

图 9-3　各月份记录数不唯一的用户（部分数据）

对数据进行观察可知，记录数不唯一的用户数据中只有终端硬件类型（term_type 字段）不同。根据 month_id 字段和 user_id 字段进行分组后，根据 term_type 字段进行降序排列，取终端硬件类型等级最高的数据，代码如下，去重结果如图 9-4 所示。

```
select t.month_id,t.user_id,t.term_type
from(select *,row_number() over (partition by month_id,user_id order by term_type desc) num from
operatoruser ) t
where t.num=1 limit 10;
```

```
t.month_id        t.user_id              t.term_type
202101   U3114031824148707           3
202101   U3114031824148874           4
202101   U3114031824148975           4
202101   U3114031824149138           3
202101   U3114031824149150           4
202101   U3114031824149158           4
202101   U3114031824149241           4
202101   U3114031824149251           3
202101   U3114031824149266           4
202101   U3114031824149272           4
```

图 9-4　去重结果（部分数据）

步骤 3　处理缺失数据和异常数据

1. 处理缺失数据

性别字段和年龄字段存在大量缺失数据，因此要将性别字段的缺失数据补全为"3"，将年龄字段的缺失数据补全为"0"，代码如下，结果如图 9-5 所示。

```
select user_id,if(cust_sex = '',3,cust_sex) as sex,if(cert_age is null,0,cert_age) as age from operatoruser;
```

```
U3114110526485270      1        24
U3114082766550405      1        41
U3114060324362804      1        34
U3114070924541536      3        0
U3114032724160313      1        39
U3115030868881611      1        28
U3115030868881040      1        36
U3115030830151613      1        32
U3115030830148972      1        26
U3115030630101028      2        27
```

图 9-5　处理缺失数据的结果（部分数据）

2. 处理异常数据

一般而言，用户的在网时长应该是一个非负数。因此，如果用户的在网时长是负数，则说明是异常数据。查询在网时长小于 0 的数据，代码如下。

```
select innet_month from operatoruser where innet_month < 0;
```

查询结果如图 9-6 所示，直接删除异常数据即可。

```
-251.0
-250.0
-249.0
Time taken: 3.312 seconds, Fetched: 3 row(s)
```

图 9-6　在网时长小于 0 的数据

如果用户的总通话时长与本地通话时长、国内长途通话时长、国内漫游通话时长的和不相等，则属于异常数据，查询这类数据的代码如下。

```
select count(*) as count from operatoruser
where call_dura != (no_roam_local_call_dura + no_roam_gn_long_call_dura + gn_roam_call_dura);
```

查询结果如图 9-7 所示，有 32183 条数据属于异常数据，可以直接删除这些数据。

```
Total MapReduce CPU Time Spent: 5 seconds 150 msec
OK
count
32183
Time taken: 34.668 seconds, Fetched: 1 row(s)
```

图 9-7　总通话时长异常数据

步骤 4　对数据进行清洗和汇总

对数据进行清洗和汇总，并保存至 operatoruser_clean 表中，代码如下。

```
create table if not exists operatoruser_clean
as
select * from(select *,row_number() over (partition by month_id,user_id order by term_type desc) num
from operatoruser ) t
  where t.num=1
  and
  t.innet_month > 0
  and
  t.call_dura = (t.no_roam_local_call_dura + t.no_roam_gn_long_call_dura + t.gn_roam_call_dura)
  and
  t.cust_sex != ''
  and
  t.cert_age is not null;
```

对比 operatoruser_clean 表中的数据和原始数据，发现数据量由 900000 减少为 832860，如图 9-8 所示。

```
hive (Operator)> select count(*) from operatoruser;
Total MapReduce CPU Time Spent: 3 seconds 940 msec
OK
_c0
900000
Time taken: 31.289 seconds, Fetched: 1 row(s)
hive (Operator)> select count(*) from operatoruser_clean;
OK
_c0
832860
Time taken: 0.732 seconds, Fetched: 1 row(s)
```

图 9-8　清洗前后的数据量

任务 3 用户数据的基本查询

任务描述

经过预处理后可以得到一份"干净"的数据，并可以对清洗后的数据进行查询。本任务是查询用户数据，查找有用的数据以构建用户特征字段。

任务要求

1. 统计总用户数。
2. 查询不同性别用户的数据量。
3. 查询并分析用户的信用等级。

任务实施

步骤 1 统计总用户数和男、女用户数

基于清洗后的 operatoruser_clean 表进行数据查询，首先统计总用户数，代码如下。

```
select count(distinct user_id) from operatoruser_clean;
```

总用户数为 283290，如图 9-9 所示。

```
Total MapReduce CPU Time Spent: 10 seconds 990 msec
OK
_c0
283290
Time taken: 52.883 seconds, Fetched: 1 row(s)
```

图 9-9 总用户数

在数据量较小的情况下，可以使用 count( ) 函数和 group by 分组进行去重。在数据量较大的情况下，不推荐使用 count( ) 函数操作，否则会导致难以完成 MapReduce 任务。这时可以先使用 group by 分组，再使用 count( ) 函数去重，代码如下。

```
select count(user_id) from (select user_id from operatoruser_clean group by user_id) a;
```

使用 group by 分组统计男、女用户数，代码如下。

```
select cust_sex,count(cust_sex) as num from operatoruser_clean group by cust_sex;
```

统计结果如图 9-10 所示，男性用户的数据量为 558477 条，女性用户的数据量为 274383 条，比例为 2:1 左右。男性用户的数据量较多，属于正常范畴，因此可以保留性别字段。

```
1       558477
2       274383
Time taken: 33.639 seconds, Fetched: 2 row(s)
```

图 9-10 男、女用户数

步骤 2　分析用户信用等级

信用等级是运营商根据用户行为进行的用户可信赖程度评级。信用等级越高，用户可信赖程度越高。下面分析信用等级与流失用户量的关系，判断信用等级是否可作为特征字段。

首先统计信用等级字段的数据，查询数据可分为多少个信用等级，代码如下。

```
select credit_level from operatoruser_clean group by credit_level;
```

经统计，信用等级分为 0.0、65.0、66.0、67.0，如图 9-11 所示。

```
credit_level
0.0
65.0
66.0
67.0
Time taken: 37.436 seconds, Fetched: 4 row(s)
```

图 9-11　统计信用等级字段的数据

信用等级字段包含的值较少，因此可以直观地统计信用等级与流失用户量的关系，代码如下。

```
select credit_level, is_lost,count(1) as num from
operatoruser_clean
group by credit_level, is_lost
having is_lost = 0 or is_lost = 1;
```

统计结果如图 9-12 所示，可看出各信用等级对应的流失用户量差距较大。信用等级为 65.0 的流失用户量为 576，信用等级为 66.0 的流失用户量为 3170，信用等级为 67.0 的流失用户量为 5560，因此信用等级可作为特征字段。

```
credit_level     is_lost num
0.0       0      17
65.0      0      81098
65.0      1      576
66.0      0      94044
66.0      1      3170
67.0      0      92613
67.0      1      5560
Time taken: 34.331 seconds, Fetched: 7 row(s)
```

图 9-12　各信用等级对应的流失用户量

任务 4　分析用户通话情况

任务描述

本任务是分析用户的通话情况，统计用户通话时长的平均数、中位数、标准差，为用户添加通话时长标签。

任务要求

1. 统计用户通话时长的平均数、中位数、标准差。
2. 根据通话时长为用户添加通话时长标签。

任务实施

步骤 1　统计用户通话时长的平均数、中位数、标准差

首先统计用户通话时长的平均数，代码如下。

```
select avg(a.avg_per_call) as avg_all from (
select user_id, (sum(call_dura)/sum(cdr_num)) as avg_per_call
from operatoruser_clean group by user_id) a;
```

统计结果如图 9-13 所示，平均时长约为 129.5 秒（即约为 2 分钟），处于合理的通话时长范围。

```
avg_all
129.52785800171483
Time taken: 78.447 seconds, Fetched: 1 row(s)
```

图 9-13　用户通话时长的平均数

统计用户通话时长的中位数，代码如下。

```
select avg(tmp.avg_per_call) from (
select
a.avg_per_call,
row_number() over(order by avg_per_call) num,
count(*) over() cnt
from (select (sum(call_dura)/sum(cdr_num)) as avg_per_call
from operatoruser_clean group by user_id) a
) as tmp
where if (cnt%2=0,num in (cnt/2,cnt/2+1),num=(cnt+1)/2);
```

统计结果如图 9-14 所示，用户通话时长的中位数约为 109.2 秒，与平均时长 129.5 秒相差约 20 秒。平均数是一组数据的平均水平，中位数是处于中间位置的数，用于衡量离散程度，两者相近说明数据分布基本呈对称分布，没有左偏或右偏现象。

```
median
109.1984971293482
Time taken: 160.563 seconds, Fetched: 1 row(s)
```

图 9-14　用户通话时长的中位数

统计用户通话时长的标准差，查看用户通话时长与平均通话时长的差距，研究不同用户通话时长的差距（离散程度），代码如下。

```
select stddev(a.avg_per_call) as stddev_all from (
select user_id,(sum(call_dura)/sum(cdr_num)) as avg_per_call
from operatoruser_clean group by user_id) a;
```

统计结果如图 9-15 所示，用户通话时长的标准差约为 83.6 秒。目前看来，标准差相对

较大，但还需要继续进行分析。

```
stddev_all
83.610416516716
Time taken: 92.584 seconds, Fetched: 1 row(s)
```

图 9-15　用户通话时长的标准差

步骤 2　添加通话时长标签

在步骤 1 中已经统计了用户通话时长的平均数、中位数、标准差，通话时长的平均数与中位数相差约 20 秒，可以理解为数据分布较对称，没有左偏或右偏现象，数据分布较为合理。虽然通话时长的标准差约为 83.6 秒，但平均数的离散程度在合理范围之内，离散区间为[45.9，213.1]。

根据用户通话时长平均数的离散区间可划分为 3 个标签，如表 9-2 所示。

表 9-2　通话时长标签

标签	时长区间（单位：秒）
低通话时长用户	[0，45.9)
正常通话时长用户	[45.9，213.1)
高通话时长用户	[213.1，+∞)

根据划分好的标签，为用户添加对应的标签，代码如下。

```
select a.user_id,
case
when avg_per_call < 45.9
then '低通话时长用户'
when avg_per_call >= 45.9 and avg_per_call < 213.1
then '正常通话时长用户'
when avg_per_call >= 213.1
then '高通话时长用户'
end as label, '用户通话时长水平'
as usercalllabel
from (select user_id,(sum(call_dura)/sum(cdr_num)) as avg_per_call
from operatoruser_clean group by user_id) a ;
```

添加标签的结果如图 9-16 所示。

```
U3116022772549592       正常通话时长用户       用户通话时长水平
U3116022805614473       正常通话时长用户       用户通话时长水平
U3116022805652788       正常通话时长用户       用户通话时长水平
U3116022805688371       正常通话时长用户       用户通话时长水平
U3116022805704139       正常通话时长用户       用户通话时长水平
U3116031072688741       低通话时长用户   用户通话时长水平
U3116031472722618       正常通话时长用户       用户通话时长水平
U3116031607178768       正常通话时长用户       用户通话时长水平
U3116032708218652       低通话时长用户   用户通话时长水平
U3116032808334614       高通话时长用户   用户通话时长水平
Time taken: 53.052 seconds, Fetched: 283290 row(s)
```

图 9-16　添加标签的结果

任务 5　将 Hive 的数据导入 HBase 中

任务描述

　　HBase 与 Hive 的侧重功能不同，应用场景也有所区别。Hive 表中每一行的列数是固定的，基于 MapReduce 进行批处理，通常用于挖掘和分析历史数据。HBase 的优势是具有实时性，每个对象可以包含多个版本，且能够动态扩展列。利用 HBase 的特性可以制作用户的实时画像，利用其稀疏性和实时性实时更新用户的行为特征，使用户画像更加准确和真实。

　　本任务是筛选重要的数据字段，构建用户特征字段，通过编写 MapReduce 程序将特征字段表导入 HBase 中进行存储。

任务要求

　　1. 掌握 MapReduce 整合 HBase 的 IDEA 环境搭建方法。

　　2. 熟悉 MapReduce 的 Map 方法和 Reduce 方法。

任务实施

步骤 1　构建特征字段表

　　随着时间的推移，用户数据不断产生，且可能增加不同的用户特征字段。因此可依靠 HBase 可动态扩展列的特性，先使用 Hive 清洗用户数据，再将其保存至 HBase 表中。

　　筛选并构建出的重要字段如表 9-3 所示。

表 9-3　筛选并构建出的重要字段

字段名称	字段说明
month_id	月份
user_id	用户 ID
innet_month	在网时长
credit_level	信用等级
call_dura	总通话时长
no_roam_local_call_dura	本地通话时长
no_roam_gn_long_call_dura	国内长途通话时长
gn_roam_call_dura	国内漫游通话时长
cdr_num	通话次数
cust_sex	性别

续表

字段名称	字段说明
cert_age	年龄
term_type	终端硬件类型（4、3、2、0 分别表示 4G、3G、2G、无法区分）
is_lost	用户是否在 3 月流失（1 表示"是"，0 表示"否"）
label	用户通话时长标签

根据筛选出的字段构建及合并特征字段。首先创建 operatoruser_label 表，构建通话时长标签，代码如下。

```
create table if not exists operatoruser_label
as
select a.user_id,
case
when avg_per_call < 45.9
then '低通话时长用户'
when avg_per_call >= 45.9 and avg_per_call < 213.1
then '正常通话时长用户'
when avg_per_call >= 213.1
then '高通话时长用户'
end as label, '用户通话时长水平'
as usercalllabel
from (select user_id,(sum(call_dura)/sum(cdr_num)) as avg_per_call
from operatoruser_clean group by user_id) a ;
```

使用 operatoruser_clean 关键字清洗 operatoruser_label 表，构建出最终的特征字段表 operatoruser_features，代码如下。

```
create table if not exists operatoruser_features
as
select a.month_id,a.user_id,a.innet_month,a.credit_level,a.call_dura,a.no_roam_local_call_dura,a.no_roam
_gn_long_call_dura,a.gn_roam_call_dura,a.cdr_num,a.cust_sex,a.cert_age,a.term_type,a.is_lost,b.label
from operatoruser_clean a left join operatoruser_label b on a.user_id = b.user_id;
```

步骤 2　构建开发环境

为了将 operatoruser_features 表的数据保存在 HBase 中，首先要在 IDEA 开发工具中创建一个项目工程，创建过程如下。

（1）新建 IDEA Maven Project，命名为 HBasePro，单击"Next"按钮，如图 9-17 所示，接着选择一个本地文件夹用于存放该项目。

（2）创建完成后，依次单击"File"→"Project Structure"，导入 JAR 包，如图 9-18 所示。

（3）在弹出的界面中选择"Libraries"选项，再单击"＋"图标，接着选择"Java"，如图 9-19 所示。

（4）在弹出的界面中找到 HBase 安装包所在的文件夹，选择/lib 目录，然后单击"OK"按钮，如图 9-20 所示。

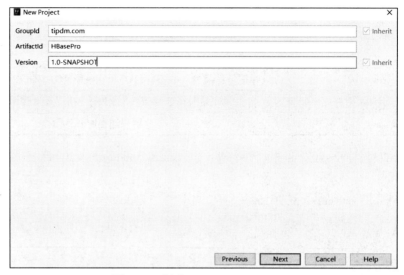

图 9-17　新建 IDEA Maven Project

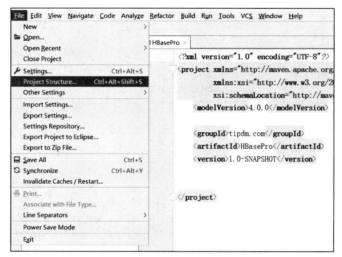

图 9-18　导入 JAR 包

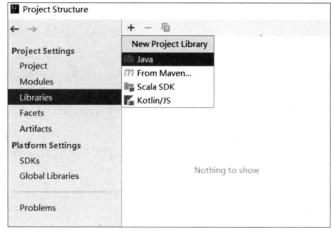

图 9-19　添加"Java"

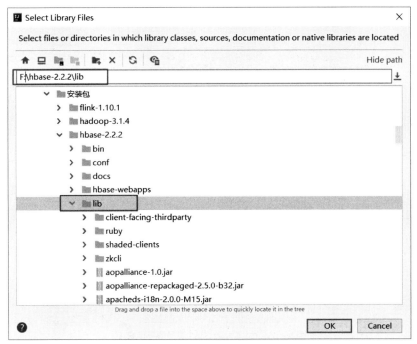

图 9-20　HBase 安装包所在的文件夹

（5）解压 Hadoop 安装包，随后将其导入本地 Hadoop 解压文件夹目录下（除了 common 文件夹和 hdfs 文件夹）的文件夹中。common 文件夹和 hdfs 文件夹的/lib 目录下存在与 HBase 冲突的 JAR 包，所以需要导入 common 文件夹和 hdfs 文件夹中除 guava-27.0-jre.jar 以外的所有 JAR 包，如图 9-21～图 9-23 所示。

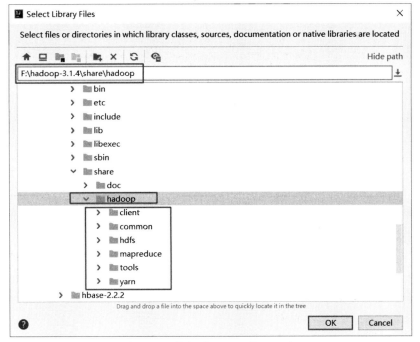

图 9-21　添加"Hadoop"JAR 包

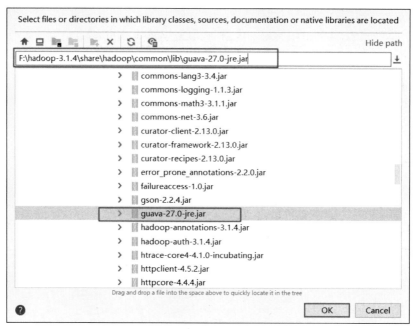

图 9-22　common 文件夹下的 JAR 包

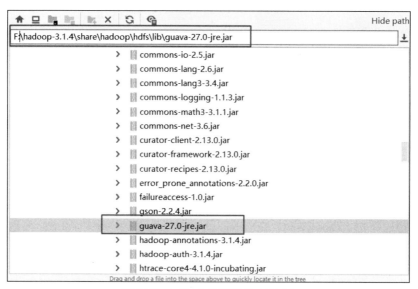

图 9-23　hdfs 文件夹下的 JAR 包

（6）在 slave1 节点中添加 HBase 所依赖的 MapReduce 的相关 JAR 包，代码如下。

```
--编辑环境变量
vim /etc/profile
--添加 HBase 所依赖的 MapReduce 的相关 JAR 包
export HADOOP_CLASSPATH=$HADOOP_CLASSPATH: '$HBASE_HOME/bin/hbase mapredcp'
--保存并退出编辑，使环境变量生效
source /etc/profile
```

至此，IDEA HBase 与 MapReduce 开发环境已经搭建完成，用户可以编写 MapReduce 程序并将数据导入 HBase 表中。

步骤 3　导入用户特征表的数据

1. 将用户特征表保存至 HDFS 中

使用 MapReduce 编程的方法导入 operatoruser_features 表的数据前，需要先统一数据形式。因此，先将 operatoruser_features 表保存至 HDFS 的 /user/hive/operatoruser_features_output 目录下，字段之间用逗号进行分隔，代码如下。

```
insert overwrite directory '/user/hive/operatoruser_features_output'
row format delimited fields terminated by ','
select * from operatoruser_features;
```

查看前 5 行数据，代码如下，结果如图 9-24 所示。

```
hdfs dfs -cat /user/hive/operatoruser_features_output/000000_0|head -5
```

```
202101,U3114031824148707,23.0,67.0,5882.0,0.0,0.0,5882.0,141,1,22,3,\N,正常通话时长用户
202101,U3114031824148874,23.0,65.0,22991.0,19852.0,1823.0,1316.0,373,2,30,4,\N,正常通话时长用户
202101,U3114031824148975,23.0,65.0,13813.0,3545.0,8086.0,2182.0,142,2,42,4,\N,正常通话时长用户
202101,U3114031824149138,23.0,65.0,34621.0,0.0,0.0,34621.0,189,2,22,3,\N,正常通话时长用户
202101,U3114031824149150,23.0,65.0,2752.0,2402.0,0.0,350.0,68,1,30,4,\N,正常通话时长用户
```

图 9-24　前 5 行数据

2. 在 HBase 中创建特征表

在编写 MapReduce 程序前，需要在 HBase 中预创建 operatoruser 表，表中包含一个 Features 列族，代码如下。

```
create 'operatoruser','Features'
```

3. 编写 MapReduce 程序

在 HBasePro 项目工程的 /src/main/java 目录下创建"NO9"目录，并在"NO9"目录下创建 3 个 Java 类，分别命名为 RunDriver、Map、Reduce。

（1）RunDriver 类是执行类，主要用于设置与 HBase 连接的参数、数据输入和输出路径、数据类型，代码如下。

```
package NO9;

import org.apache.hadoop.conf.Configuration;
import org.apache.hadoop.fs.Path;
import org.apache.hadoop.hbase.mapreduce.TableMapReduceUtil;
import org.apache.hadoop.io.Text;
import org.apache.hadoop.mapreduce.Job;
import org.apache.hadoop.mapreduce.lib.input.FileInputFormat;
import org.apache.hadoop.util.GenericOptionsParser;

public class RunDriver {
    public static void main(String[] args)throws Exception{
        Configuration conf = new Configuration();
        --设置连接参数
        conf.setBoolean("mapreduce.app-submission.cross-platform",true);
        conf.set("fs.defaultFS", "hdfs://master:8020");
        conf.set("mapreduce.framework.name","yarn");
        String resourcenode="master";
```

```
        conf.set("yarn.resourcemanager.address", resourcenode+":8032");
        conf.set("yarn.resourcemanager.scheduler.address",resourcenode+":8030");--指定资源分配器
        conf.set("mapreduce.jobhistory.address",resourcenode+":10020");
        conf.set("hbase.master", "master:16010");
        conf.set("hbase.rootdir", "hdfs://master:8020/hbase");
        conf.set("hbase.zookeeper.quorum", "slave1,slave2,slave3");
        conf.set("hbase.zookeeper.property.clientPort", "2181");
        --获取运行时输入的参数
        String [] otherArgs = new GenericOptionsParser(conf,args).getRemainingArgs();
        if(otherArgs.length < 2){
            System.err.println("必须输入读取文件路径和输出路径");
            System.exit(2);
        }

        Job job = new Job();
        job.setJarByClass(RunDriver.class);
        job.setJobName("HiveToHBase");

        --设置读取文件的路径
        FileInputFormat.addInputPath(job,new Path(args[0]));
        job.setMapOutputKeyClass(Text.class);
        job.setMapOutputValueClass(Text.class);
        --设置 MapReduce 程序的输出路径
        TableMapReduceUtil.initTableReducerJob(args[1], Reduce.class, job);

        --设置实现了 Map 函数的类
        job.setMapperClass(Map.class);

        System.exit(job.waitForCompletion(true) ? 0 :1);
    }
}
```

（2）Map 类用于读取输入文件数据，即读取特征字段表的数据。将用户 ID 作为 Key，将所有特征字段值作为 Value，代码如下。

```
package NO9;

import org.apache.hadoop.io.Text;
import org.apache.hadoop.mapreduce.Mapper;
import java.io.IOException;

public class Map extends Mapper<Object, Text, Text, Text> {
    public void map(Object key, Text value, Context context) throws IOException, InterruptedException{
        String line = value.toString();
        String arr[] = line.split(",");
        context.write(new Text(arr[0] + arr[1]),new Text(line));
    }
}
```

（3）Reduce 类用于将 Map 类的数据导入 HBase 的 operatoruser 表中，代码如下。

```
package NO9;

import org.apache.hadoop.hbase.client.Put;
import org.apache.hadoop.hbase.io.ImmutableBytesWritable;
import org.apache.hadoop.hbase.mapreduce.TableReducer;
```

```
import org.apache.hadoop.io.Text;
import java.io.IOException;

public class Reduce extends TableReducer<Text, Text, ImmutableBytesWritable> {
    Put put;
    ImmutableBytesWritable Rowkey;
    @Override
    protected void reduce(Text key, Iterable<Text> values, Context context) throws IOException,
InterruptedException {
        put = new Put(key.toString().getBytes());
        for (Text one: values){
            put.addColumn("Features".getBytes(),"AllFeatures".getBytes(),one.toString().getBytes());
        }

        Rowkey = new ImmutableBytesWritable(key.toString().getBytes());
        context.write(Rowkey,put);
    }
}
```

4．打包 HBase 项目

（1）依次单击菜单栏中的"File"→"Project Structure"选项。

（2）在打开的界面中依次选择"Artifacts"→"＋"图标→"JAR"→"Empty"，添加需要打包的 JAR 包，如图 9-25 所示。

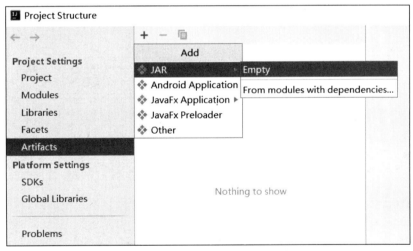

图 9-25　添加需要打包的 JAR 包

（3）在"Name"右侧的文本框中输入 JAR 包的名称"OperatorUser_Features"，双击 HBasePro 项目下的"'HBasePro' compile output"选项，添加 JAR 包的名称和内容，最后依次单击"Apply"按钮和"OK"按钮，如图 9-26 所示。

（4）在菜单栏中依次单击"Build"→"Build Artifacts"选项，如图 9-27 所示。

（5）在弹出的界面中依次选择"OperatorUser_Features"→"Build"选项，进行打包，如图 9-28 所示。

图 9-26　添加 JAR 包的名称和内容

图 9-27　选择"Build Artifacts"

（6）在项目工程的/out/artifacts/OperatorUser_Features 目录下查看 JAR 包，如图 9-29 所示。

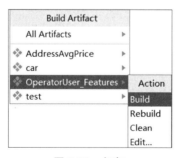

图 9-28　打包

图 9-29　查看 JAR 包

（7）将 JAR 包上传至 slave1 节点的/opt/jars/NO9 目录下，结果如图 9-30 所示。

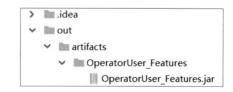

图 9-30　上传 JAR 包

5. 执行 JAR 包程序

向 Hadoop 提交 MapReduce 作业，代码如下。

```
hadoop jar /opt/jars/NO9/OperatorUser_Features.jar  NO9.RunDriver  /user/hive/OperatorUser_Features_
OutPut/000000_0 OperatorUser;
```

如果出现"completed successfully"的提示信息，说明任务执行成功，如图 9-31 所示。

```
2022-02-21 16:09:55,285 INFO mapreduce.Job: Running job: job_1645430705403_0001
2022-02-21 16:10:10,584 INFO mapreduce.Job: Job job_1645430705403_0001 running in uber mode : false
2022-02-21 16:10:10,602 INFO mapreduce.Job:   map 0% reduce 0%
2022-02-21 16:10:31,033 INFO mapreduce.Job:   map 100% reduce 0%
2022-02-21 16:11:06,297 INFO mapreduce.Job:   map 100% reduce 70%
2022-02-21 16:11:12,340 INFO mapreduce.Job:   map 100% reduce 81%
2022-02-21 16:11:18,404 INFO mapreduce.Job:   map 100% reduce 85%
2022-02-21 16:11:24,407 INFO mapreduce.Job:   map 100% reduce 99%
2022-02-21 16:11:27,431 INFO mapreduce.Job:   map 100% reduce 100%
2022-02-21 16:11:32,482 INFO mapreduce.Job: Job job_1645430705403_0001 completed successfully
2022-02-21 16:11:33,002 INFO mapreduce.Job: Counters: 53
```

图 9-31　任务执行成功

在 HBase Shell 中查看数据导入结果，代码如下。

```
scan 'operatoruser',{columns=>['features:allfeatures:c(org.apache.hadoop.hbase.util.bytes).tostring']};
```

HBase Shell 中的数据是以十六进制的格式保存的，所以无法显示中文，需要转换成可读的 UTF-8 格式，结果如图 9-32 所示。

```
202103U3116031072688741         column=Features:AllFeatures, timestamp=1645434810169, value=202103,U31160310
                                72688741,1.0,67.0,132.0,132.0,0.0,0.0,5,2,29,4,0,低通话时长用户

202103U3116031472722618         column=Features:AllFeatures, timestamp=1645434810169, value=202103,U31160314
                                72722618,1.0,67.0,3090.0,2189.0,901.0,0.0,21,1,37,4,0,正常通话时长用户

202103U3116031607178768         column=Features:AllFeatures, timestamp=1645434810169, value=202103,U31160316
                                07178768,1.0,66.0,3027.0,2919.0,108.0,0.0,57,1,32,4,0,正常通话时长用户

202103U3116032708218652         column=Features:AllFeatures, timestamp=1645434810169, value=202103,U31160327
                                08218652,1.0,66.0,46.0,46.0,0.0,0.0,3,1,31,4,0,低通话时长用户

202103U3116032808334614         column=Features:AllFeatures, timestamp=1645434810169, value=202103,U31160328
                                08334614,1.0,67.0,7496.0,1403.0,6093.0,0.0,24,1,51,4,0,高通话时长用户

832860 row(s)
Took 217.7500 seconds
```

图 9-32　数据导入结果

项目总结

本项目对某电信运营商的用户数据进行分析，最终筛选并构建出了用户特征字段。

本项目首先介绍了案例背景和需求分析，对原始用户数据进行预处理，清洗数据；接着进行基本的数据查询，分析用户通话情况，构建通话时长标签；最后在 Hive 中构建特征字段表，并将该表通过 MapReduce 程序保存在 HBase 中。

附录　大数据组件的常用端口及其说明

1. HDFS 的常用端口及其说明

HDFS 的常用端口及其说明如表 1 所示。

表 1　HDFS 的常用端口及其说明

节点	默认端口	配置	说明	配置文件
DataNode	9866	dfs.datanode.address	用于数据传输	hdfs-site.xml
DataNode	9864	dfs.datanode.http.address	HTTP 服务的端口	hdfs-site.xml
NameNode	9820	fs.defaultFS	接收 Client 连接的 RPC 端口；用于获取文件系统的 MetaData 信息以及设置默认的文件系统	core-site.xml
NameNode	9870	dfs.namenode.http-address	HTTP 服务的端口	hdfs-site.xml
Secondary NameNode	9868	dfs.secondary.http-address	SecondaryNameNode 的 HTTP 服务	hdfs-site.xml

2. YARN 的常用端口及其说明

YARN 的常用端口及其说明如表 2 所示。

表 2　YARN 的常用端口及其说明

节点	默认端口	配置	说明	配置文件
ResourceManager	8032	yarn.resourcemanager.address	ResourceManager 的 Applications Manager 端口	yarn-site.xml
ResourceManager	8042	yarn.nodemanager.webapp.address	NodeManager 的 HTTP 服务端口	yarn-site.xml
ResourceManager	8088	yarn.resourcemanager.webapp.address	ResourceManager 的 HTTP 服务端口	yarn-site.xml
JobHistoryServer	19888	Mapreduce.jobhistory.webapp.address	MapReduce 历史日志的 HTTP 服务端口	yarn-site.xml

3. MapReduce 的常用端口及其说明

MapReduce 的常用端口及其说明如表 3 所示。

表 3　MapReduce 的常用端口及其说明

节点	默认端口	配置	说明	配置文件
JobTracker	50030	job	Tracker 的 Web 管理端口	mapred-site.xml
TaskTracker	50060	mapred.task.tracker.http.address	TaskTracker 的 HTTP 端口	mapred-site.xml

4.　HBase 的常用端口及其说明

HBase 的常用端口及其说明如表 4 所示。

表 4　HBase 的常用端口及其说明

节点	默认端口	配置	说明	配置文件
Master	60010	hbase.master.info.port	HTTP 服务端口	hbase-site.xml
RegionServer	60030	hbase.regionserver.info.port	HTTP 服务端口	hbase-site.xml

5.　Hive 的常用端口及其说明

Hive 的常用端口及其说明如表 5 所示。

表 5　Hive 的常用端口及其说明

节点	默认端口	配置	说明	配置文件
MetaStore	9083	hive.metastore.port	Hive MetaStore 监听器端口	hive-site.xml
HiveServer	10000	hive.server2.thrift.port	通过设置 $ HIVE_SERVER2_THRIFT_PORT 来覆盖	hive-env.sh

参考文献

[1] 余明辉，张良均，高杨，等．Hadoop 大数据开发基础[M]．北京：人民邮电出版社，2018．

[2] 张良均，樊哲，位文超，等．Hadoop 与大数据挖掘[M]．北京：机械工业出版社，2017．

[3] EDWARD C，DEAN W，JASON R．Hive 编程指南[M]．曹坤，译．北京：人民邮电出版社，2013．

[4] LARS G．HBase 权威指南[M]．代志远，刘佳，蒋杰，译．北京：人民邮电出版社，2013．

[5] 杨正洪．大数据技术入门[M]．北京：清华大学出版社，2016．

[6] 陈雪．分布式数据库技术在大数据中的应用[J]．科技传播，2016（12）：2．